MEN'S PATTERN &
TECHNICAL DESIGN

실무자가 알려주는
남성복 패턴 & 테크니컬 디자인

추천사

상품성이 뛰어난 제품을 요구하는 현대 패션 산업에서 글로벌 시대에 맞는 생산 시스템이 구축되면서, 패션 모델리스트의 직무는 디자인 해석, 샘플 패턴 제작과 더불어 대량 생산을 위한 공정에 맞춘 기술 전수로 이어지고 있습니다. 또한 테크니컬 디자이너는 기획에서 생산까지의 전 과정에서 제품의 완성도를 높이는 중요한 역할을 하고 있습니다.

이 책에서 저자들은 다년간의 실무 경험을 바탕으로, 패턴과 봉제뿐만이 아니라 실제 산업 현장에서 적용되고 있는 다양한 테크닉에 대해 자세히 설명하고 있습니다.

인체의 분할과 비례를 기본으로 하여 산업체에서의 경험과 노하우를 통해 각각의 아이템을 나누었고, 겉감뿐만 아니라 안감, 주머니, 부속 등을 포함한 구체적인 패턴 설계 방법을 제시하고 있으며, 또한 실무에서 필요한 '원·부자재 사용에 따른 핏(Fit) 보정 방법'과 '작업 지시서 작성법' 등을 사진과 그림을 통해 알기 쉽게 잘 나타내고 있습니다.

이번 출판으로 의상을 전공하는 학생과 현업에 종사하는 모델리스트, 테크니컬 디자이너들이 기획에서 생산까지의 전 과정을 이해하고 활용하는 데에 큰 도움이 될 것입니다.

끝으로 글로벌 패션 산업에 발 맞추어 기술 발전에 필요한 소중한 책을 내주셔서 이 지면을 빌려 저자들에게 깊이 감사드리며 앞으로도 한국 패션의 성장과 발전을 위해 힘써 주시길 기원합니다.

2019년 12월
한국패션모델리스트협회장 조극영

PREFACE
머리말

현대 의류 산업은 대규모의 글로벌 생산 체제를 구축하면서 국제 산업으로 발전되었고 기업들은 제 3국의 생산 시설을 이용하며 의류 상품의 생산을 대리인이나 공장에 역임하는 특별 주문 생산 방식(Specification buying)을 도입하였다. 글로벌 생산 기지를 배경으로 한 다국적 무역 환경 하에서, 브랜드 고유의 특성을 반영한 생산 기준을 마련해주고 전체 생산 시간을 단축해 좋은 품질의 의류 제품을 짧은 시간 안에 소비자의 손에 전달할 수 있는 전문가들의 역할이 더욱 중요해지고 있다. 이러한 생산·소비 환경의 흐름에서, 브랜드의 창의적인 디자인을 현실적으로 재현하고 3차원으로 재탄생 시키는 모델리스트(패터너)와, 의복의 기획에서부터 생산 단계 전면에서 기술적인 부분을 담당하는 테크니컬 디자이너는 제품의 완성도를 높이는 매우 중요한 직군임을 알 수 있다.

따라서 이 책에서는 의류 전공자와 전문인들이 모델리스트와 테크니컬 디자이너의 직무에 대해 이해하고 실무에서 사용되는 실제적인 전문 지식을 갖출 수 있도록 돕는 것을 목적으로 하였다.

이 책은 전체 5장과 1개의 부록으로 구성되어 있다.

1장에서는 현대 의류 산업의 흐름, 부서별 역할 그리고 글로벌 시장의 의류 상품화 과정과 제품 생산 Process의 개념에 대한 내용을 다루고 있다.

2장에서는 모델리스트의 직무에 대한 소개와 업무 내용에서부터, 다년간의 실무경험을 통하여 정리된 남성복 패턴 제작 방법을 Vest, Jacket, Outer, Pants, Shirts, T-shirts로 나누어 제공한다. 다양한 디자인 및 소재 특성에 맞춰 대응할 수 있도록 시접이 없는 완성선 위주로 정리되어 있다. 또한 체형별 패턴 보정방법을 제공하여 실제 현장에서 모델에 맞춰 패턴을 보정할 수 있는 기본 방법을 배울 수 있도록 하였다.

3장에서는 테크니컬 디자이너의 직무에 대한 소개와 업무 내용에서부터, 테크니컬 디자이너가 기본적으로 갖추어야 하는 다양한 지식들에 대한 총괄적인 이해를 돕기 위해 봉제품의 분석, 의복의 형태를 결정하는 원·부자재 디테일들과 봉제 방법, 샘플과 생산 관리 등에 대해 다루고 있다. 또한 테크니컬 디자이너의 주요 업무인 작업 지시서(Technical Package)를 작성하는 방법과 핏 코멘트를 쓰는 데 필요한 실제적인 지식을 제공한다.

4장에서는 샘플의 밸런스(Balance)와 사양(Construction)을 리뷰하고 분석하는 핏(Fit) 세션에 대한 정보와 실무에서 주로 나타나는 Fit issue에 대해서 문제점 분석과 해결책을 제안하는 가이드라인을 제공한다.

5장에서는 실제 산업 현장에서 사용하는 의류와 관련된 용어들을 영어와 한글, 그리고 국내에서 아직도 많이 사용되고 있는 일본어 용어로 정리하였고 이를 봉제 용어와 무역 용어, 패턴 용어로 구분하여 쉽게 찾아 볼 수 있도록 하였다.

부록에서는 아이템별 치수를 측정하는 위치·방법과 옷의 구체적인 부분에서 치수를 측정하는 것에 대해 자세한 그림과 함께 설명하였다.

이 책의 장점은 의복 생산 과정에 있어 매우 중요한 역할을 담당하는 모델리스트와 테크니컬 디자이너, 그리고 옷의 품질을 좌우한다고 할 수 있는 피팅(Fitting)에 관한 정보를 모두 포함하고 있다는 것이다. 또한 이 책의 저자들이 의류 산업 현장에서 모델리스트와 테크니컬 디자이너로서 실무를 담당했던 경험을 바탕으로 그 노하우와 전문 지식을 가지고 이 책을 저술하였으며, 실제 산업체에서 사용되는 패턴과 작업지시서, 실제 의류 제품의 피팅 사진들을 포함하여 독자들이 쉽게 이해할 수 있도록 하였다.

이러한 실무 중심의 알찬 내용으로 구성된 이 책이 의류 산업의 전공자들에게 전문 지식과 기술을 습득하고 응용할 수 있도록 돕는 기초 자료로 활용되고, 나아가 미래의 패션 스페셜리스트가 되는 데에 기반을 제공할 수 있기를 간절히 바란다.

끝으로 이 책을 집필하는 동안 도움을 주신 백운현 명장님, 이희춘 원장님, 김차영 실장님, 장해동 교수님, 안선옥 실장님, 박에니 선임님, 손예슬 대리님, 고세연 대리님, 김지선 씨, 이소현 씨, LF, 유스하이텍 그리고 가족과 부모님에게 감사드리며 함께 고생하신 편집부 직원 여러분께도 감사의 마음을 전한다.

2019년 12월
저자 일동

CONTENTS
차례

의류 산업의 개요 1

INTRODUCTION:
THE APPAREL INDUSTRY

1 의류 산업의 프로세스

현대의 의류 산업은 정보기술 발전에 따라 기존의 수동적인 방식에서 체계적인 방식으로 변화하고 있으며 이에 따른 인건비의 상승, 운송, 통신의 발달로 패션 산업의 프로세스 또한 혁신적인 방향으로 변화되고 있다. 빠르게 변화하는 시장환경에서 경쟁력을 강화하기 위하여 효율성을 지향하는 다국적 패션 기업들은 세계 각국에 거점을 두고 효율적인 생산관리를 도모하고 있다. 미국, 유럽 등의 글로벌 패션 브랜드 바이어(global fashion brand buyer)들은 홍콩, 한국, 대만, 상해 등에 있는 에이전트(agent) 회사에 중간 관리를 맡기거나 벤더(vendor) 회사와 거래하여 제품의 생산 관리와 부자재의 수급을 충당하며, 중국, 베트남, 인도네시아, 캄보디아와 같은 저임금국가에 현지 법인을 두고 제품을 생산하고 있다. 국내의 내수 브랜드들도 글로벌 생산 방식을 차용하게 되면서 자국에 위치하던 생산 라인을 해외로 이전하게 되었고 기존과는 다른 생산 환경을 맞이하게 되었다. 이처럼 의류 산업의 개발과 생산, 생산과 소비가 지역적으로 분리되면서 공간의 극복과 효율적인 소통을 통한 전체적인 생산 과정의 효율적인 관리를 위해 생산 시스템의 체계화와 명료한 생산 공정의 중요성이 더욱 부각되고 있으며, 이러한 글로벌 패션 산업 환경에서 의류 산업의 업무 또한 다국적 생산을 바탕으로 재편되고 있다.

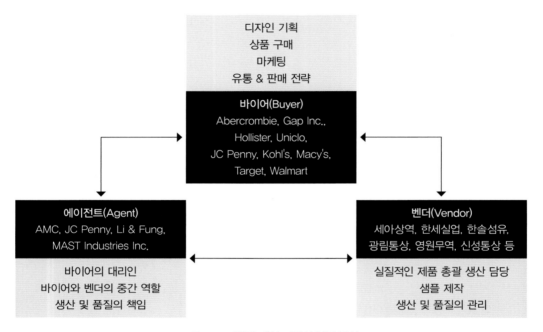

그림 1-1 다국적 패션 기업의 업무 구성

2 의류 산업의 전문가, 직종의 변화

글로벌 생산을 기반으로 하는 유통, 판매의 구조 하에서 의류 산업의 브랜드들은 소비자들의 높아진 눈높이에 맞추기 위해 지속적으로 기술 개발을 하고 있다. 이 과정에서 리드타임을 줄여 생산의 효율을 높이고 전반적으로 의류 제품의 품질을 높여 경쟁력을 높이는 것이 매우 중요한 문제로 대두되고 있어, 의류 산업의 업무는 점점 세분화, 분업화된 전문성이 요구되고 있다. 따라서 오늘날 많은 패션 기업에서는 상품 기획과 마케팅 분야에 역량을 집중하고, 생산과 유통 비용의 절감을 위해 해외 소싱을 계속 늘려나가는 추세이다. 국가 간의 경계를 넘어 신속하고 정확한 의사소통과 생산 매니지먼트가 그 어느 때보다 중요해지고 있으며 이러한 생산, 소비 환경의 변화에 맞춰 전문 인력의 수요가 증가하고 있다.

이러한 변화의 가운데에 의복 제품의 기획에서부터 생산 단계까지 전면에서 의복의 기술적인 부분을 전문적으로 담당하여 생산의 효율성과 체계화를 이루는 직종으로 테크니컬 디자이너 직종이 새롭게 부각되었다. 국내 브랜드 회사에서도 글로벌 의류 산업 구조의 영향으로 테크니컬 디자이너 팀이 구성되었고 디자이너, MD, 모델리스트에 분산되었던 업무를 전문적 인 지식을 가진 인력인 테크니컬 디자이너에게로 전환함으로써 생산 일정을 단축시키고 봉제, 핏, 패턴의 오류로 인한 불필요한 비용을 감축시키며 나아가 의류상품의 생산과정에 있어 선진화와 체계화를 이끌어낼 것을 기대하고 있다. 내수 브랜드에서 각각의 브랜드 실정에 맞춰 테크니컬 디자이너의 업무와 역할이 정립되어 가고 있는 현 시점에서 국내의 효율적인 적용과 회사 내 이들의 능력과 역량이 최대한 발휘되기 위해서는 테크니컬 디자이너 직무의 특성과 역할에 대한 교육이 시급하며 이를 통해 디자이너, MD, 모델리스트와의 효과적인 협업이 이루어질 때에 비로소 국내 패션 업계의 성과로 직결될 수 있다.

3 의류 제품 생산 과정에 따른 부서별 역할

1 | 디자인: 디자이너
시즌별 패션 흐름 등을 분석하고 트렌드에 맞는 컬러, 디테일, 소재 등을 브랜드에 접목시켜 디자인을 기획한다. 기획된 모든 자료를 기초로 디자인을 설계하고 도식화로 표현하여 작업지시서를 작성하며, 가봉 후 디자인의 수정·보완을 거쳐 소비자가 원하는 상품을 개발한다. 마케팅 전략, 타깃층, 소재 정보와 관련 지식을 전문적으로 가지고 있어야 하며 이를 창조적으로 응용하는 능력을 필요로 한다.

2 | 기획: 기획 MD
시장에 공급될 상품을 기획·제조하는 역할로, 보통 소속된 브랜드 기준 내에서 해당 브랜드의 콘셉트와 전략을 바탕으로 상품화를 전개한다. 패션 트렌드, 경쟁사의 전략, 시장 현황, 수익률, 브랜드 이미지, 판매 실적 등을 감안하여 원가 관리, 물량 관리, 각종 스케줄 등 전체 기획 방향을 정하며 매출이 좋은 스타일을 예측하고 악성 재고를 줄이는 것도 기획 MD의 역량이다. 따라서 시장의 흐름을 잘 읽어낼 수 있어야 하며 패션에 대한 기본적인 감각의 바탕 위에 적극적인 행동력, 정보 분석 능력과 마케팅 능력, 정확한 예측력, 계획적인 조직능력, 논리적인 사고 및 표현력 등의 종합적인 능력이 요구된다.

그림 1-2 시즌 기획 수립 모습

3 | 소싱: 생산 MD
상품을 제조할 공장을 발굴·관리하며, 원가 사정 및 비용 대비 효과가 우수한 공장을 지속적으로 유지 관리하는 역할을 한다. 기획에서 결정된 스타일을 디자인, 소재, 가격 등의 특성에 맞는 생산 업체에 생산을 의뢰하고, 원단과 원·부자재, 봉제 상태 등을 관리하며, 납기일을 맞출 수 있도록 생산 일정을 관리한다. 또한 선적 시기를 맞추고 제품이 하자 없이 전달되도록 관리한다. 바이어와 생산 업체와의 커뮤니케이션 능력을 필요로 하며 생산 방식의 흐름에 대한 전문적인 지식과 이해가 필수적이다.

4 | 영업: 영업 MD
고객의 니즈에 맞는 제품 또는 서비스를 고객이 원하는 시기와 장소에서 적정 가격으로 적정 수량을 유통시키기 위한 일련의 과정을 운영하는 상품의 책임자 역할을 한다. 전체 매출 계획, 매장별·품목별·스타일별 수량 배분, 리오더 결정, 판매 분석 등 매장의 상품 구성 계획과 판매 자료를 분석하며 차별적이고 효과적인 판매 전략을 제안한다. 이를 위해 세련된 감성과 신속한 대응력, 판단력 등의 능력을 필요로 한다.

5 | 패턴메이킹: 모델리스트

결정된 디자인을 바탕으로 3차원 의복으로 만들어내기 위한 평면 또는 입체 패턴을 제작하는 역할이다. 브랜드의 타깃 소비자의 치수에 따른 패턴을 제작할 수 있는 능력은 물론 소재의 특성과 봉제 방법 등에 대한 전문적이고 과학적인 지식과 오랜 경험을 바탕으로 기획의 의도에 맞는 디자인의 특징을 충분히 이해하고 재해석 할 수 있는 능력이 요구된다. 또한 다양한 생산 공정과 기술에 대한 이해를 바탕으로 제조 공정상 발생할 수 있는 리스크를 컨트롤하고 브랜드가 요구하는 상품 품질을 위한 기술 지도와 관리 활동을 병행한다.

그림 1-3 평면 패턴 제도 모습

6 | 테크니컬 디자인: 테크니컬 디자이너

의복의 핏(Fit) 개발에 참여하여 단계별 샘플을 브랜드가 요구하는 핏과 품질 기준에 맞도록 관리한다. 샘플을 표준 바디에 입혀 여유분, 균형, 비례 등을 점검하고 옷의 제작 과정에서 필요한 공정상의 부분과 이상적인 핏을 위한 수정 지시사항을 상세하고 글로벌한 수준의 작업지시서로 작성하여 정확한 의사소통을 하는 역할을 한다. 이를 위해서는 패턴 제작과 의복 구성에 대한 이해도가 필수이다.

그림 1-4 샘플 QC 모습

4 의류 제품 생산 PROCESS

4-1 의류 산업의 기획, 생산 제작 과정

의류 생산 프로세스는 제품의 종류나 기업의 규모 또는 제품의 기획, 소비자 타깃층에 따라 그 제작 과정이 다르다. 일반적으로 의류 상품의 제작 과정은 기획, 품평, QC 확정, 생산 투입, 물류 선적으로 이루어진다.

1 | 기획
패션 상품 기획을 위해 소비자의 욕구나 패션 트렌드에 대한 정보를 분석하고 차기 시즌의 패션 콘셉트를 예측하여 그에 따라 소재, 색상, 디자인을 선정하고 최종적으로 샘플 점검을 실시한다. 브랜드 이미지에 맞는 의류 신제품을 계절에 앞서 적절한 시기에 상품 구색으로 제공하기 위해 시장 확인, 머천다이징 콘셉트 설정과 전년도 데이터 자료를 토대로 예산 계획과 물량 계획을 세우고 예산 기획, 상품 구성 계획을 수립한다. 기획 회의에서 조사한 정보를 바탕으로 디자인을 개발하고 실제 샘플을 제작한다.

2 | 품평
제작된 샘플에 대해 수시로 평가하고 수정하여 최종적으로 생산 여부를 결정하기 위한 품평회에서 메인 상품을 정한다. 상품의 판매성에 대한 의견을 집중적으로 수렴하여 메인 상품을 구성한다. 품평 후 결정된 아이템에 대해 최종 생산 물량과 소비자 가격, 원·부자재, 디테일을 확정하고 메인 제조지시서를 작성하고 핏(Fit) 샘플을 투입한다.

3 | QC 확정
QC 과정을 통해 핏(Fit) 샘플 리뷰를 하여 생산 공정, 소재의 특성, 부속물, 봉제, 요척 등을 고려한 최종 디자인을 결정하고 Quality Confirm을 한다. 기획된 수량에 의해 메인 작업을 투입하고 품질, 가격, 납기, 생산량에 적당한 생산 업체를 선정하며, 납기를 고려하여 생산에 필요한 원·부자재의 입고를 관리한다. 부자재 입고 후 중간 점검(원단, 재단, 요척, 그레이딩)이 필수이다.

4 | 생산 투입
대량 생산의 최종 제품이 정해진 검사 기준(사이즈, 외관, 품질 검사)에 맞도록 생산되었는지 생산용 샘플 검토, 확인 작업

그림 1-5 상품 기획에서 생산 업무까지의 흐름도

을 통해 최종 스펙을 확정하고 품질 관리, 원가 관리, 공정 관리 등의 기술 지도를 행한다. 품질 검사 시에는 사이즈의 정확성, 봉제상의 결함 등의 검사를 실시한다.

5 | 물류 선적
물류 입고, 매장 출시, 사후 관리 등을 통해 협력 업체를 통한 대량 생산 작업을 한다.

4-2 의류 산업의 대량 생산 방식

의류 제품의 대량 생산 방식에는 자체 생산과 외주 생산 방식이 있으며 자체 생산은 의류 제조 업체가 소유하고 있는 자체 공장에서 제품을 생산하는 것으로 새로운 의류 제품의 기획, 디자인, 생산, 유통, 판매까지의 전 과정을 의류 제조 업체에서 책임지고 관리하는 것을 말한다. 반면 외주 생산 방식은 일반적으로 의류 업체가 제품의 기획, 디자인을 담당하며 기획된 제품의 일부 또는 전체를 외부의 전문 생산 업체에 맡기는 생산 방식이다. 외주 생산 방식의 종류는 3가지 유형인 임가공 생산 방식, CMT 생산 방식, 완제품 사입(완사입) 생산 방식으로 구분할 수 있으며 의류 복종별 특징에 맞추어 생산 방식을 채택하고 있다.

1 | 임가공 생산 방식
가장 좁은 의미의 하청 생산 형태로, 의류 업체에서 원자재와 부자재 등 모든 물품을 외주 생산 협력업체에 공급하며 생산 업체는 생산을 하기 위한 설비와 작업자를 관리하여 봉제 작업을 하는 생산 방식을 의미한다. 봉제 생산 작업 이외의 디자인, 패턴, 샘플 작업 방법, 원·부자재, 기술지도, 품질 관리 및 검품은 의류 업체가 주도하므로 의류 업체와 생산 협력 업체와의 신뢰가 중요하다.

2 | CMT 생산 방식
CMT(Cut, Make, Trim) 생산 방식은 의류 업체가 원자재의 발주, 구매, 관리까지의 업무를 담당하고 외주 생산업체가 부자재의 구매부터 작업자와 생산 장비를 관리하여 제품을 생산하는 부분의 업무를 책임지고 수행하는 생산 형태이다. 제품 스타일에 따른 부자재 수급을 공정에 따라 생산 업체에서 관리함으로써 생산 리드타임 단축과 공통 사용 부자재에 대한 사전 비축을 통한 원가 절감 효과가 있다.

그림 1-6 생산 현장 모습

3 | 완사입 생산 방식
완제품사입 생산 방식은 의류 업체가 생산 전문 업체의 완제품을 구입하는 형태로 생산 업체가 제품의 디자인, 패턴, 샘플 제작, 원자재 및 부자재의 발주, 구매, 관리 검단, 재단, 봉제 등의 의류 생산에 필요한 전체 공정을 책임진다. 우리나라에서는 이러한 형태를 '프로모션'이라고도 한다.

패턴

2

PATTERN

1 모델리스트의 역할

패션 기업의 성공에 있어 디자이너의 창의성과 전문성이 매우 중요하며, 혁신적인 디자이너의 작품을 현실적으로 재현하고 그대로 생산해내는 데에는 개발실의 역할이 매우 크다. 대부분 패션 기업의 개발실에는 패턴사와 그레이딩사, 샘플사 등이 함께 근무한다. 최근에는 패턴사(Pattern Maker)를 지칭하여 '모델리스트(Modelist)'라는 용어를 사용하고 있는데, 모델리스트는 디자이너가 디자인한 작품을 3차원 형태로 만들기 위한 본을 뜨는 작업을 하는 사람으로 최근에는 디자이너의 작품을 감각 있게 해석하여 3차원으로 재탄생 시키는 전문적인 직종으로 인정받고 있다. 모델리스트는 옷의 설계도를 작성할 뿐만 아니라, 제품화 시키기 위한 작업 방법 및 공정 설계를 연구 개발하는 업무를 관장하는 중요한 임무를 수행하고 있다. 의복 제작에 사용할 원단 재질의 특성을 고려하여 패턴 제작에 반영하며, 의복의 치수와 모양 등의 내용을 명시하고 체형이나 크기에 따라 각기 다른 크기의 패턴을 제작하기도 한다. 또한 패턴에 따라 시제품을 제작하고 패턴과 시제품을 비교하여 패턴을 수정·보완하며 공정 방법 개선을 통한 품질 안정과 생산성 향상을 위해 노력하는 업무를 담당하고 있다.

이러한 업무 수행을 위해 모델리스트는 의복 디자인과 의복 제조에 대한 지식과 기술을 가지고 있어야 하며 미적 감각과 손재주, 꼼꼼함을 가지고 신체 치수에 따른 옷본을 정확하게 제작할 수 있는 능력이 요구된다. 또한 디자이너, 재단사, MD, TD, 업체 등과 서로 협력해야 하므로 커뮤니케이션 능력이 요구된다.

2 모델리스트의 주요 업무와 업무 진행 단계

모델리스트의 가장 큰 업무는 디자이너가 상상하고 구상하는 디자인 및 실루엣을 최대한 만족 시킬 수 있도록 표현하고 현실화 시키는 것이다. 따라서 모델리스트는 생산처에서 제품을 용이하게 만들 수 있도록 정확한 수치를 제공해야 하며 봉제 작업이 편리하고 생산성이 좋아질 수 있도록 공정 분석을 면밀하게 해야 한다. 또한 대량 생산을 위한 작업성은 물론 품질의 안정성, 생산성을 고려한 패턴 제작이 이루어져야 한다.

패턴 작업 시 모델리스트는 고객이 만족하는 제품을 만들어야 한다. 착용 시 실루엣이 좋고 착용감이 편안해야 하며 기능 면에서 불편함이 없도록 하기 위해 꾸준히 연구 개발하는 자세가 요구된다. 생산 현장을 점검하는 것도 모델리스트의 중요한 업무이다. 같은 패턴이라도 생산업체별, 라인별 성향에 따라서 제품의 품질이 상이하고 소재의 특성에 따라서도 제품의 실루엣이 달라질 수 있다. 이러한 품질의 안정화를 위하여 모델리스트는 작업 환경, 작업자의 기술, 공정 방법 등을 세부적으로 점검하고 그에 맞는 해결책을 제시하여 생산성을 향상시킬 수 있어야 한다.

패턴 제작 시 모델리스트는 지난 시즌들의 패턴을 효율적으로 관리하여 향후 개발 패턴과의 차이점을 분석하고 브랜드의 실루엣 변형 내용 히스토리를 기반으로 효과적인 방향성을 제시할 수 있어야 할 것이다.

생산 단계에 따른 모델리스트의 주요 업무 내용

단계	업무 내용
패턴 제작	1. 패턴 제작하기 전 점검 사항 • 디자이너와의 방향성에 관한 충분한 협의(실루엣, 타깃 등) • 원단 소재에 대한 성분 분석(혼용률, 세탁 방법, 터치감, 신축성, 무늬의 종류 등) • 배색, 부속 부자재의 종류 확인(단추, 스트링, 아일렛, 밴드, 어깨 패드, 지퍼 등) • 디테일 관련 확인(작업지시서와의 비교 분석) 　－ 주머니, 요크선, 칼라, 소매단, 플라켓, 내부 사양, 자수 위치 등의 확인 　－ 안감 유무, 워싱 유무의 확인

(계속)

샘플 진행	1. QC 후 결과 반영하여 패턴 수정 보완 　• MD, DS, TD와 함께 QC 진행 후 패턴 수정 보완 작업 　　- SIZE SPEC 정립 / 사이즈 간 편차량 결정 2. 샘플실 작업자와의 커뮤니케이션 　• 제품 제작 시 작업 방법 및 주의사항 전달 및 개선책 협의 　　- 부위별 시접 처리, 이세 관련 설명(시접 꺾음 방향, 늘림, 가위밥 처리 등) 　　- 소재별 주의할 점 및 부자재 사용 관련 설명 　　- 심지 사용 관련 규격과 접착 방법 등 설명
제품 제작 (생산)	1. 생산 현장 점검(Evaluation) 　• 생산 업체의 기능 수준 파악(자체 패턴실 유무, 주력 생산 품목, 설비의 수준, 샘플실 운용 현황, 샘플 　　사 기능도 점검 등) 　• 작업자, 공정 상 문제점 및 개선 방법 대안 제시 　　- 필요 시 목업 샘플 제작을 통한 개선 방법 확인 　• 이염, 스크래치, 찢어짐 등의 발생의 여지가 없는지 세세히 검토 분석 　• 완성 작업 점검(아이롱 작업, 팩킹 작업, 잔사 제거 상태 등)

모델리스트(Pattern maker)의 역할과 책임

1. 샘플 패턴 제작(New Silhouette 개발)
2. 시장 조사를 통한 시즌별 트렌드, 실루엣 연구 분석
3. 작업 사양서 매뉴얼 표준화 관리
4. 체형별 사이즈 밸런스(Balance) 연구
5. 패턴 부위별 편차, 그레이딩(Grading) 연구
6. 생산 현장 점검(Evaluation)
7. QC(Quality Control) 진행 - 제품 착용 시 문제점 분석, 소재별 특성 분석, 부분 공정별 작업 방법 개발

패턴 제작 시 어패럴 CAD 프로그램 사용의 필요성

CAD는 Computer Aided Design의 약자로, 컴퓨터를 이용하여 설계하는 것을 말한다.
건축이나 기계, 전기 등의 분야에서 설계를 할 때도 제도 용지와 제도 용구를 이용하여 사람이 직접 손으로 하던 작업을 컴퓨터 프로그램을 이용하여 빠르고 쉽고 정확하게 하는 것을 의미한다.
어패럴 CAD 프로그램을 패턴메이킹에 이용하면 패턴메이킹, 그레이딩, 마킹 등 여러 가지 복잡하고 어려운 작업들을 손쉽게 처리할 수 있으며 데이터베이스화하여 효율을 높일 수 있다.

1. 수치의 정확성으로 정밀 패턴을 제공하여 완성도에 기여
2. 간편한 시접 패턴 제공으로 작업의 효율성 제고
3. 데이터베이스화를 통한 제작 시간 절감 및 형태 안정에 도움
4. 패턴 제공의 원활함으로 해외 생산 및 분할 생산 작업 가능
5. 작업자 교체 시에도 브랜드 특성의 아이덴티티 유지 가능
6. 안감 패턴 및 부속 패턴까지 제공하여 제품의 정교함 및 균형 유지

3 모델리스트 업무의 이해

3-1 봉제품 품질 검사

의류 제품의 품질 관리는 원·부자재와 중간 제품, 그리고 최종 완제품에 적용되는 일련의 검사를 통해서 이루어진다. 따라서 제품의 품질 향상을 위해서는 적절한 품질 검사 시스템의 활용이 요구된다.

　모델리스트는 실무 경험을 바탕으로 습득한 의류 제조 관련 지식을 통해 제품의 설계 내역을 정확히 파악하고 점검함으로써 기획한 제품이 차질 없이 생산될 수 있도록 설계 내역을 확인하고 단계별로 발생할 가능성이 있는 결점들을 수정·보완하여 결과적으로 최종 제품의 품질이 일정 수준에 이르도록 하는 역할을 한다.

품질 검사의 종류

1. **원·부자재 검사(raw material inspection)**: 원·부자재의 입고 시 주문한 제품과 같은 것인지에 대한 확인 및 수량, 사이즈, 결점 등을 검사
2. **이화학 검사**: 의복의 기능적 품질을 객관적으로 판단하기 위해 원단, 부자재 등에 대한 이화학 분석
   (섬유의 혼용률, 밀도, 폭, 실번수, 중량, 염색견뢰도, 인장강도, 세탁견뢰도, 마찰 견뢰도 등)
3. **공정 중 품질 검사(in-line inspection)**: 품질의 문제점을 가능한 한 낮은 단계에서 제거하여 완제품의 불량률을 낮추어 결과적으로 품질 관리 비용을 줄이는 것이 목적
4. **최종 완제품의 품질 검사(final inspection)**: 소비자 관점에서의 제품 검사로 제품의 사이즈, 형태, 착용감, 부자재의 성능, 오염 여부, 솔기의 상태 등 제품이 판매될 때의 상품 가치를 좌우할 수 있는 제품 불량을 제조 완성 단계에서 검사하는 것

모델리스트의 생산 현장 점검표

EVALUATION(평가서)		
공장명:	평가인:　　　　　　　　　　　　평가일자:	
항목	세부 내용	평가 점수
샘플 제작 품질 수준 (10)	1. 샘플사, 패턴사 실력 점검 　① 샘플사: 패턴대로 옷이 잘 나왔는가? / 작업지시서 판독능력은 우수한가? 　② 패턴사: 본사 패턴에 대한 이해력 수준 　　　(제도능력, 보정능력, 그레이딩능력 – 실무테스트) 2. 설비 수준(ex. 면바지 – WB 바인딩, 셔츠 – 칼라 프레스, 특종의 종류 등) 3. 제시 샘플에 대한 분석 및 이해력은 어느 정도인가 　① 사전 스터디 유무 점검도구 확인 4. 샘플의 컨펌률 개선 여부	
자재실 관리 수준 (10)	1. 미싱 바늘 관리(입출고 관리대장 확인) 2. 검단 기능(검단기 유무 및 사용여부 확인) 3. 세탁테스트(축율, 이염 관리대장 확인) 4. 검침기 유무 및 사용여부 확인　　　5. 정리, 정돈 상태 점검	
재단 수준 (15)	1. FUSING 프레스 　① 기종 및 규격(최하 90cm) 점검, 벨트의 상태 파악　② 온도, 속도, 수평 점검 2. 봉제라인 규모에 맞는 재단 테이블 규격 점검 3. CAD 유무 및 기종 확인 4. 설비수준: 밴드나이프, 자동연단 / 재단기 등 5. 재단물 검사 상태　　　　　　　6. 넘버링 준수	

(계속)

	7. 워싱 작업 관리 능력	8. 원단 및 부자재 창고 관리 상태 파악	
봉제 수준 (20)	1. 봉제 라인 구성 점검 　① 기종, Attachment, 수량, 노후상태, 중간 아이롱, 특종설비, 자동 포마기 사용실태 파악 등 　② 미싱사, 보조, 기타 인원의 숙련도, 인원수 적정 여부 　③ 청결, 정리, 정돈 상태 　④ 매니저의 기술 수준 및 관리력 점검, 관리조직의 형태 파악 2. 자수 / 날염 관리 능력 3. 충전재(다운 / 웰론 / 패딩) 투입 방법, 컴퓨터 다운 주입기 유무 점검 4. 중간 아이롱 공정 실행 여부　　　　5. 초두 제품 점검 프로세스 확인 6. 라인 검사 인원 및 프로세스 점검		
완성 수준 (10)	1. 완성반 설비 점검(큐큐 / 나나인치 / 단추달이 / 스냅달이 / 바큠테이블 등) 　① 기종별 수량, 노후 여부　　　　② 생산량 대비 적정성 및 기술력 2. 제사처리(ex. 별도 칸막이 운영 여부) 점검 3. 건조 시스템 점검(냄새, 습기제거) 　① 행어시스템, 공간(완성품 보관능력, 출하 시스템 구비현황) 4. 워싱물 관리력(입출고, 건조, 이물질 제거)		
검사 수준 (10)	1. 자체검사 기능 　① 인원수, 수준(검사기준 표준화 관리 도표는 있는가?) 　② 자체검사 5단계 준수 여부(ex. 검단, 재단, 봉제라인, 아이롱 전후) 　③ 수정품 관리력 2. 검침 기능 　① 검침기 유무 　② 검침기 사용 프로세스 점검(공간분리 칸막이, 인원) 　③ 바늘 관리 대장 점검		
생산성 수준 (10)	1. 아이템별 생산성 평가기준(봉제라인의 PCS / 1일 / 1인) 　① 점퍼　　　　　　② 바지　　　　　　③ 셔츠 　④ 니트　　　　　　⑤ 스웨터		
기타 점검 사항 (15)	1. 화재 예방 설비 점검 　① 소화기 및 소화전 필요위치에 구비 2. 공장 위치 　① 컨테이너의 접근성이 양호한가?　　② 공항과 공장 간의 거리 3. 공장 전체 설비 평가 　① 패턴 CAD 및 CAM 설비 현황 　② 현장의 형광등 설치상태 및 조도(밝기) 점검 　③ 봉제 흐름 작업대 현황 점검 4. 직원 복지 및 기타 사항 　① 외주 생산 활용 현황 파악　　② 작업자 평균 연령대는? 　③ 통근버스 운행 현황　　　　　④ 기숙사 구비 현황 　⑤ 식수대 및 식당 운영 실태		
합계(100)	**평가 결과**		
평가기준			현장사진 별도 첨부
A등급　85～100점			
B등급　70～85점 미만			
C등급　70점 미만			

3-2 신체 치수 측정

인체의 부위별 사이즈를 측정하고 측정된 부위별 사이즈를 제도법에 따라 부위를 구분하고 선을 표현하여 패턴 제작이 이루어진다. 기본적으로 치수를 측정할 때 위치별 수평을 맞춰 사이즈를 측정하고 가슴둘레와 허리둘레를 잴 때에는 손가락 검지와 중지 두 개를 넣고 줄자를 적절히 당기면서 둘레의 여유를 주어 측정한다. 측정 대상의 시선은 앞쪽 정면을 보도록 한다. 특히 바지 치수를 잴 때 고객의 눈은 앞을 향하게 하고 아래쪽으로 쳐다보지 않도록 한다. 신체 측정을 하기 위해서는 인체의 특성을 파악하고 볼 줄 알아야 하며 부위별 생김새의 특징 분석이 필요하다.

다음의 〈그림 2-1〉은 인체의 부위별 구분 및 명칭이다.

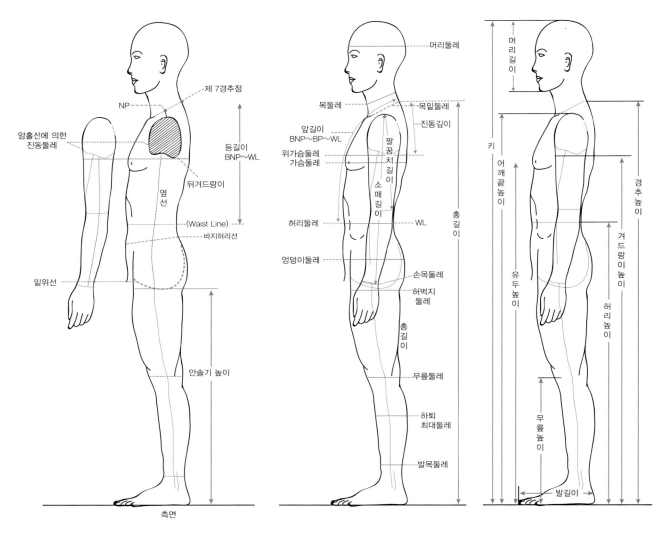

그림 2-1 인체 부위 및 기준점 명칭

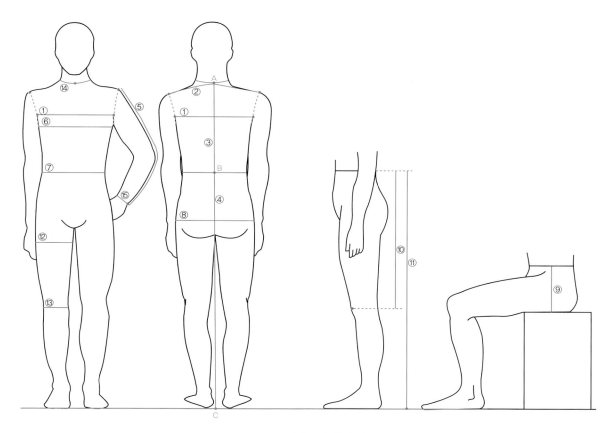

그림 2-2 신체 치수 측정 방법

① **앞품, 뒤품**: 팔을 자연스럽게 내리고 좌우 겨드랑이 시작하는 곳의 사이를 수평으로 측정한다.

② **어깨너비**: 좌우 어깨의 가장 튀어나온 점(어깨점)에서 뒤목점(목을 구부렸을 때 제일 튀어나오는 뼈 지점, 그림상 A)을 지나도록 잰다. 잴 때 줄자가 살짝 휘어진다.

③ **등길이(A−B)**: 뒤목점에서 시작하여 수직으로 허리까지 내려서 측정한 길이를 말한다.

④ **총장(A−C)**: 뒤목점에서 발뒤꿈치 끝까지 수직으로 측정한 길이를 말한다.

⑤ **소매길이**: 팔을 살짝 구부리고 어깨점에서 팔꿈치 뼈를 지나 손목점까지 측정한다. 어깨에서 손목까지 일직선으로 내려서 재지 않도록 주의한다.

⑥ **가슴둘레**: 뒤겨드랑이점을 지나는 둘레를 수평으로 측정한다. 측정 시 팔을 편안하게 내려서 측정하고 허리선과 평행을 이루는 것을 확인하며 잰다.

⑦ **허리둘레**: 허리의 가장 가느다란 곳을 살짝 여유 있게 둘레로 측정한다.

⑧ **엉덩이둘레**: 엉덩이의 가장 튀어 나온 부분의 둘레를 수평으로 측정한다. 허리선과 평행을 이루는 것을 확인하며 잰다 (배가 나오거나 허벅지가 두꺼운 경우 여유분을 좀 더 넣어 준다).

⑨ **밑위 길이**: 앉은 자세에서, 허리선에서 의자 바닥까지를 수직으로 측정한 길이를 말한다.

⑩ **무릎 길이**: 허리선에서 무릎 위치까지를 수직으로 측정한 길이를 말한다.

⑪ **다리 길이**: 허리선에서 발끝까지 몸의 옆선을 수직으로 측정한 길이를 말한다.

⑫ **허벅지 둘레**: 대퇴부 중 가장 두꺼운 부분을 살짝 여유 있게 둘레로 측정한다.

⑬ **무릎둘레**: 무릎에서 여유분이 포함된 둘레를 말한다.

⑭ **목둘레**: 목의 하단 부위를 둘레로 측정한다.

⑮ **손목둘레**: 손목 뼈가 가장 나와 있는 부분을 둘레로 측정한다.

몸을 움직이기 위해서는 최소한의 여유 분량이 필요하며 패턴을 제작할 때 이 분량을 감안하여 작업해야 한다. 특히 소재 특성(두께, 신축성, 수축량 등)에 따라 부위별로 다른 여유 분량을 필요로 한다.

1. 재킷류

  ① 가슴둘레 = 전체 둘레 기준 1.5cm～3cm(두꺼운 소재일 경우 4cm 이상도 있음)

  ② 허리둘레 = 전체 둘레 기준 0.5cm～1cm

  ③ 밑단 둘레 = 전체 둘레 기준 1cm～2cm

  ④ 어깨너비 = 전체 기준 0cm～1cm(신축성 있는 소재는 패턴치수를 스펙보다 적게 하거나 얇은 심지를 어깨 부위에 전면 부착하는 방법을 택함)

  ⑤ 등 길이 = 전체 기준 0.6cm～1cm(원단의 수축 특성에 따름)

2. 바지류

  ① 허리둘레 = 전체 둘레 기준 2cm～3cm

  ② 엉덩이둘레 = 전체 둘레 기준 1.5cm～2.5cm

  ③ 허벅지 둘레 = 0.7cm～1.5cm(펼친 기준)

  ④ 무릎, 밑단 둘레 = 0.5cm～0.7cm

  ⑤ 인아웃심 길이 = 0.7cm～1cm

성인 남성의 연령별 평균 치수

(단위: cm)

부위 \ 구분	측정 위치 및 방법	20대 초반 (20~24세)	20대 후반 (25~29세)	30대 초반 (30~34세)	30대 후반 (35~39세)	40대	50대
키	바닥면에서 머리마루점까지의 수직 거리	174.2	173.6	173.7	172.5	170.4	168.2
등길이	목뒤점에서 허리뒤점까지 길이	43.9	44.1	44.4	44.5	44.4	43.9
어깨사이길이 (어깨너비)	양쪽 어깨점 사이 길이	43.9	43.6	43.7	43.2	42.7	41.7
겨드랑앞벽사이길이 (앞품)	양쪽 겨드랑앞벽점 사이 길이	37.3	37.4	37.9	37.8	37.6	37.2
겨드랑뒤벽사이길이 (뒤품)	양쪽 겨드랑뒤벽점 사이 길이	41.5	41.5	42.0	41.9	41.1	40.5
가슴둘레(상동)	복장뼈 가운데점을 지나는 수평 둘레	95.8	96.9	99.0	98.7	98.7	97.4
허리둘레	허리앞점, 허리옆점, 허리뒤점을 지나는 수평 둘레	80.0	83.0	85.6	85.9	86.5	86.9
엉덩이둘레	엉덩이돌출점을 지나는 수평 둘레	95.6	97.0	97.8	96.8	95.5	93.8
엉덩이수직길이	허리둘레선에서 샅점까지의 수직거리	26.4	26.4	26.9	26.6	26.3	25.9
넙다리둘레 (허벅지둘레)	볼기고랑점을 지나는 수평 둘레	57.2	58.3	58.8	57.9	56.7	54.9
목둘레	목뒤점과 방패연골 아래점을 지나는 둘레	37.4	37.7	38.4	38.4	38.8	38.9
팔길이	어깨가쪽점에서 노뼈위점을 지나 손목안쪽점까지의 길이	59.7	59.3	59.3	58.5	57.8	57.1
다리가쪽길이	허리옆점에서 바닥면까지 길이	106.1	105.5	105.6	104.7	103.0	101.5

성인 여성의 연령별 평균 치수

(단위: cm)

부위 \ 구분	측정 위치 및 방법	20대 초반 (20~24세)	20대 후반 (25~29세)	30대 초반 (30~34세)	30대 후반 (35~39세)	40대	50대
키	바닥면에서 머리마루점까지의 수직 거리	160.9	160.8	160.2	160.2	157.0	154.7
등길이	목뒤점에서 허리뒤점까지 길이	40.1	40.7	40.9	41.0	40.5	40.1
어깨사이길이 (어깨너비)	양쪽 어깨점 사이 길이	39.5	38.9	38.9	39.1	39.2	39.2
겨드랑앞벽사이길이 (앞품)	양쪽 겨드랑앞벽점 사이 길이	32.0	32.4	32.3	32.7	32.5	32.8
겨드랑뒤벽사이길이 (뒤품)	양쪽 겨드랑뒤벽점 사이 길이	36.7	36.5	36.6	36.8	36.8	36.9
가슴둘레(상동)	복장뼈 가운데점을 지나는 수평 둘레	85.0	84.8	86.3	87.6	89.3	90.6
젖가슴둘레(유상동)	젖꼭지점을 지나는 수평 둘레	84.1	84.4	86.3	88.3	89.7	92.8
젖가슴아래둘레 (밑가슴둘레)	젖가슴아래점을 지나는 수평 둘레	73.0	73.7	75.2	77.4	79.0	81.2
허리둘레	허리앞점, 허리옆점, 허리뒤점을 지나는 수평 둘레	71.0	72.4	75.0	77.3	78.8	82.5
엉덩이둘레	엉덩이돌출점을 지나는 수평 둘레	92.7	93.1	93.3	94.1	93.5	92.9
엉덩이수직길이	허리둘레선에서 샅점까지의 수직거리	23.3	23.3	23.5	23.6	22.9	22.2
넙다리둘레 (허벅지둘레)	볼기고랑점을 지나는 수평 둘레	54.8	54.8	55.1	55.8	55.2	54.2
목둘레	목뒤점과 방패연골 아래점을 지나는 둘레	32.5	32.3	32.4	32.9	33.3	33.6
팔길이	어깨가쪽점에서 노뼈위점을 지나 손목안쪽점까지의 길이	55.2	54.9	54.7	54.5	53.9	53.9
다리가쪽길이	허리옆점에서 바닥면까지 길이	98.9	98.2	97.7	97.7	95.5	94.0

* 자료: SIZE KOREA, 평균 SPEC 남녀 7차 인체치수 조사, 2015

MEN'S CASUAL
PATTERN

1 VEST PATTERN

1 | Men's Vest 제도(Morning Vest): 싱글 베스트 제도

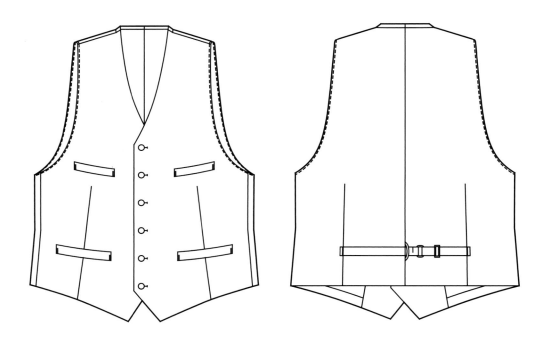

■ 싱글 베스트 패턴 제도를 위한 적용치수

부위		기본 조끼
신장		175cm(기준)
등길이		55cm
허리위치		42cm
진동깊이		28cm
가슴둘레	신체치수	96cm
	제품치수	101cm(96cm + 5cm)
어깨		34.5cm
AH		27.5cm

❶ 뒤판 제도

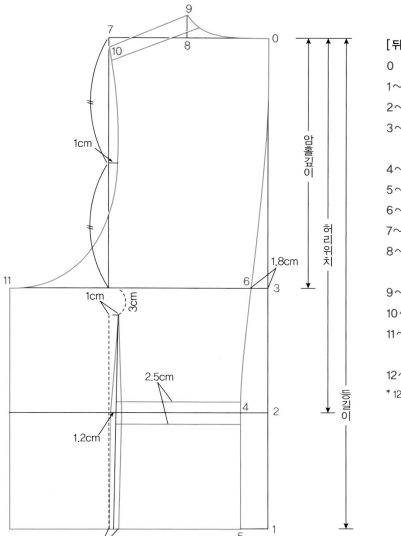

[뒤판]

0	시작점
1~0	등길이
2~0	허리위치 42cm (트렌드선)
3~0	뒤진동깊이 28cm / 신체치수 가슴둘레의 25% + 4cm
4~2	3cm 등중심안내선
5~1	3cm
6~3	4~0 곡선 3번 횡선의 교점
7~0	제품치수 어깨너비 1 / 2 (17.25cm)
8~0	가슴둘레 신체치수의 10% −0.8cm(8.8cm) 뒤목너비
9~8	8~0간 30% (2.6cm)
10~7	1cm
11~6	가슴둘레(제품치수 1 / 4 + 1cm) 25.3cm + 1cm = 26.3cm
12~6	가슴둘레(제품치수 1 / 2) 50.5cm

* 12는 앞중심품 위치 참조

❷ 앞판 제도

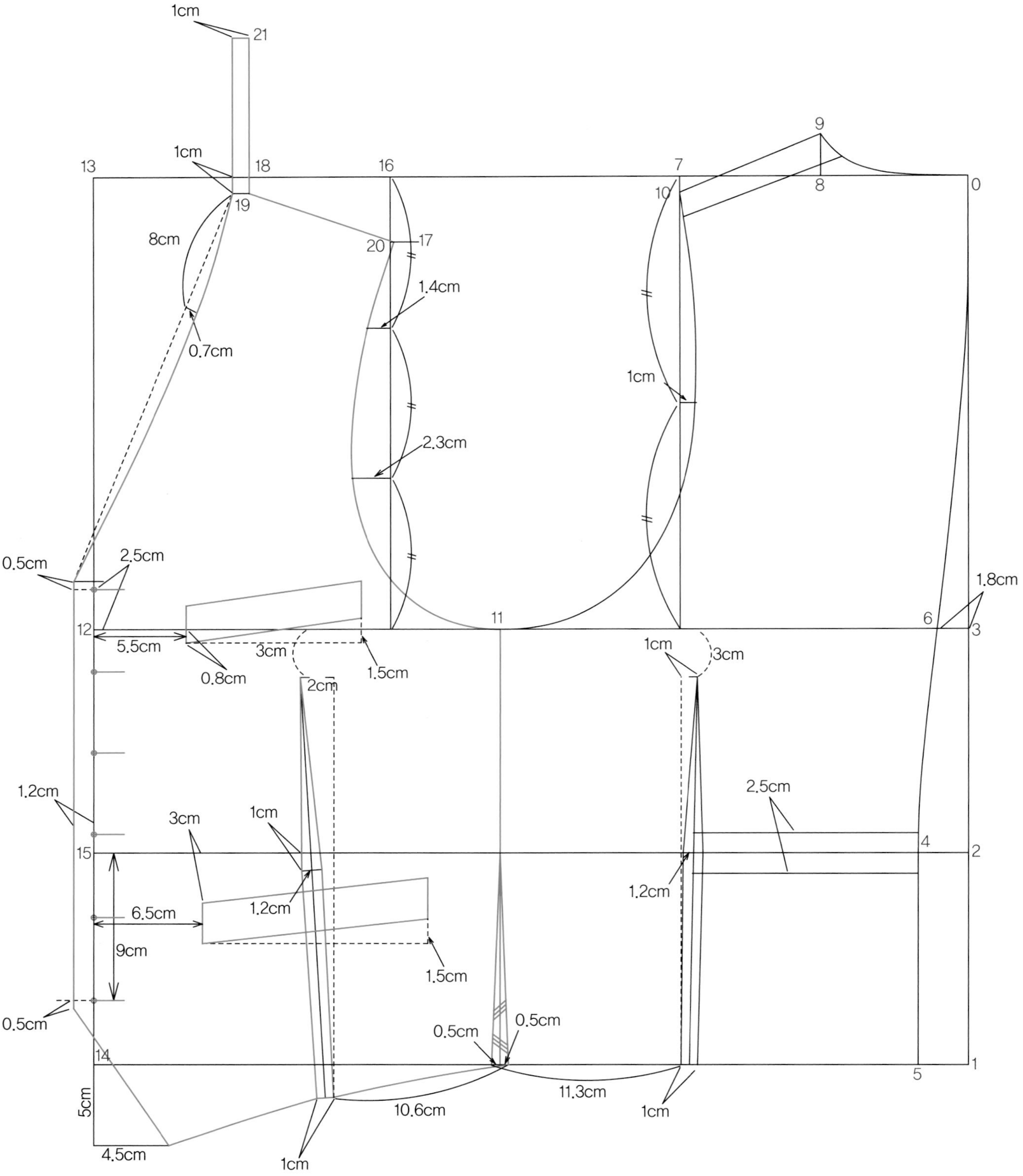
1cm
21
1cm
13
18
16
7
9
0
8
10
19
20
17
8cm
1.4cm
0.7cm
1cm
2.3cm
0.5cm
2.5cm
1.8cm
12
11
6
3
5.5cm
3cm
1.5cm
0.8cm
1cm
3cm
2cm
2.5cm
1.2cm
3cm
1cm
4
15
2
1.2cm
6.5cm
1.2cm
9cm
1.5cm
0.5cm
0.5cm
0.5cm
14
1
5
5cm
10.6cm
11.3cm
1cm
4.5cm
1cm

[앞판]

13~12 12의 직상 0횡선의 교점

14~12 12의 직하, 뒤판 1번 횡선의 교점

15~12 뒤판 2~3번간의 동일치수

16~13 제품치수 어깨너비 1 / 2 + 0.5cm (17.75cm)

17~16 4cm (전체 어깨너비의 약 11%)

18~13 뒤판 8~0(옆목너비 + 0.5cm) 9.3cm

19~18 1cm(앞목처짐)

20~19 뒤판 10~9간 동일치수(어깨선 길이)

21~19 뒤판 9~0 뒤목곡선 동일치수

• 싱글 첫번째 단추위치 = 가슴선에서 2.5cm 위(더블스타일 단추위치 = 0.5cm 위)

• 싱글 단추간격 = 5.1cm × 6개(더블스타일 단추위치 = 10cm × 3개)

• 더블앞겹침분량 = 4cm

❸ 앞 / 뒤판 제도 완성

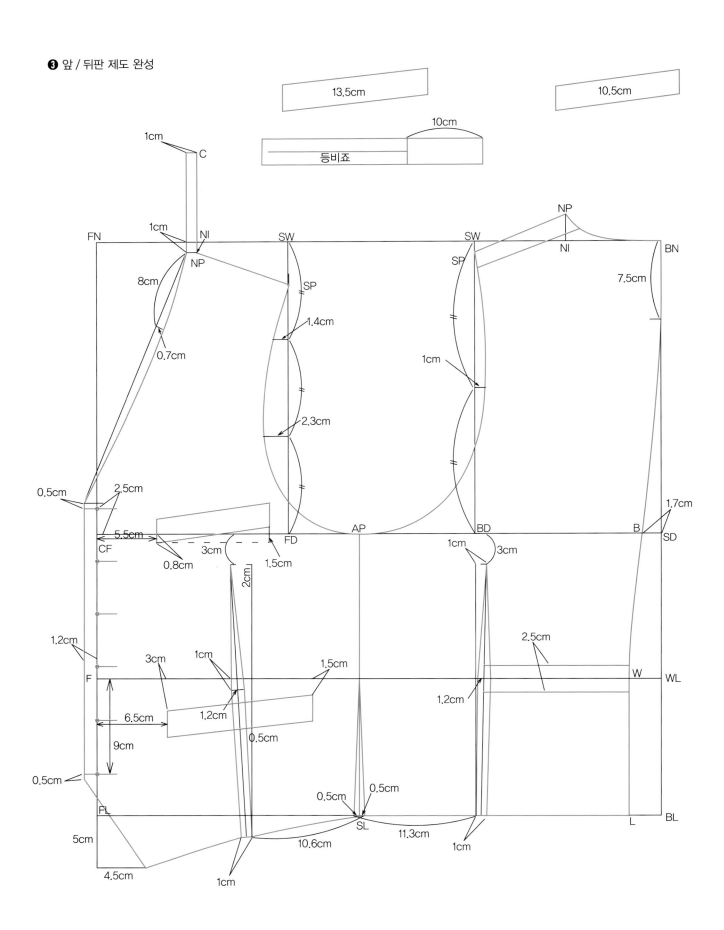

13.5cm

10.5cm

10cm

등비죠

1cm

C

1cm NI

FN

NP

8cm

0.7cm

SW

SP

1.4cm

2.3cm

NP

SW

NI

SP

1cm

7.5cm

BN

0.5cm

2.5cm

5.5cm

CF

0.8cm

3cm

1.5cm

FD

AP

BD

1cm

3cm

B

1.7cm

SD

2cm

1.2cm

F

3cm

1cm

6.5cm

1.2cm

9cm

0.5cm

1.5cm

0.5cm

2.5cm

1.2cm

W

WL

0.5cm

FL

5cm

4.5cm

1cm

0.5cm

SL

10.6cm

0.5cm

11.3cm

1cm

L

BL

2 | Men's Vest 제도(Double Vest): 더블 베스트 제도

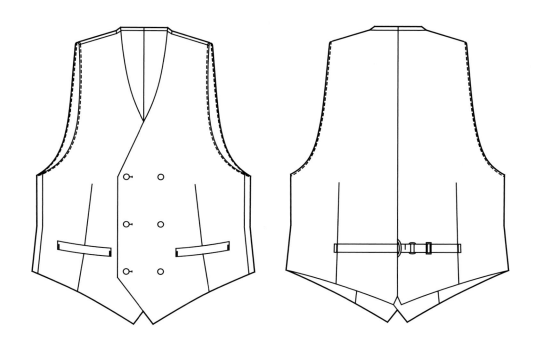

■ 더블 베스트 패턴 제도를 위한 적용치수

부위		기본 조끼
신장		175cm(기준)
등길이		55cm
허리위치		42cm
진동깊이		28cm
가슴둘레	신체치수	96cm
	제품치수	101cm(96cm + 5cm)
어깨		34.5cm
AH		27.5cm

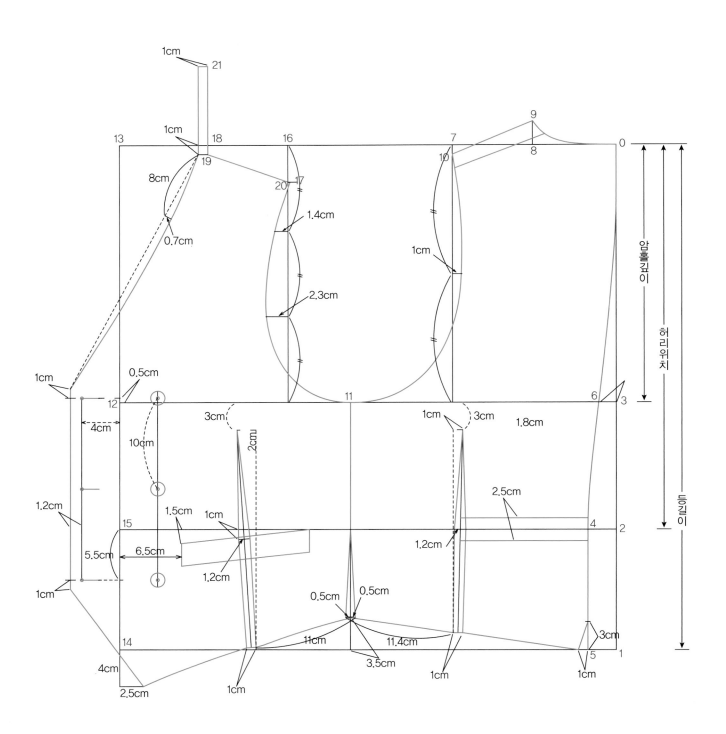

2 JACKET PATTERN

1 | Men's Jacket의 이해

❶ 재킷 제품 부위별 명칭

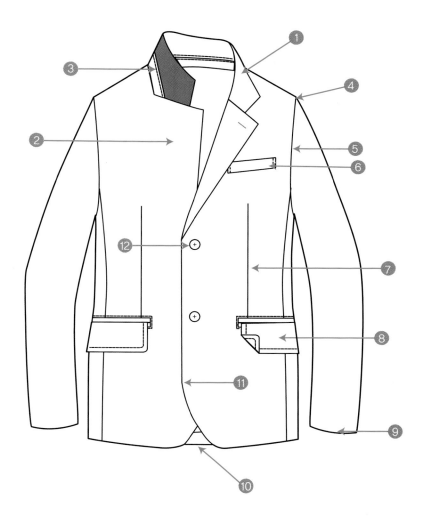

구분	현장용어	표준용어	구분	현장용어	표준용어
1	우와에리	윗깃	7	무네쿠세	가슴다트
2	가에리	라펠	8	후다주머니	뚜껑주머니
3	에리아시	깃덧단	9	소매스소	소매단
4	소매야마	소매산	10	스소	몸판밑단
5	소매암홀	암홀	11	마이단	앞단
6	무네학고	가슴접단주머니	12	QQ	앞단추구멍

❷ 재킷 제품 치수 재는 방법

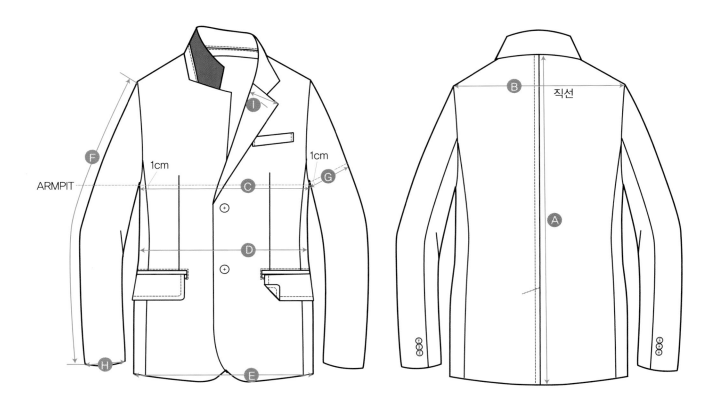

구분	부위	측정 방법
A	총기장	뒤목 중심에서 밑단 끝까지 측정
B	어깨넓이	어깨점에서 어깨점까지 측정
C	가슴둘레	암홀에서 1cm 내려온 위치 수평으로 둘레측정
D	허리둘레	옆목점에서 43cm 내려온 위치 수평으로 둘레측정
E	밑단둘레	밑단 둘레 측정
F	소매기장	어깨점에서 소매단 끝까지 측정
G	소매통	암홀에서 1cm 내려온 위치 수평으로 둘레 측정
H	소매부리	소매단 끝 둘레 측정
I	라펠폭	라펠꺾음선 직각 라펠 끝각지점

2 | Men's Jacket 제도(Single Breast 2-Buttons): 싱글 재킷 제도

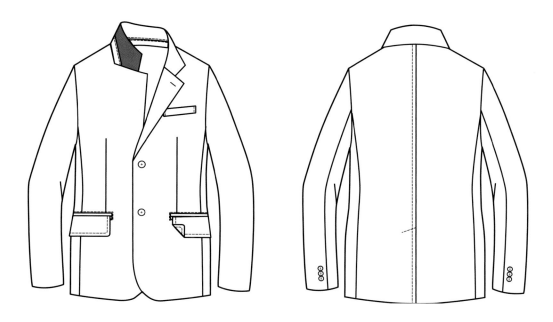

■ 재킷 제도를 위한 적용치수

부위		싱글 재킷(기본)
신장		175cm(기준)
옷길이		71cm
허리위치		41cm
진동깊이		가슴둘레 25% + 1.3cm (25.3cm)
가슴둘레	신체치수	96cm
	제품치수	109cm(96cm + 13cm)
어깨		46cm
소매길이		63cm
소매부리		28cm
AH		앞뒤판 암홀둘레 check

❶ 뒤판 제도

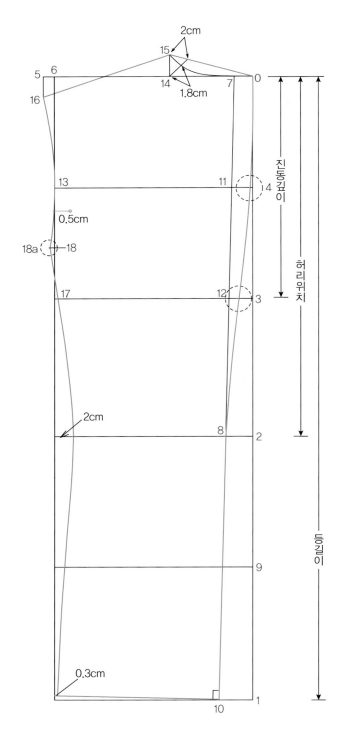

[뒤판]

* 재킷 제도 기초선: 옷길이, 가슴선, 허리선, 진동선, 엉덩
  이선, 어깨너비, 앞품, 뒤품

0	시작점
1~0	옷길이

* 옷길이는 브랜드별, 연령대별, 트렌드 변화에 따라 달라
  진다.

2~0 허리위치 41cm

* 트렌드선: 허리위치는 트렌드에 따라 그 위치가 달라진다.

3~0 진동깊이(가슴둘레 신체치수) 25% +
      1.3cm = (25.3cm)

4~ 뒤품선 3~0간 1 / 2 (12.7cm)

5~0 어깨너비 1 / 2 (23cm)

6~5 1 / 2어깨치수의 5% (1.2cm)

7~0 뒤중심각도 안내선 2cm

8~2 뒤중심허리각도 안내선 3cm

9~ 2~1 1 / 2 (엉덩이선)

10~ 7~8의 연장선과 1번 횡선의 교점(옷길이)

11~ 8~0의 곡선과 4번 횡선의 교점(뒤품선)

12~ 8~0~BN의 곡선과 3번 횡선의 교점
      (뒤중심가슴둘레 시작점)

13~ 4와 6의 교점(뒤암홀점)

14~0 가슴둘레 신체치수의 10% − 0.5cm (9.1cm)
      옆목너비지점

15~14 14~0간의 27% (2.5cm) 옆목깊이지점

16~5 1 / 2 어깨너비의 10% (2.3cm)
      어깨처짐각도 없어지는 양
      ＋1 / 2 여유량 1.5cm

17~ 6번 직하 3번선과의 교점

18~17 17~13의 1 / 2 − 0.5cm (5.8cm)
      뒤판겨드랑이점

19~12 가슴둘레(제품치수) 1 / 2 + 3.5cm

  * 가슴 1 / 2둘레 54.5 + 2cm(옆솔기곡선에서 절반여유량)
    109÷2 = 54.5 + 3.5cm(여유) = 58cm
** 19는 앞중심품 위치 참조

❷ 앞판 기초선 제도

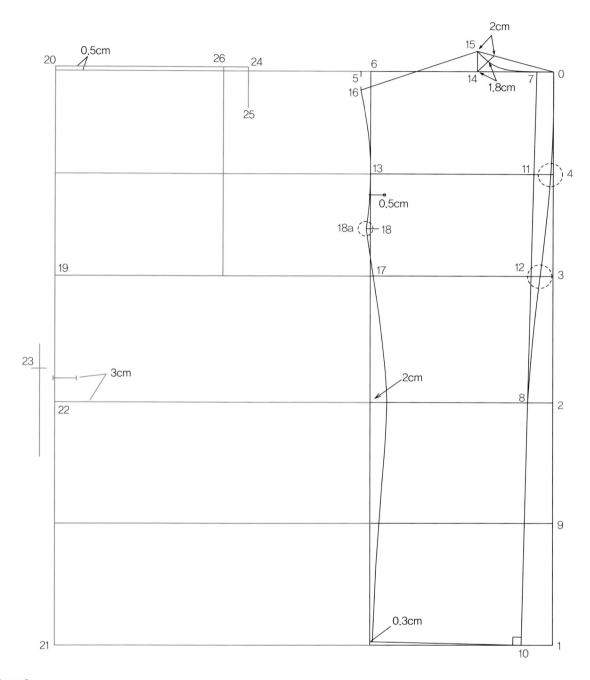

[앞판]

20~19 19의 직상 뒤진동깊이 + 0.5cm (25.8cm)
　　　 앞진동깊이

21~19 19의 직하 뒤판 1~3 동일치수 (앞길이)

22~19 뒤판 2~3과 동일치수 (허리선앞중심)

23~　 22선에서 3cm 위 지점 (앞중심쪽으로 1.8cm
　　　 지점) 라펠하단위치

24~20 반어깨치수 (23cm) 앞판 반어깨폭

25~24 전체 어깨너비 11% (5cm) 앞판어깨처짐각도

26~20 뒤판 11~13간(뒤품) − 1.5cm (20cm)
　　　 * 뒤품보다 앞품을 3cm 정도 적게 한다.

* 단추간격 11cm

* 앞단선 1.8cm 위치(앞쌓임량)

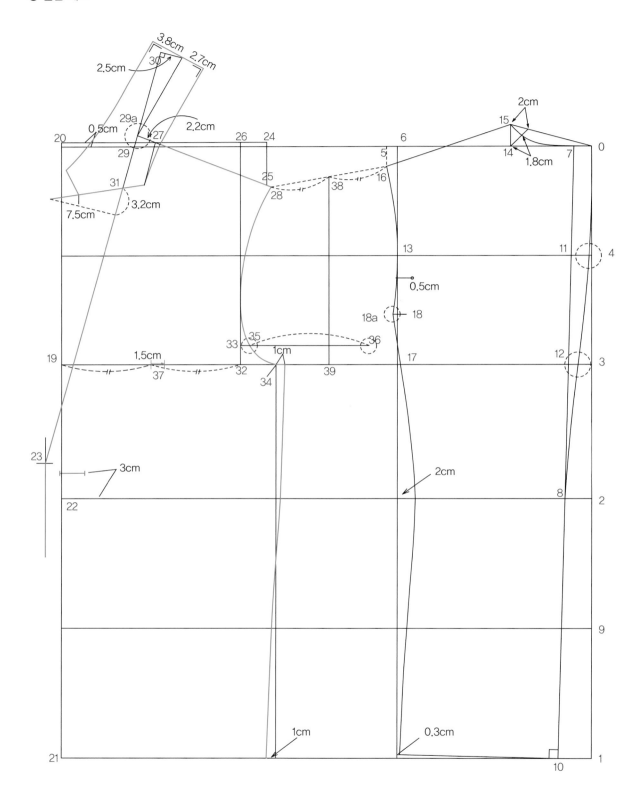

[앞판]

27〜20   20〜26간 1/2 + 0.5cm (10.5cm) 앞판옆목지점

28〜27   뒤판 15〜16간 − 0.7cm 뒤판어깨선 이즈 분량 (앞판어깨선)

29〜27   2.2cm (라펠꺾음선 안내위치)

30〜29a   뒤판 0〜15간 뒤목곡선길이

* 지에리 이즈 분량은 소재별 별도 계산

31〜29   5.5cm

* 라펠고지선위치는 디자인선임

32〜   26의 직하 19횡선 교점 (앞암홀겨드랑이점)

33〜32   2.5cm (앞암홀소매너치 위치)

34〜32   4cm (앞판옆솔기선 위치)

35〜   앞암홀 곡선과 33횡선 교점

36〜   옆솔기암홀 곡선과 35횡선 교점

37〜19   19〜32간 1/2 + 1.5cm (앞판다트선지점)

           POCKET 위치 ⌐ 하단주머니: 뒷길이 약 1/3 (24cm *밑단끝기준)

                     └ 가슴주머니: 뒷길이 약 1/3 − 3.1cm *27〜가슴접단주머니입구 (중앙기준 20.5cm)

* 옆목점에서 48.5cm

38〜   뒤16〜앞28간 1/2지점 (암홀길이)

39〜38   38의 직하 34횡선 교점 (암홀길이)

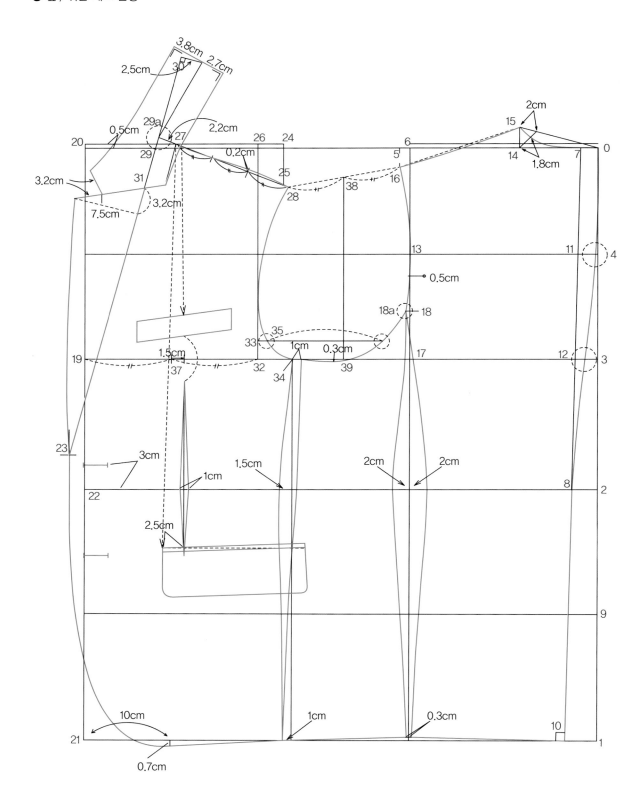

❺ 소매 제도 기초선

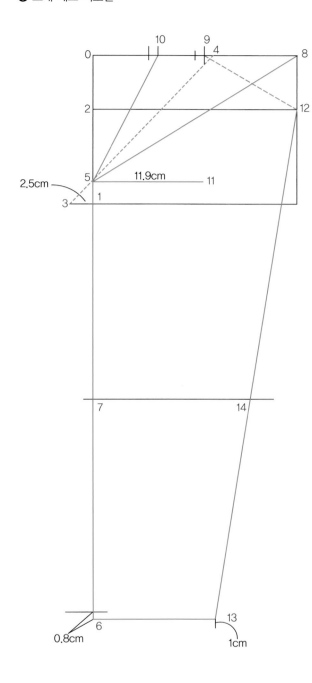

0	시작점
1～0	앞뒤판 암홀중앙지점 38～39간 76% (16.6cm)
2～1	뒤판암홀 13～17간 84% 밑소매진동깊이 (10.6cm)
3～1	2.5cm (윗소매겨드랑이점)
4～3	앞판암홀곡선길이 28～34 - 0.3cm (23 - 0.3 = 22.7cm)
5～1	앞판암홀 32～33 동일치수 (2.5cm) 암홀너치위치
6～0	소매길이 (63cm)
7～5	6～5간 1 / 2 (팔꿈치선)
8～5	앞뒤암홀둘레 1 / 2 - 1.3cm (54.9 / 2 = 27.5 - 1.3 = 26.2cm)

* 전체 이즈량 안내선

9～0	0～8간 1 / 2 + 1cm (소매산지점)
10～0	0～9간 1 / 2 + 1cm (소매앞암홀안내선)
11～5	몸판암홀의 35～36간 - 1.5cm (11.9cm)
12～	8번 직하～2번 횡선 교점 (아웃심선위치)
13～6	1 / 2 소매단폭 - 0.8cm (14 - 0.8 = 13.2cm)
14～	12～13 직선과 7번 횡선 교점

• 소매 이즈량: 정장 → 3cm～4.5cm (마꾸라 있음)

• 캐주얼 → 1cm～2cm (마꾸라 없음)

* 내추럴소매

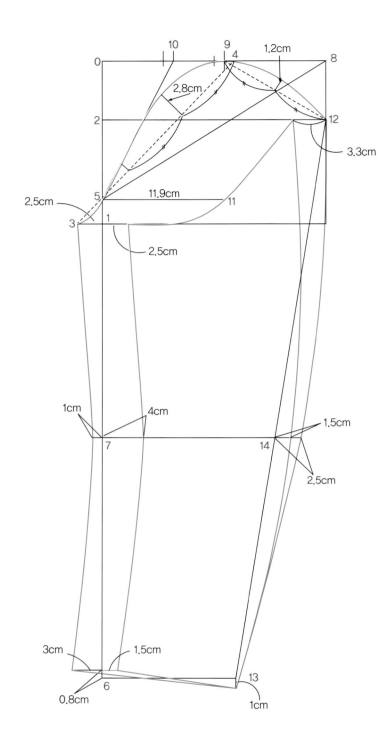

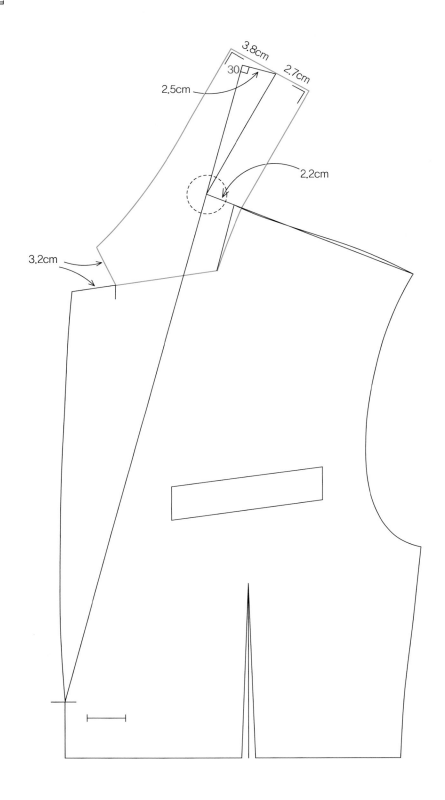

❼-❶ 밑칼라 제도

① 몸판에서 떼어낸 밑칼라(❼ 칼라제도법 참조)

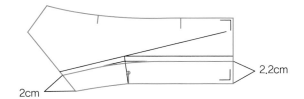

② 밑깃에서 밴드칼라 형성

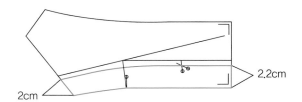

• 밑깃(지에리)의 밴드칼라는 ②과 같이 절개하여 사용한다.

❼-❷ 위칼라 제도

① 윗깃제작법

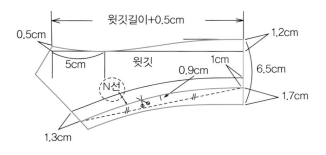

② 윗깃 가장자리 넘김 여유량 주기

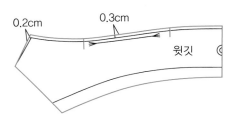

③ 밑깃에서 밴드칼라 형성

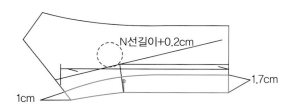

• 윗깃(윗에리)의 밴드칼라는 밑깃(지에리) 하단에서 ③과 같이 별도로 제작한다.

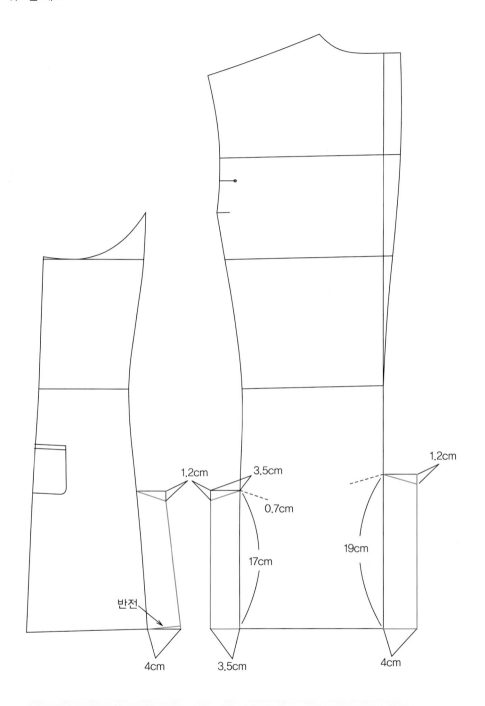

✛ 트임길이 → 디자인결정

트임부분은 완성작업 시 X 실고정을 해 준다. (출고 시 벌어짐 방지)

✚ 뒤판은 뒤중심을 밑단기준 수직
으로 세워서 결선 표시를 해 준다.

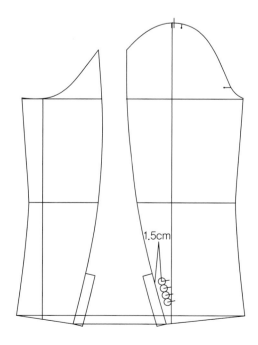

1.5cm

❿ 소매 단추 위치 트임 제작

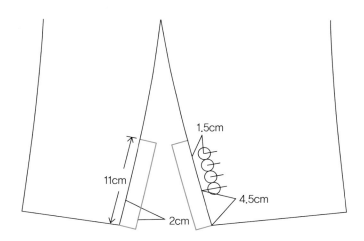

1.5cm

11cm

2cm

4.5cm

⓫ 소매 이즈량 배분방식

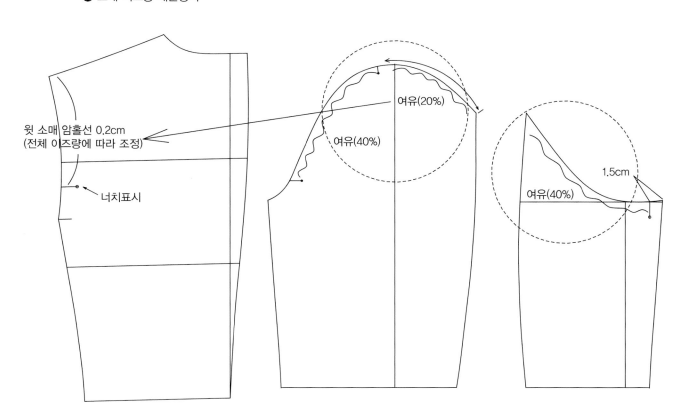

윗 소매 암홀선 0.2cm
(전체 이즈량에 따라 조정)

너치표시

여유(20%)

여유(40%)

여유(40%)

1.5cm

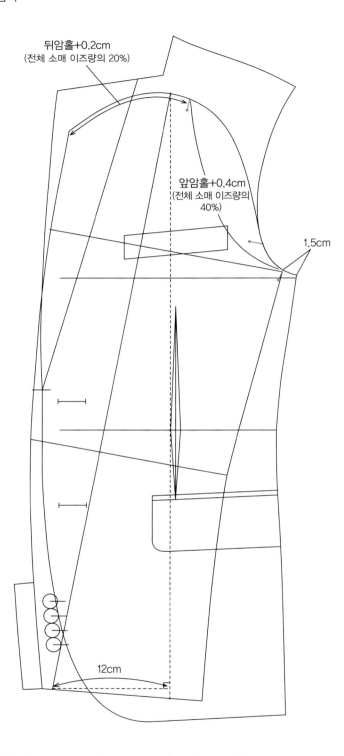

뒤암홀+0.2cm
(전체 소매 이즈량의 20%)

앞암홀+0.4cm
(전체 소매 이즈량의
40%)

1.5cm

12cm

✚ 소매너치 위치 선정의 중요성

소매 달림 상태의 놓임을 결정 짓는 중요한 작업이다. 1mm 움직임에 의해 소매단 끝지점은 앞뒤로 움직임이 많아지므로 기술적 판단이 필요한 부분이다.

⑬ 시접 넣기

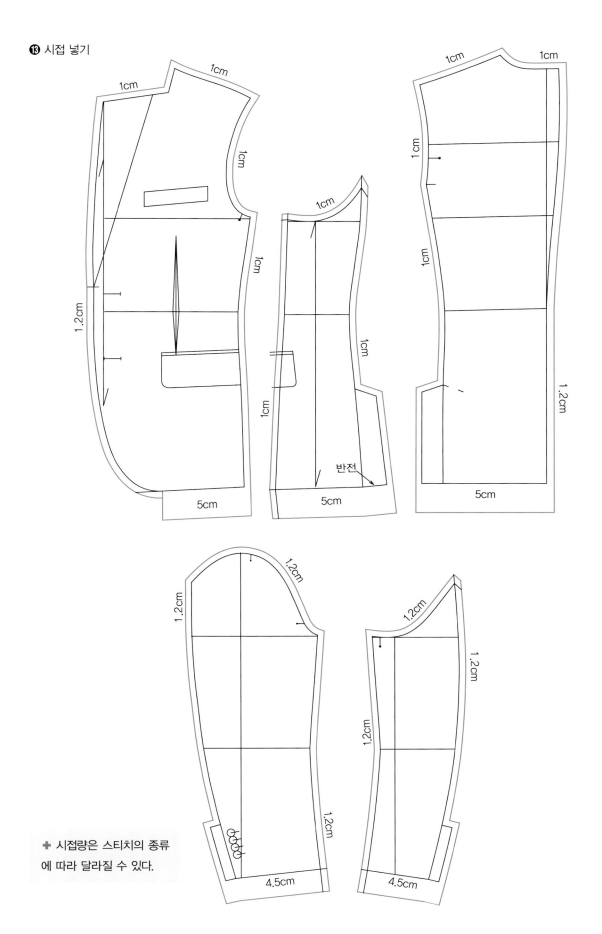

✚ 시접량은 스티치의 종류
에 따라 달라질 수 있다.

❶ 앞판 제도: 싱글 재킷 앞판 변형

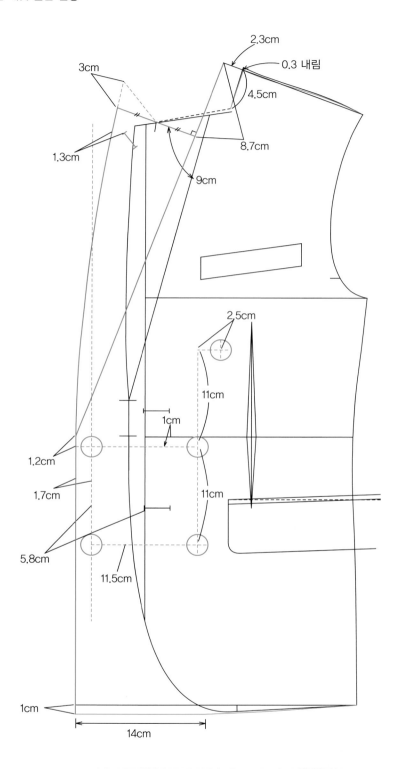

✚ 싱글 앞판에서 옆목 0.3cm 내려서 제작한다. 라펠모양
은 디자인이므로 디자이너의 감각에 맞추어 제작한다.

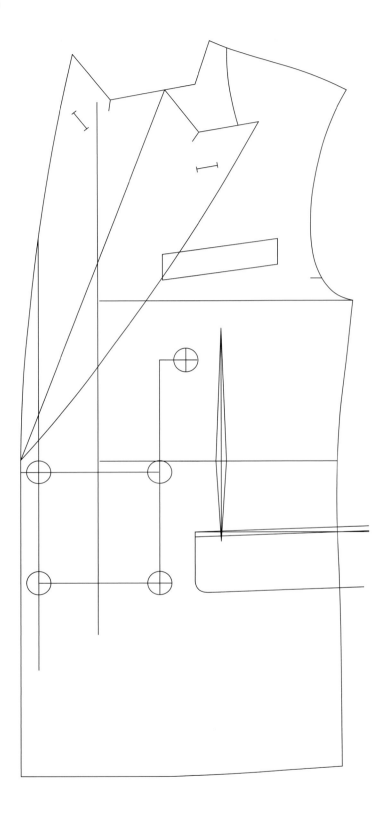

❸ 칼라 제도법

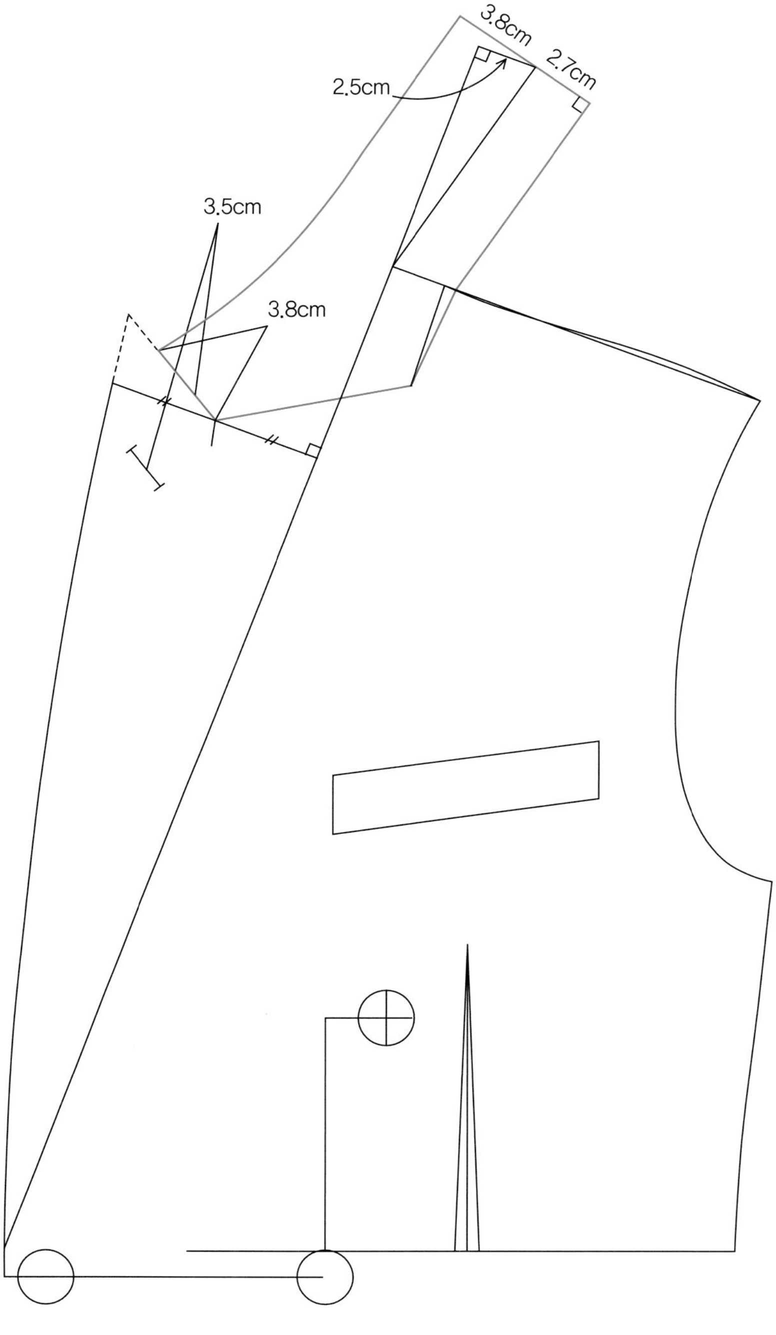
3.8cm
2.7cm
2.5cm
3.5cm
3.8cm

4 | Men's Jacket 제도(Big Collar 3-Buttons): 빅 칼라 재킷 제도

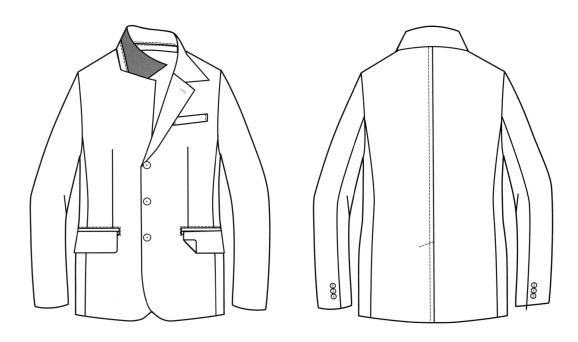

■ 3 버튼 재킷 제도를 위한 적용치수

부위		싱글 재킷(기본)
신장		175cm(기준)
등길이		73cm
허리위치		42cm
진동깊이		가슴둘레 25% + 2cm (26cm)
가슴둘레	신체치수	96cm
	제품치수	109cm(96cm + 13cm)
어깨		47cm
소매길이		63cm
소매부리		28cm
AH		앞뒤판 암홀둘레 check

❶ 뒤판 제도

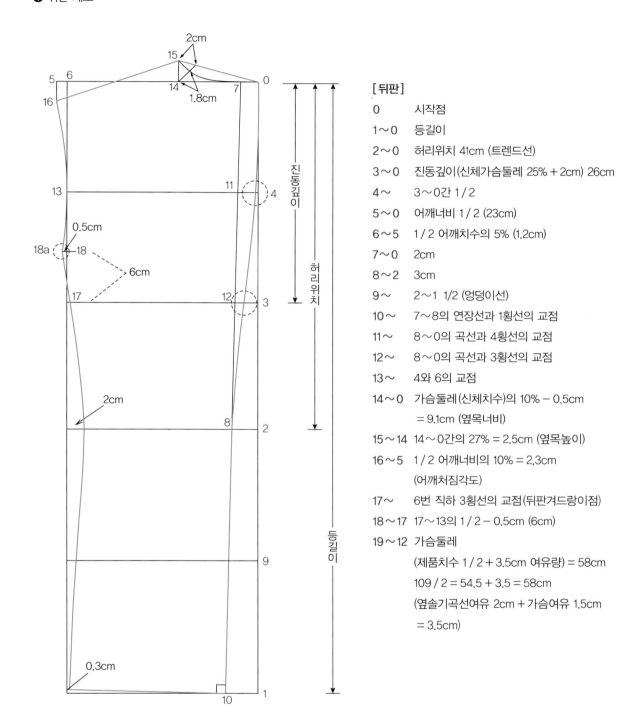

[뒤판]

0	시작점
1~0	등길이
2~0	허리위치 41cm (트렌드선)
3~0	진동깊이(신체가슴둘레 25% + 2cm) 26cm
4~	3~0간 1/2
5~0	어깨너비 1/2 (23cm)
6~5	1/2 어깨치수의 5% (1.2cm)
7~0	2cm
8~2	3cm
9~	2~1 1/2 (엉덩이선)
10~	7~8의 연장선과 1횡선의 교점
11~	8~0의 곡선과 4횡선의 교점
12~	8~0의 곡선과 3횡선의 교점
13~	4와 6의 교점
14~0	가슴둘레(신체치수)의 10% − 0.5cm = 9.1cm (옆목너비)
15~14	14~0간의 27% = 2.5cm (옆목높이)
16~5	1/2 어깨너비의 10% = 2.3cm (어깨처짐각도)
17~	6번 직하 3횡선의 교점 (뒤판겨드랑이점)
18~17	17~13의 1/2 − 0.5cm (6cm)
19~12	가슴둘레 (제품치수 1/2 + 3.5cm 여유량) = 58cm 109 / 2 = 54.5 + 3.5 = 58cm (옆솔기곡선여유 2cm + 가슴여유 1.5cm = 3.5cm)

❷ 앞판 기초선 제도

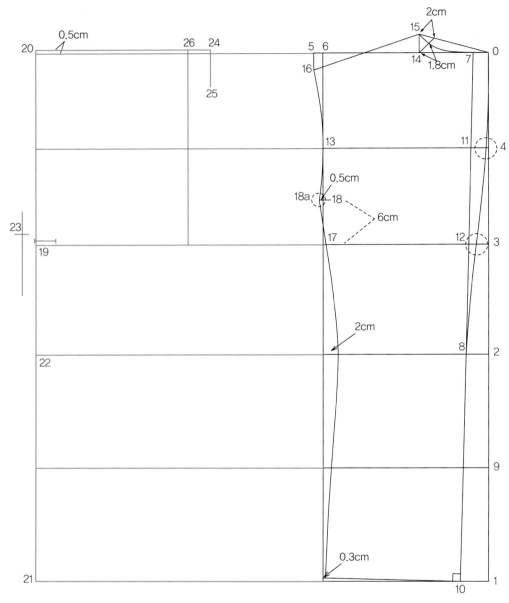

[앞판]

20~19 19의 직상, 뒤진동깊이 + 0.5cm = 26.5cm (앞진동)

21~19 19의 직하, 뒤판 1~3과 동일치수 (앞길이)

22~19 뒤판 2~3 동일치수

23~   19선에서 위로 1.5cm 지점 → 앞으로 1.8cm 위치 (단추간격 12cm)

24~20 반어깨치수 (23cm)

25~24 전체 어깨너비 11% 5cm (앞어깨처짐각도)

26~20 뒤판 11~13간 − 1.5cm (20.5cm)

❸ 앞판 제도

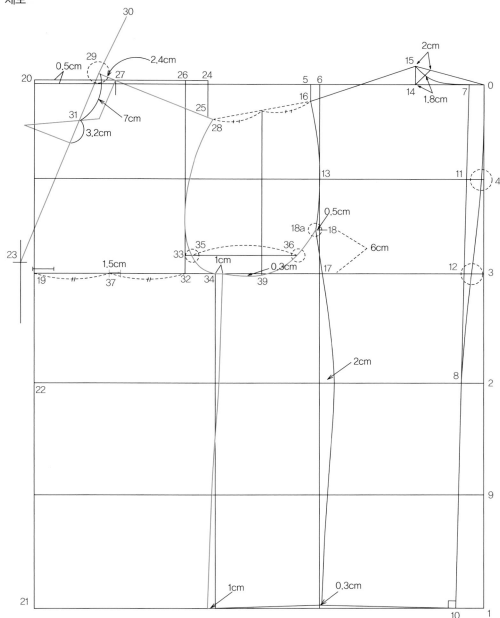

27～20　26～20간 1 / 2 + 0.5cm

28～27　뒤판 15～16간 − 0.7cm (뒤판어깨선 이즈 분량)

29～27　2.2cm (라펠꺾음선 위치, 칼라옆목점)

30～29　뒤판 0～15간 뒤목곡선길이

　　　　(지에리 이즈 분량은 소재별 별도 계산)

31～29　7cm (고지선 위치는 디자인선임)

32～　　26의 직하 19횡선 교점 (앞품겨드랑이점)

33～32　2.5cm (소매너치 위치)

34～32　4cm (앞판옆솔기선 위치)

35～　　앞암홀 곡선과 33횡선 교점

36～　　옆솔기암홀 곡선과 35횡선 교점

37～19　32～19간 1 / 2 + 1.5cm (가슴다트위치)

38～　　16～28간 1 / 2지점 (암홀길이)

39～38　38직하 34횡선 교점

• Pocket 위치: 하단주머니 − 뒷길이 약 1 / 3

• 밑단끝기준 24cm

• 가슴주머니 위치: 뒷길이 약 1 / 3 − 3cm

　(27～주머니입구 기준 21cm)

❹ 3버튼 칼라 제도법

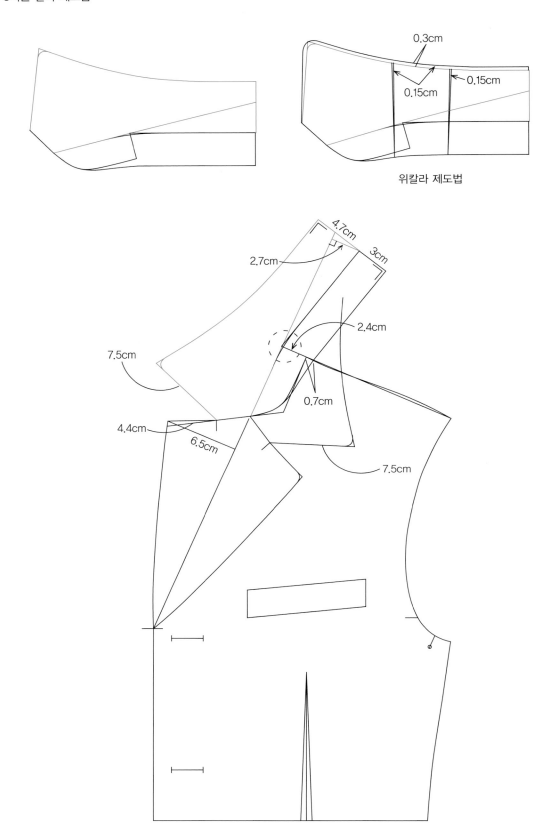

위칼라 제도법

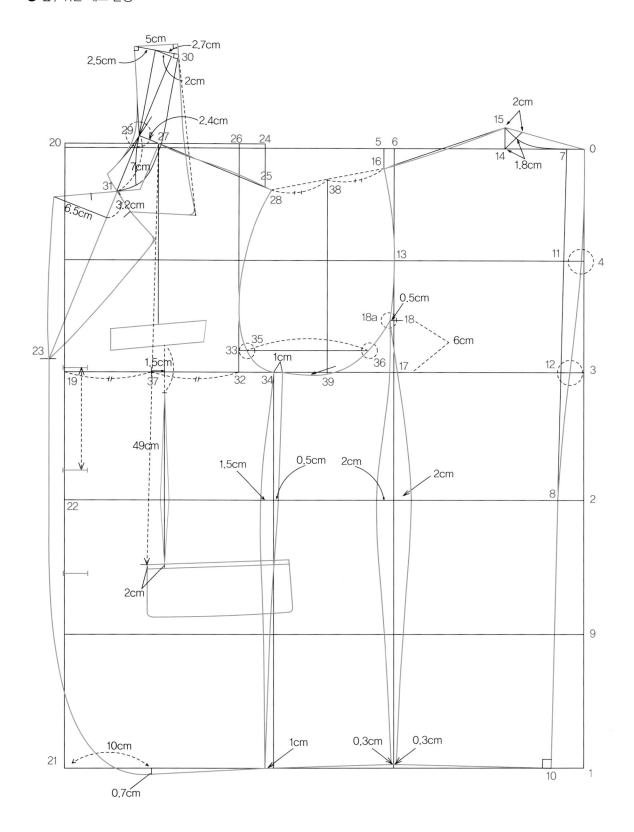

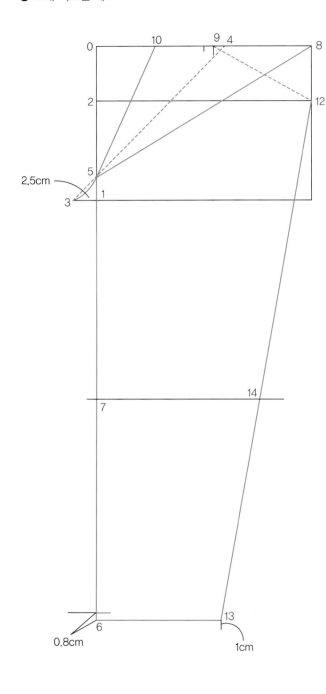

0	시작점
1~0	앞뒤판 전체 암홀둘레 30% (16.9cm)
2~1	뒤판암홀 13~17간 84%(CASUAL) 소매
	진동깊이 (10.9cm)
3~1	2.5cm
4~3	앞판암홀 28~34, 곡선길이 – 0.3cm
	(23.6 – 0.3 = 23.3cm)
5~1	앞판암홀 32~33, 동일치수 (2.5cm)
6~0	소매길이 (63cm)
7~5	6~5간 1 / 2
8~5	앞뒤암홀둘레 1 / 2 – 1.3cm
	(56.4 / 2 = 28.2–1.3 = 26.9cm)
9~0	8~0간 1 / 2 + 1cm (12.4cm)
10~0	9~0간 1 / 2 (6.2cm) 윗소매산암홀안내선
11~5	몸판암홀의 35~36 길이 (13.9cm)
	밑소매암홀안내선
12~8	8번 직하 2번 횡선 교점
13~6	1 / 2 소매단폭 – 0.8cm
14~	12~13 직선과 7횡선의 교점

• 소매 이즈량: 정장 – 3cm~4.5cm (마꾸라 있음)
• 캐주얼: 1cm~1.8cm (마꾸라 없음)

❼ 소매 완성

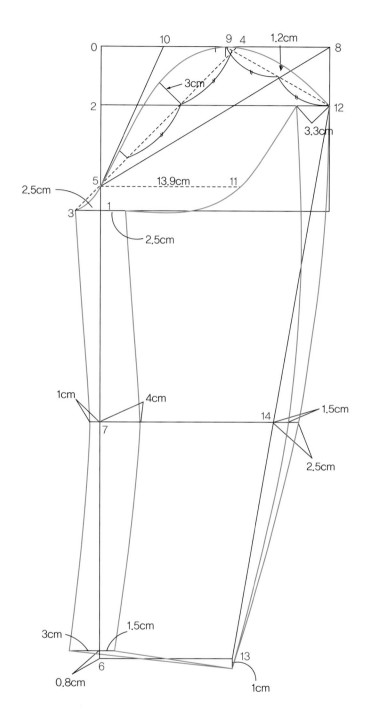

❽ 소매: 작은 / 큰 소매 분리

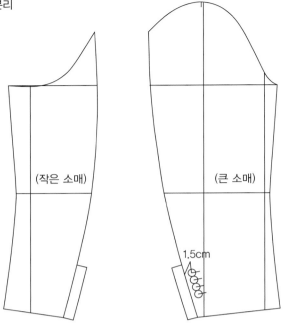

(작은 소매)　(큰 소매)

1.5cm

❾ 빅 칼라 제도법

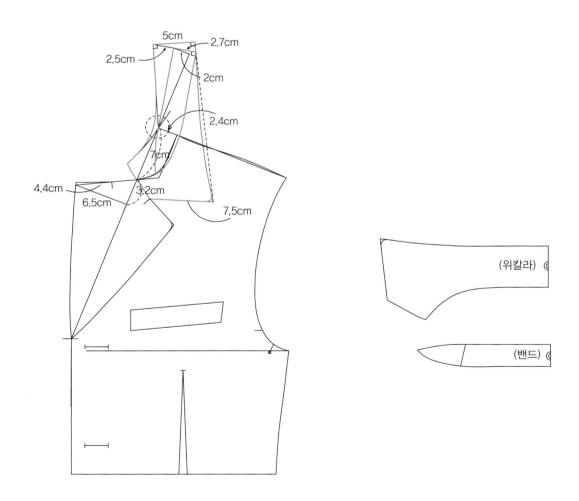

5cm　2.7cm

2.5cm

2cm

2.4cm

7cm

4.4cm　3.2cm

6.5cm　7.5cm

(위칼라)

(밴드)

⑩ 재킷 심지 부착 부위

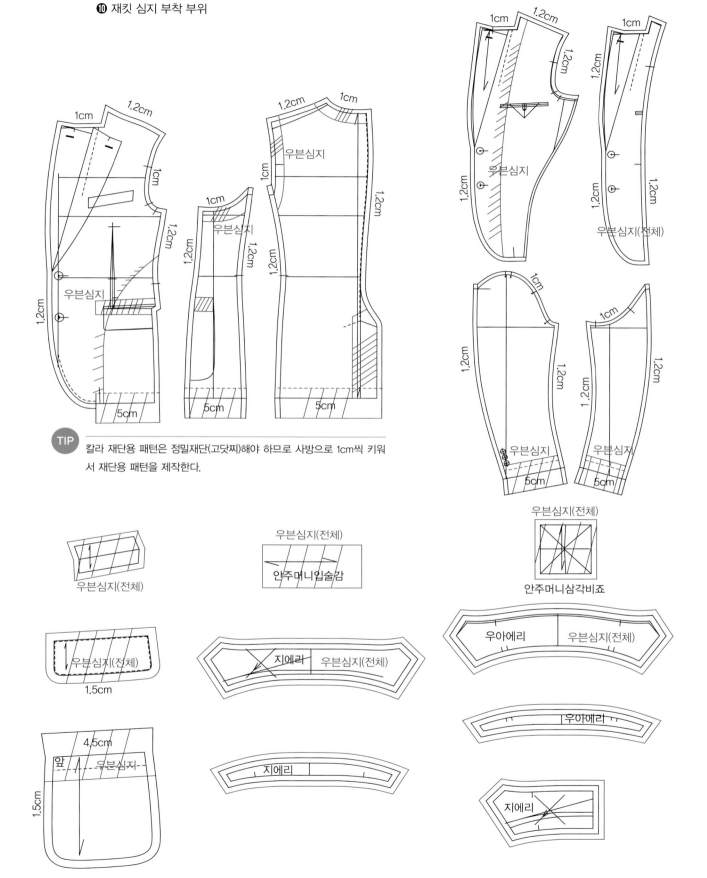

❶ 재킷 재단 배열 방법

① pcs별 일방향 재단

작업 정보			사이즈 정보			
스타일 이름	J-1.ymk		M1:M(x1);L(x1)			
날짜/시간	2019.11.07 오전 11:04:21		파일 이름	J-1.ymk		
마카 정보						
마카 폭	59.00 inch		표준 섹션 수	1	마카 길이	3.29 yds
제품 수	2		마카 효율	84.30%	전체 패턴 수	48
배치된 패턴 수	48					

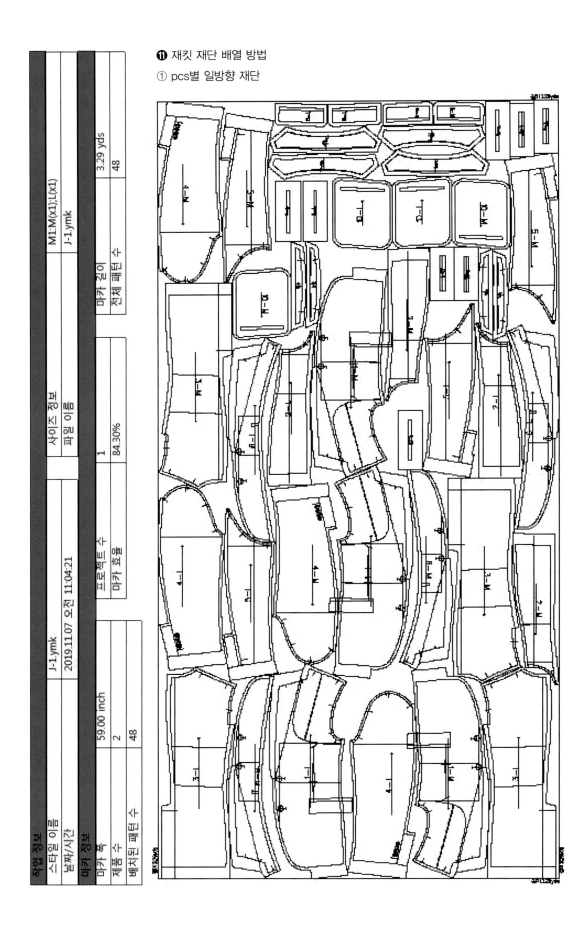

② 전체 일방향 재단

작업 정보		
스타일 이름	J-2.ymk	사이즈 정보	M1:M(x1);L(x1)
날짜/시간	2019.11.07 오전 11:03:33	파일 이름	J-2.ymk

마카 정보		
마카 폭	59.00 inch	마카 길이	3.36 yds
제품 수	2	전체 패턴 수	48
배치된 패턴 수	48		
		프로젝트 수	1
		마카 효율	82.48%

③ 체크 배열 재단

작업 정보		사이즈 정보	
스타일 이름	J-3.ymk	스타일 이름	M1:M(x1):L(x1)
날짜/시간	2019.11.07 오전 11:02:57	파일 이름	J-3.ymk

마카 정보					
		표준세트수	1	마카 길이	4.04 yds
		마카 효율	68.61%	전체 패턴 수	48
마카 폭	59.00 inch				
제품 수	2				
배치된 패턴 수	48				

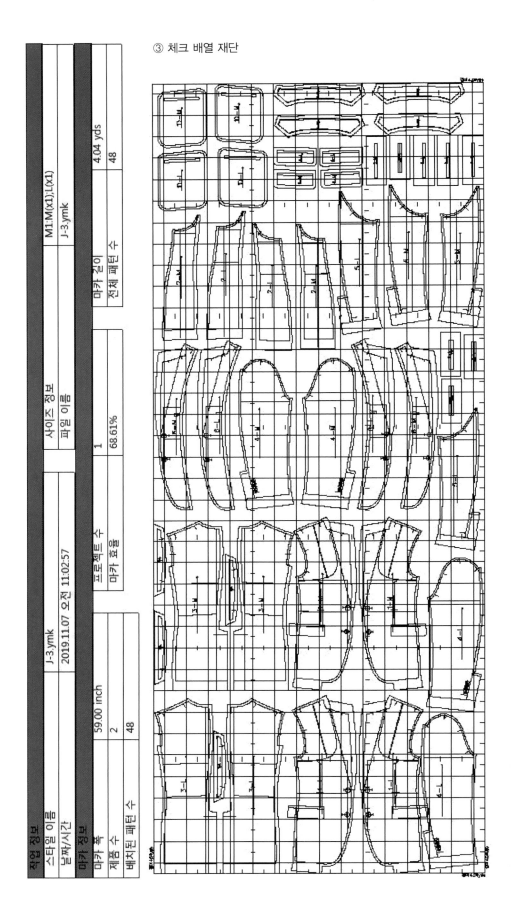

✚ 재킷 체크무늬 매칭 기준

앞중심 상하좌우, 칼라좌우, 소매좌우, 칼라위아래, 칼라아시, 주머니, 커프스좌우, 커프스안팎, 등요크안팎, 칼라뒤중심, 견보루, 몸판옆솔기, 소매안솔기

3 OUTER PATTERN

1 | Men's Outer의 이해
❶ 점퍼 제품 치수 재는 법

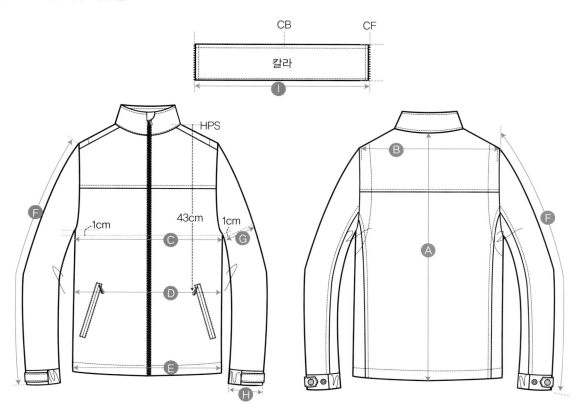

구분	부위	측정 방법
A	총기장	뒤목 중심에서 밑단 끝까지 측정
B	어깨넓이	어깨점에서 어깨점까지 측정
C	가슴둘레	암홀에서 1cm 내려온 위치 수평으로 둘레측정
D	허리둘레	옆목점에서 43cm 내려온 위치 수평으로 둘레측정
E	밑단둘레	밑단 둘레 측정
F	소매기장	어깨점에서 소매단 끝까지 측정
G	소매통	암홀에서 1cm 내려온 위치 수평으로 둘레 측정
H	소매부리	소매단 끝 둘레 측정
I	목둘레	목둘레 선 측정

➕ **제품 사이즈 점검 시 주의할 점**
점퍼 제품의 놓임 상태에 따라 품치수에서 다소 차이가 발생될 수 있음에 유의해야 한다.
제품의 가로, 세로 원단결 놓임을 수평과 수직을 맞춰 평평하게 놓아야 한다.
품치수를 측정할 때는 등판쪽을 펼쳐서 놓아야 하며 앞판좌우 무늬, 결을 수평, 수직으로 맞추어 측정해야 한다.
(이때 원단의 두께를 감안하여 내경을 재야 하므로 1mm～2mm정도 안에서 측정하도록 한다.)

■ 아우터 제도를 위한 적용치수

부위	신체치수	제품치수	비고
신장		175cm(기준)	
등길이	70cm	70cm	
허리위치		42cm	
허리둘레	82cm	104cm	
가슴둘레	96cm	114cm(96cm + 18cm)	
어깨	46cm	46cm	
소매길이	63cm	63cm	
소매부리		28cm / 23cm	
AH		앞뒤판 암홀둘레 check	
진동깊이		가슴둘레 25% + 1.5cm(25.5cm)	
밑단둘레		112cm	
소매통		41cm	
앞품		42cm	
뒤품		45.5cm	
목둘레		50.5cm	
칼라폭		6cm	

● 뒤판 제도

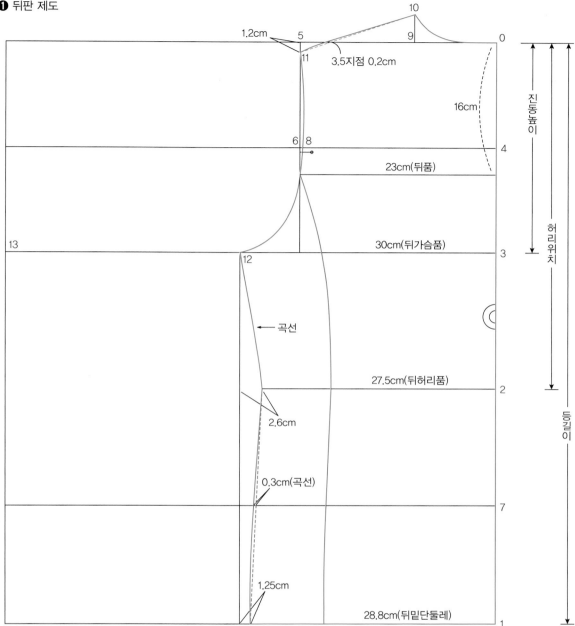

[뒤판]

0	시작점	8~	4의 횡선과 5의 직하 교점
1~0	등길이(여유 0.6cm) 소재별 여유량 조절	9~0	가슴둘레(신체치수)의 10% (9.6cm)
2~0	허리위치 42cm(트렌드선)	10~9	9~0간 35% (3.4cm)
3~0	진동깊이(신체치수 가슴둘레 25% +1.5cm)	11~5	어깨너비 1 / 2의 5% (1.2cm)
	25.5cm	12~3	가슴둘레 제품치수 1 / 4 + 1.5cm (30cm)
4~0	3~0간 1 / 2 (12.75cm)	13~3	가슴둘레 제품치수 1 / 2 + 0.5cm 여유량
5~0	어깨너비 1 / 2		* 지퍼폭 여유량 1.4cm 별도
6~4	뒤품치수 1 / 2 + 여유 0.25cm		114 ÷ 2 = 57 + 0.5 = 57.5
7~	2~1간 1 / 2 (엉덩이선)		

❷ 앞판 제도

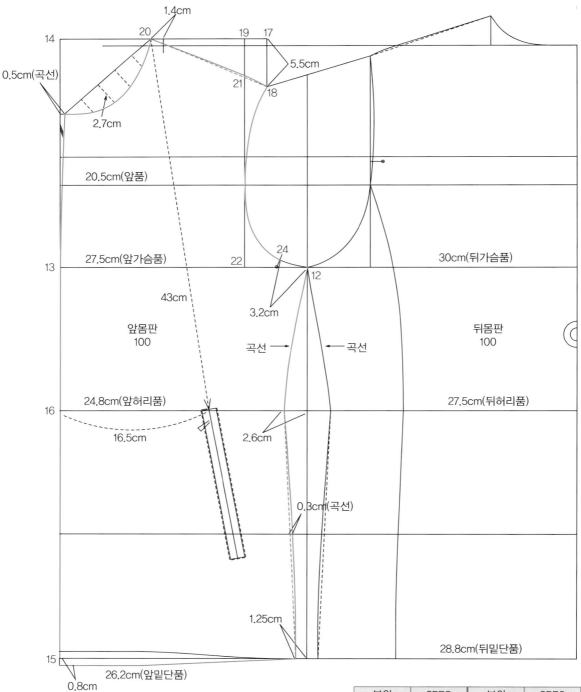

1.4cm

14

0.5cm(곡선)

2.7cm

20

19 17

5.5cm

21 18

20.5cm(앞품)

27.5cm(앞가슴품)

13

24

22 12

3.2cm

30cm(뒤가슴품)

43cm

앞몸판
100

곡선 → ← 곡선

뒤몸판
100

24.8cm(앞허리품)

16

16.5cm

2.6cm

27.5cm(뒤허리품)

0.3cm(곡선)

1.25cm

28.8cm(뒤밑단품)

15

26.2cm(앞밑단품)

0.8cm

부위	SPEC	부위	SPEC
옷길이	70	소매통	41
어깨넓이	46	소매단	23
가슴둘레	114	앞품	42
허리둘레	104	뒤품	45.5
밑단둘레	110	목둘레	50.5
소매장	63	칼라폭	6

[앞판]

14~13	13번의 직상 뒤진동깊이 + 0.8cm (26.3cm)
15~13	13의 직하 뒤판 1번 횡선과 동일치수
16~13	뒤판 2~3과 동일치수
17~14	반어깨치수
18~17	전체 어깨너비 12% (5.5cm)
19~14	뒤판 6~4간 − 2.5cm (20.5cm)
20~14	17~14간 1 / 2 − 1.4cm (10.1cm)
21~20	뒤판 11~10번간 − 0.1~0.2cm (뒤판어깨선 이즈 분량)
22~19	19의 직하 13횡선의 교점
23~14	8.6cm (앞목선위치)
24~	뒤판 12 − 3.2cm (소매너치 위치)

• 뒤판품이 앞판품보다 2.5cm 크게 한다(가슴, 허리, 밑단).

  * 전체 5cm 큼

• 가슴둘레 여유: 전체 1cm

• 허리둘레 여유: 전체 0.5cm 또는 소재별 여유 없이 한다.

• 밑단둘레 여유: 없음

• 앞뒤품 위치: 0번에서 16cm 지점으로 한다.

• POCKET 위치: 하단주머니−옆목점에서 43cm 앞중심에서 16.5cm (주머니 상단 기준)

❸ 점퍼 몸판 제도 완성

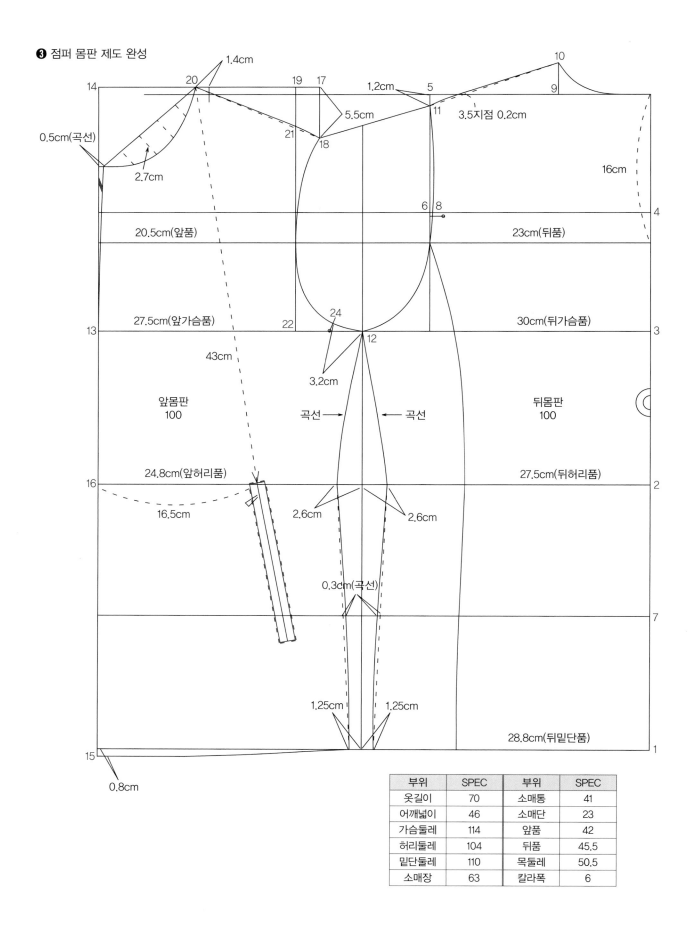

부위	SPEC	부위	SPEC
옷길이	70	소매통	41
어깨넓이	46	소매단	23
가슴둘레	114	앞품	42
허리둘레	104	뒤품	45.5
밑단둘레	110	목둘레	50.5
소매장	63	칼라폭	6

❹-❶ 아우터 2장 소매 제도 기초선

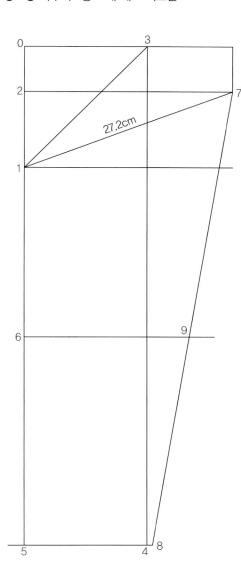

[소매]

0 　　　시작점

1~0 　뒤몸판 진동길이 0~3 60% (15.3cm)

* 진동의 길이는 팔움직임의 활동성과 비례

2~1 　뒤몸판 4~3간 75% 밑소매진동깊이(9.6cm)

3~1 　앞몸판 암홀 18~24 곡선길이 − 0.3cm

　　　　(21.7 − 0.3 = 21.4cm)

4~3 　소매길이 (63cm)

5~4 　0의 직하 4의 수평 교점

6~1 　5~1간 1/2 − 2.5cm (팔꿈치 위치)

7~1 　앞뒤 몸판 암홀둘레 1/2 + 1cm

　　　　(52.4 / 2 = 26.2 + 1 = 27.2cm)

8~5 　1/2 소매단폭 + 1.7cm (14 + 1.7 = 15.7cm)

9~ 　　4~7 직선과 6번 횡선 교점

· 소매 이즈량: 캐주얼 2장 소매−1cm~1.8cm

　* 소재에 따라 이즈량 조절: ┌ 얇은 소재: 1cm 내외

　　　　　　　　　　　　　└ 두꺼운 소재: 1.5cm~1.8cm

· 소매산부위 내추럴한 스타일은 어깨선 기준 앞뒤 5cm 정도는
　이즈 없이 합봉한다.

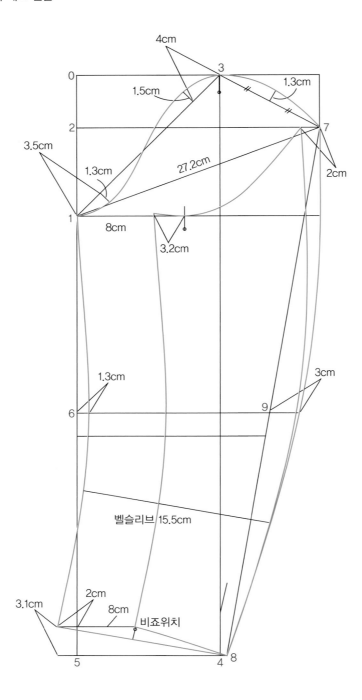

❺ 2장 소매 제도 완성

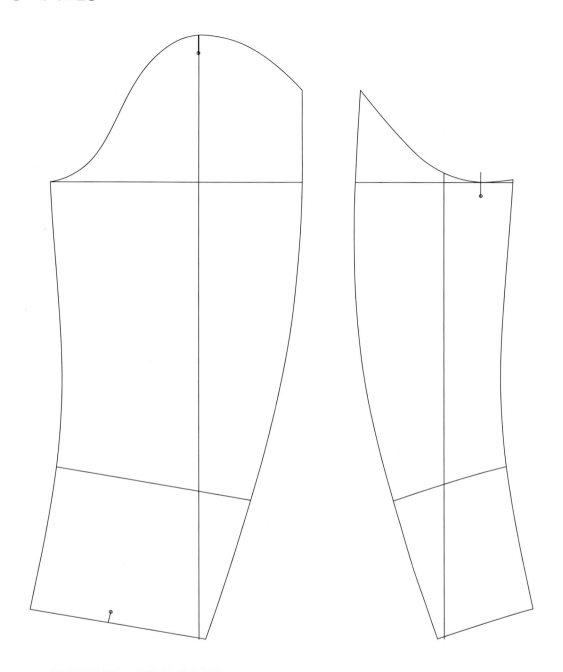

✚ 암홀 너치 위치는 몸판 암홀에 맞추어
이즈량을 분배하여 표시한다.
* 재킷 소매 이즈량 배분방식과 동일

❻-❶ 터널 소매단 제도

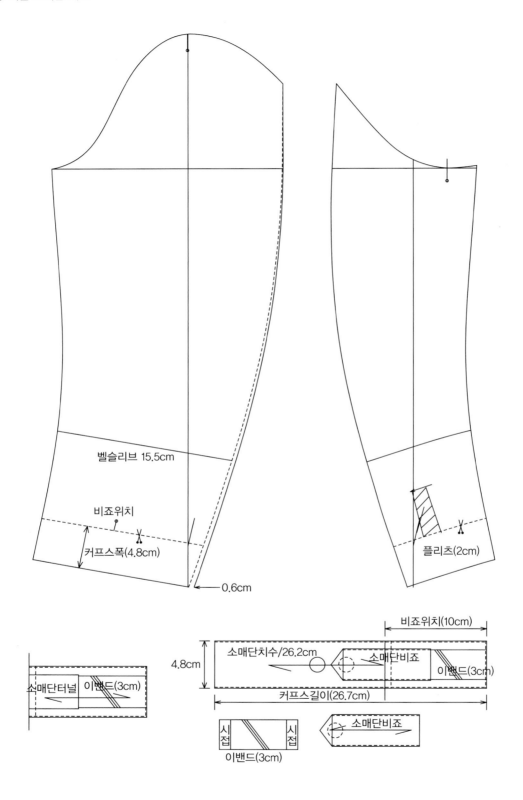

벨슬리브 15.5cm

비죠위치

커프스폭(4.8cm)

0.6cm

플리츠(2cm)

비죠위치(10cm)

4.8cm

소매단치수/26.2cm 소매단비죠

이밴드(3cm)

커프스길이(26.7cm)

소매단터널 이밴드(3cm)

시접 시접

이밴드(3cm)

소매단비죠

❻-❷ 이밴드 소매단 제도

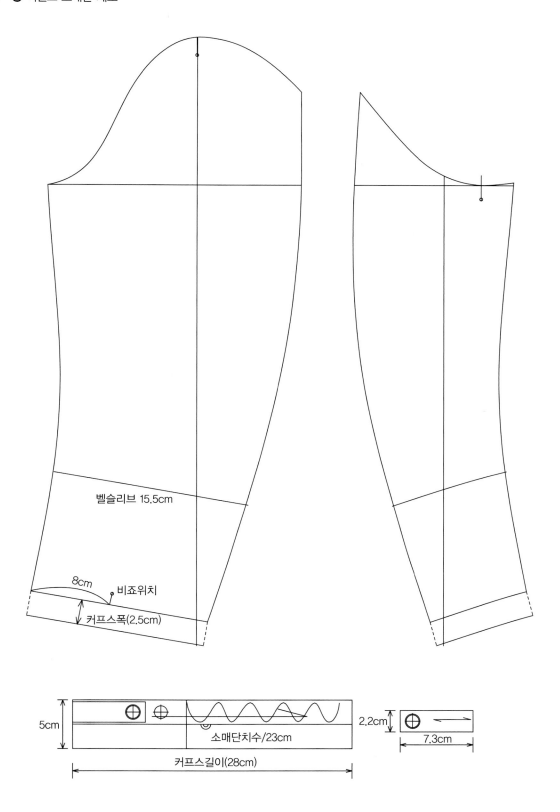

벨슬리브 15.5cm

8cm 비죠위치

커프스폭(2.5cm)

5cm

소매단치수/23cm

2.2cm

커프스길이(28cm)

7.3cm

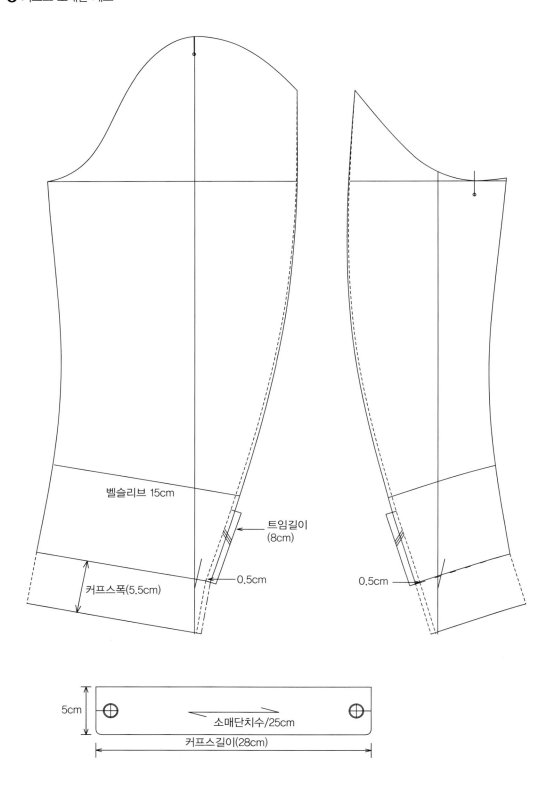

벨슬리브 15cm

트임길이
(8cm)

0.5cm

커프스폭(5.5cm)

0.5cm

5cm

소매단치수/25cm

커프스길이(28cm)

❻－❹ 점퍼 1장 소매 제도

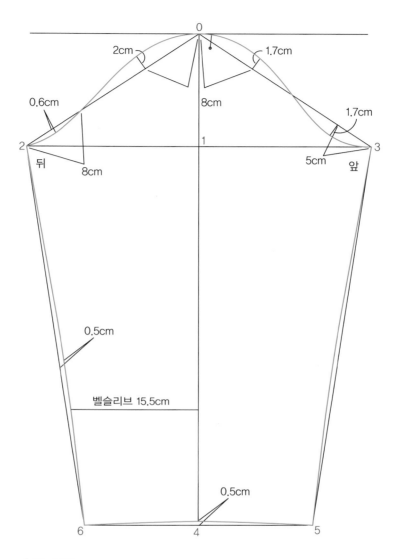

[1장 소매]

0　　시작점

1～0　몸판진동 깊이 57% 14.5cm (25.5의 57% = 14.5cm)

* 소매진동의 길이는 팔의 활동성과 비례한다.

2～0　앞뒤 몸판 암홀둘레 1/2 − 0.4cm (25.8cm)

3～0　2～0치수와 동일

4～0　소매길이 63cm

* 길이의 여유량은 원단 수축량에 따라 적용한다.

5～4　소매단 1/2

6～4　5～4와 동일

• 소매 이즈량: 1cm～1.8cm

• 소매암홀곡선의 앞모양과 뒷모양 표현에 따라 소매 놓임이 달라질 수 있다.

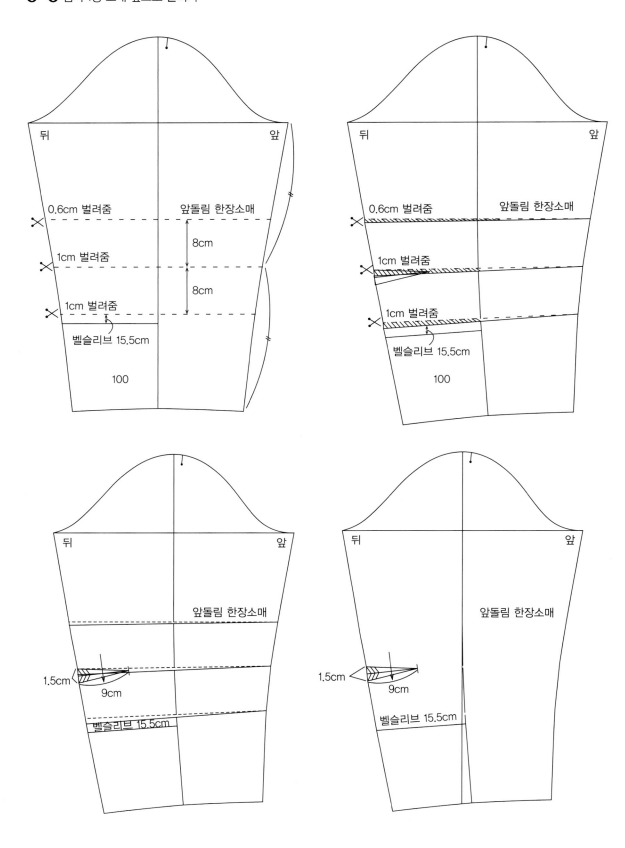

뒤　　　　　　　앞

0.6cm 벌려줌　　　앞돌림 한장소매

8cm

1cm 벌려줌

8cm

1cm 벌려줌

벨슬리브 15.5cm

100

뒤　　　　　　　앞

0.6cm 벌려줌　　　앞돌림 한장소매

1cm 벌려줌

1cm 벌려줌

벨슬리브 15.5cm

100

뒤　　　　　　　앞

앞돌림 한장소매

1.5cm

9cm

벨슬리브 15.5cm

뒤　　　　　　　앞

앞돌림 한장소매

1.5cm

9cm

벨슬리브 15.5cm

3 | Men's Outer 제도(Stardium Jumper): 일명 야구점퍼 또는 항공점퍼

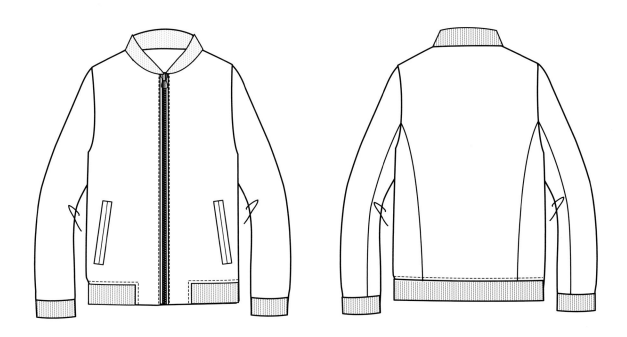

■ 스타디움 점퍼 제도를 위한 적용치수

부위	신체치수	제품치수
등길이		68cm
어깨	46cm	46cm
가슴	96cm	114cm
허리	82cm	104cm
밑단		87cm
소매길이	63cm	63cm
소매통		41cm
소매부리		10.5cm(21cm)

〈기본 점퍼 제도에서 수정 작업 방법〉

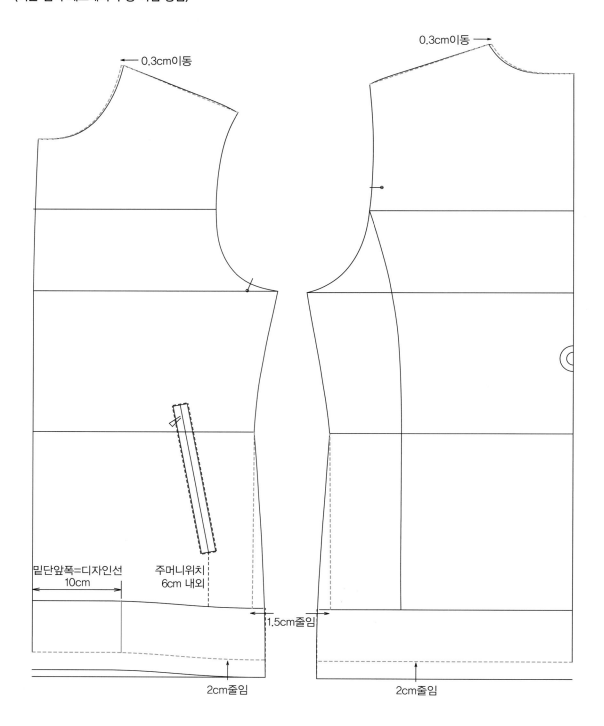

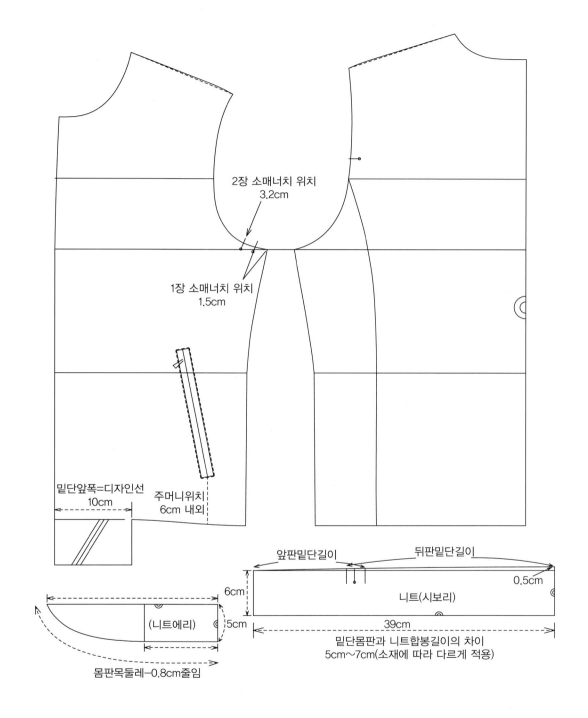

2장 소매너치 위치
3.2cm

1장 소매너치 위치
1.5cm

밑단앞폭=디자인선
10cm

주머니위치
6cm 내외

앞판밑단길이

뒤판밑단길이

0.5cm

6cm

니트(시보리)

5cm

(니트에리)

39cm

몸판목둘레-0.8cm줄임

밑단몸판과 니트합봉길이의 차이
5cm~7cm(소재에 따라 다르게 적용)

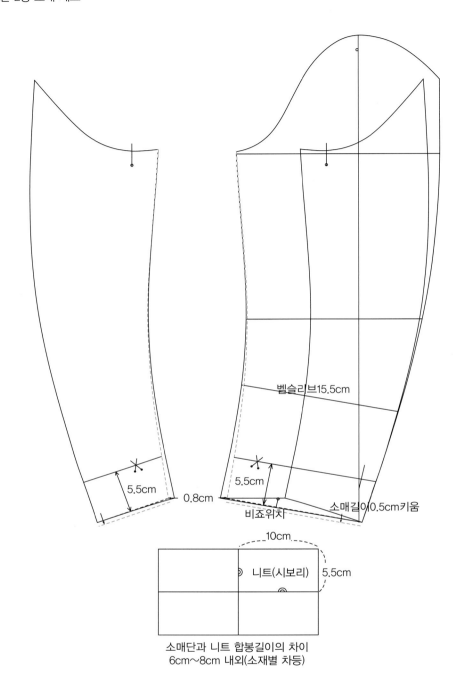

벨슬리브15.5cm

5.5cm

5.5cm

0.8cm

비죠위치

소매길이0.5cm키움

10cm

니트(시보리)

5.5cm

소매단과 니트 합봉길이의 차이
6cm~8cm 내외(소재별 차등)

❸-❷ 니트단 1장 소매 제도
〈기본 점퍼 1장 소매 제도에서 수정 작업 방법〉

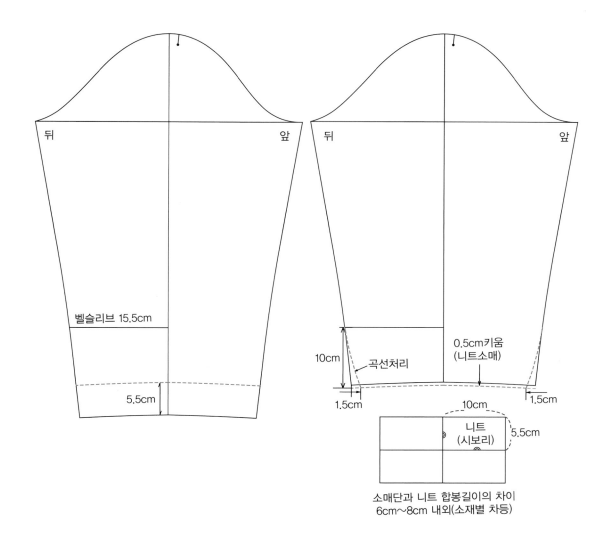

뒤　　　　앞

벨슬리브 15.5cm

5.5cm

뒤　　　　앞

10cm

곡선처리

0.5cm키움
(니트소매)

1.5cm

1.5cm

10cm

니트
(시보리)

5.5cm

소매단과 니트 합봉길이의 차이
6cm～8cm 내외(소재별 차등)

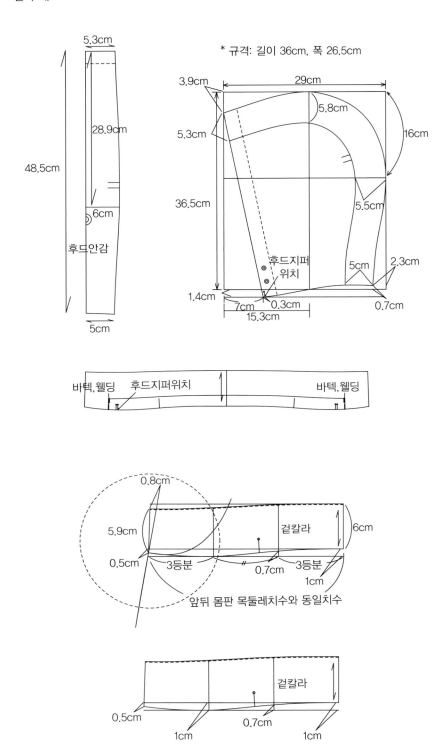

* 규격: 길이 36cm, 폭 26.5cm

❺ 몸판 안단, 안감 제작

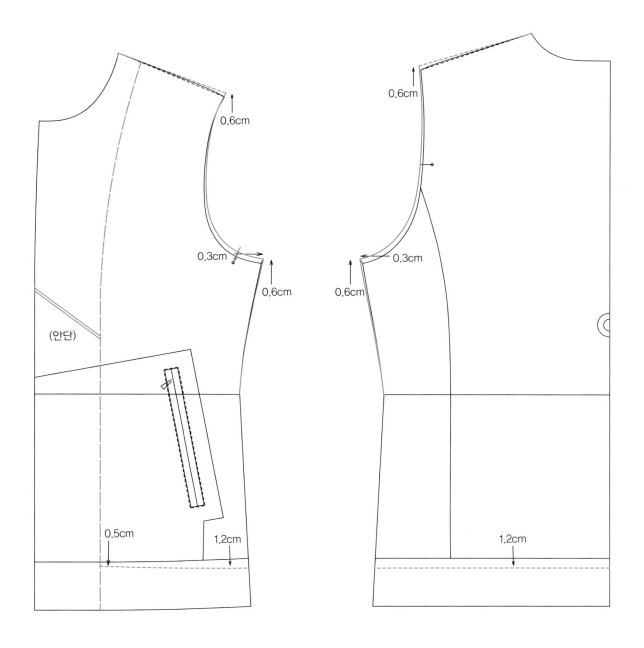

0.6cm

0.6cm

0.3cm

0.3cm

0.6cm

0.6cm

(안단)

0.5cm

1.2cm

1.2cm

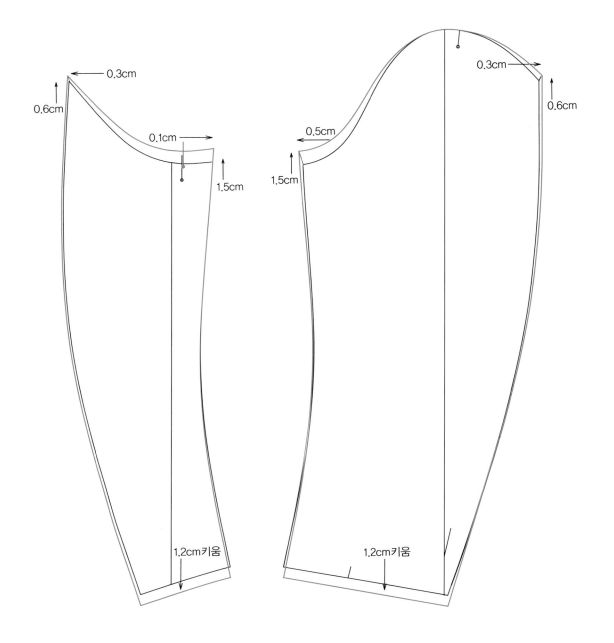

0.3cm

0.6cm

0.1cm

1.5cm

0.5cm

0.3cm

0.6cm

1.5cm

1.2cm키움

1.2cm키움

❻-❷ 1장 소매 안감 제작

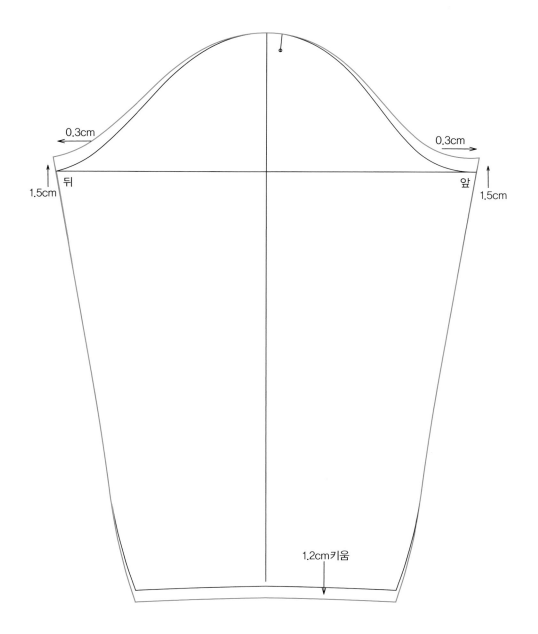

0.3cm

0.3cm

뒤

앞

1.5cm

1.5cm

1.2cm키움

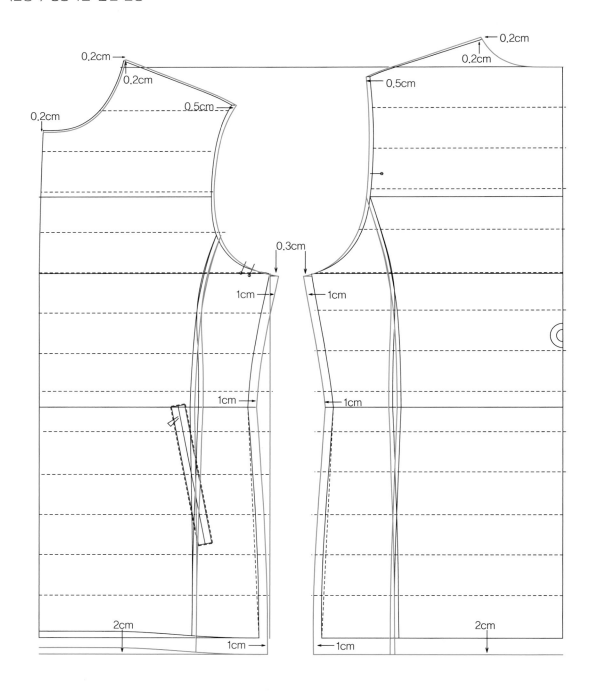

〈변형 2〉 경량다운: 소매 변형

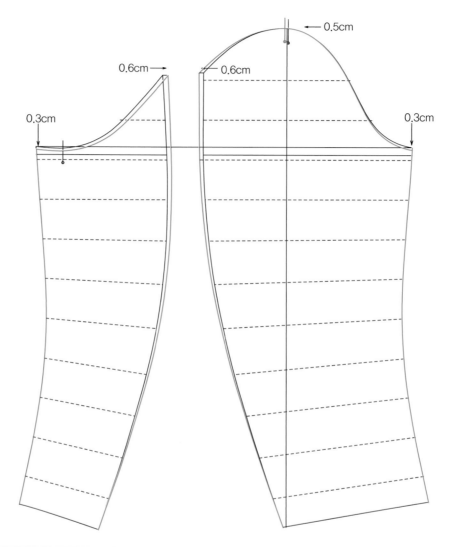

TIP **기본패턴에서 경량점퍼패턴 변경방법**

사이즈변경은 브랜드별, 다운량에 따라 다르게 한다.

부위	기존	변경 후
옷길이	70	72
어깨너비	46	47
가슴둘레	114	118
허리둘레	104	108
밑단둘레	111	115
소매길이	63	63
소매통	41	42
소매단	23	24
목둘레	52	53

✚ **다운 칸누빔선별 길이 줄어듦을 감안하여 한 칸당 여유량 주는 법**

다운량과 누빔선 수에 따라 줄어듦 여유량은 달라질 수 있다.

한 칸당 약 0.1cm~0.3cm정도 패턴에서 키워서 제작한다(테스트를 하여 데이터를 찾는다).

주의할 점은 앞중심은 지퍼가 부착되어 누빔선이 펴지므로 등 중심으로 길이 변형을 줘야 하며 앞중심쪽으로 밑단선을 곡선으로 처리해야 한다.

4 PANTS PATTERN

1 | Men's Pants의 이해
❶ 바지 부위별 명칭

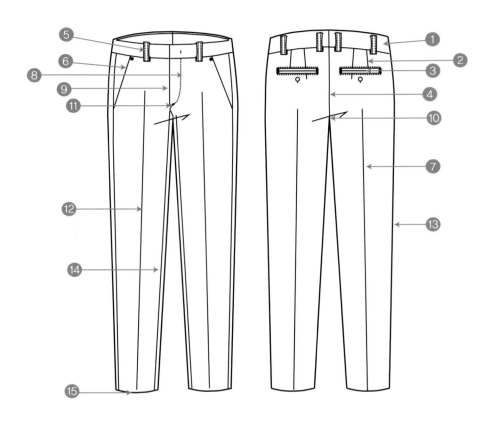

구분	현장용어	표준용어	구분	현장용어	표준용어
1	오비	허리단	9	앞밑위	앞밑위
2	뒤다트	뒤판다트	10	뒤밑위	뒤밑위
3	뒤쌍구찌	뒤쌍입술	11	마이다데바텍	앞지퍼집바텍
4	뒤시리	뒤솔기	12	앞주름	앞주름
5	벨트고리	벨트고리	13	아웃심	옆솔기
6	앞경사주머니	앞경사주머니	14	인심	안솔기
7	뒤주름	뒤주름	15	밑단	밑단
8	마이다데스티치	지퍼집스티치			

2 | Men's Pants 제도(Classic Pants)

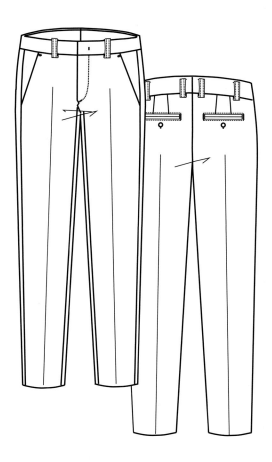

■ **클래식 바지 제도를 위한 적용치수**

부위	신체치수	제품치수	비고
신장		175cm(기준)	
허리둘레	82cm	83cm	골반뼈위치
엉덩이둘레	96cm	103cm(여유 포함)	전체둘레
바지밑단둘레		21cm(여유 포함)	절반치수
앞밑위길이		26.5cm	H / 4 + 2∼3cm(96 / 4 + 2.5)
바지길이		111.5cm	허리단 포함
무릎위치		57.5cm	허리단 포함
인심길이		85cm	크러치∼밑단 끝

허리단폭: 3.5cm

❶ 바지 제품 치수 재는 법

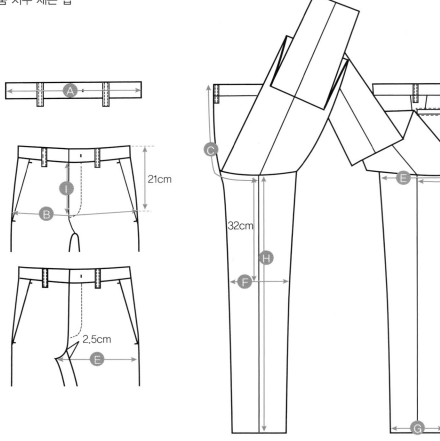

구분	부위	측정 방법
A	허리둘레	허리단 중앙 사이즈 측정
B	엉덩이둘레	허리상단에서 21cm 아래 "V" 측정
C	앞밑위	앞밑위 측정 (허리밴드 포함)
D	뒤밑위	뒤밑위 측정 (허리밴드 포함)
E	허벅지둘레	크러치점에서 2.5cm 아래 직선으로 측정
F	무릎너비	크러치점에서 31cm 아래 직선으로 측정
G	밑단너비	밑단 너비 직선으로 측정
H	인심길이	크러치점에서 안솔기선 따라 밑단부리까지 측정
I	지퍼길이	허리심에서 스티치 끝선까지 측정

✚ **제품 사이즈 점검 시 주의할 점**

바지 사이즈 측정에서 제품 놓임에 따라 치수 차이가 다소 날 수 있으므로 패턴 제작 시에 패턴에 수치를 적용한 선의 위치를 잘 찾아 측정할 수 있도록 정리하여야 한다. 허리둘레 측정 시에는 허리단의 앞중심 위치와 뒤중심 위치의 상단을 수평선상에 맞추어 놓고 허리단의 중심부분을 잰다. 이때 허리단 내경둘레를 측정해야 하므로 원단의 두께에 따라 시작지점과 끝지점을 띄워서 측정해야 한다. (얇은 소재 0.1cm, 두꺼운 소재 0.3cm)

엉덩이둘레 측정 시에는 제품의 엉덩이 부분을 좌우로 잡아 당겨서 여유 분량이 없도록 잘 펴서 패턴상의 엉덩이 위치를 잡은 선대로 앞중심선에서 한 번 꺾어서 좌에서 우로 측정한다. (제품의 놓임 방법에 따라 다소 수치의 차이가 날 수 있음)

특히, 최근에는 스트레치 소재가 많아 측정 시 원단의 늘어남 현상에 주의하여야 한다.

❷ 앞판 기초선 제도

[앞판]

0   시작점

1～0   허리단 안내선 5cm

2～1   앞밑위 21.5cm (허리단 제외)

3～2   앞밑위 / 3 − 1cm = 6.2cm

           (21.5 ÷ 3 = 7.2−1 = 6.2cm)

4～3   엉덩이(제품)의 3.5% = (3.6cm)

5～3   엉덩이(제품) 1 / 4 − 2cm

           = (103 ÷ 4 − 2cm = 23.8cm)

6   4～5의 중간 지점(앞주름 위치)

7   3～2와 동일 간격 (크러치선)

8～7   인심길이 75cm(밑단접음 지점)

9 ～   앞중심선 교차점(무릎선지점 58cm)

           총길이 85cm 37%(31.5cm)

10   4번 직하～7번 교차점 (앞밑위 크러치점)

11～10   1.8cm (인심 안내선)

12～1   1.5cm (앞중심 안내선)

13～12   허리둘레(제품 83cm)의 1 / 4 + 0.2cm

           (20.8 + 0.2cm = 21cm)

14～8   밑단 펼친 치수

           42cm + 0.6cm = 42.6cm ÷ 2

                  = 21.3cm−2cm

                  = 19.3cm÷2 = 9.65cm

15～8   14～8 동일 치수(9.65cm)

✚ 바지 밑단둘레 계산방법

• 밑단둘레 21cm × 2

   = 42cm(펼친 치수) + 여유 0.6cm = 42.6cm

• 앞판밑단둘레 = 밑단둘레 42.6cm ÷ 2

               = 21.3cm − 2cm = 19.3cm

• 뒤판밑단둘레 = 밑단둘레 42.6cm ÷ 2

               = 21.3cm + 2cm = 23.3cm

❸ 앞판: 라인 연결

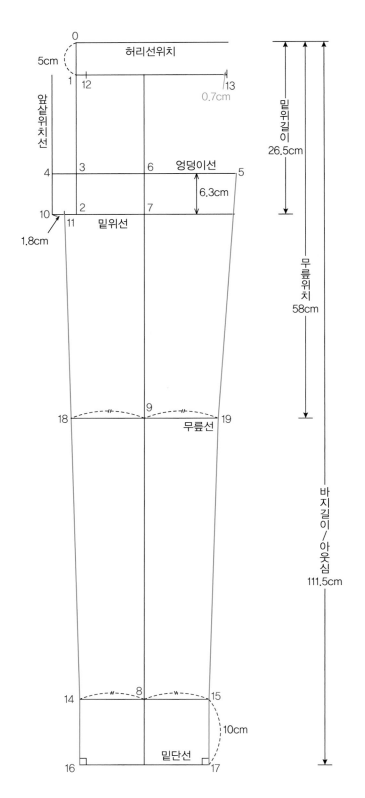

16〜14 14직하 10cm 14〜8과 동일치수

* 밑단 시접처리방법에 따라 다름

17〜15 직하 10cm 15〜8과 동일치수

18   11〜14직하 9번선 교점(무릎선)

19   18〜9 치수와 동일

TIP 1

앞밑위길이의 변화에 따른 허리둘레의 변화

밑위길이 0.5cm 차이에 허리둘레는 약 0.7cm 정도 커지거나 작아진다.

→ 인체 곡선변화에 의한 사이즈 변화로 볼 수 있다.

TIP 2

무릎, 밑단둘레에서 0.6cm 여유량은 제품 제작 시 자연 감소되는 여유량이다.

❹ 앞판 제도 완성

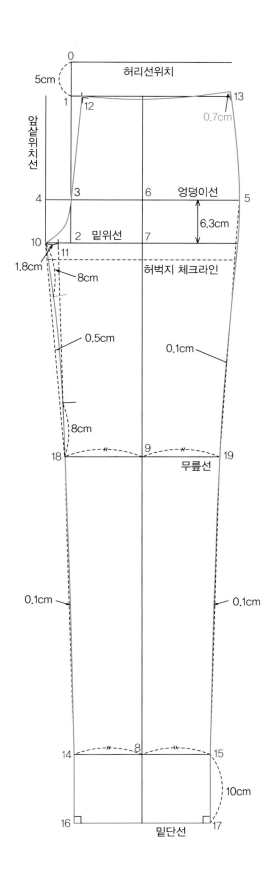

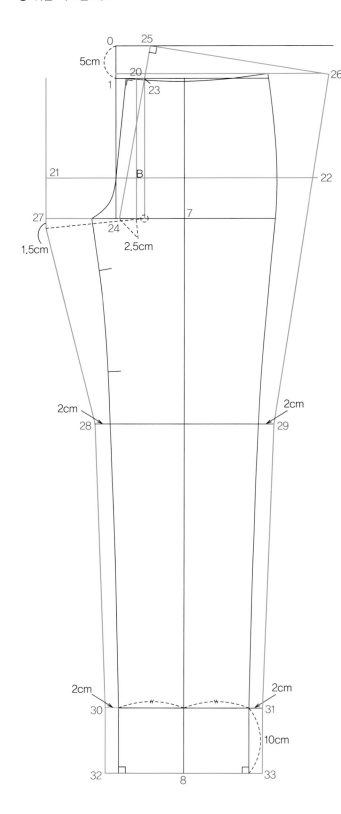

[뒤판]

20〜1   3cm

21〜20   엉덩이둘레(제품치수)의 13% (13.4cm)

22〜20   엉덩이둘레(제품치수) 103 / 4 + 1cm
         (25.8cm + 1cm = 26.8cm)

23〜20   20〜1간 + 1.2cm(뒤솔기경사안내선)

24   B선 직하 2.5cm(뒤솔기경사안내선)

25   24〜23직선 O선교점 + 직각 앞판13
         번선 교차점

26   허리둘레(제품 83cm 1/4 + 4cm(다
         트량) + 1cm(여유 분량) > 20.8 + 5cm
         + 1cm = 26.8cm

27   21직하 크러치선 교점에서 1.5cm 아
         래

* 앞판인심길이 − 0.5〜0.8cm(27〜28직선)

28   앞판 18에서 2cm

29   앞판 19에서 2cm

30   앞판 16에서 2cm

31   앞판 17에서 2cm

32   앞판 14에서 2cm

33   앞판 15에서 2cm

❻-❶ 뒤판: 라인 연결

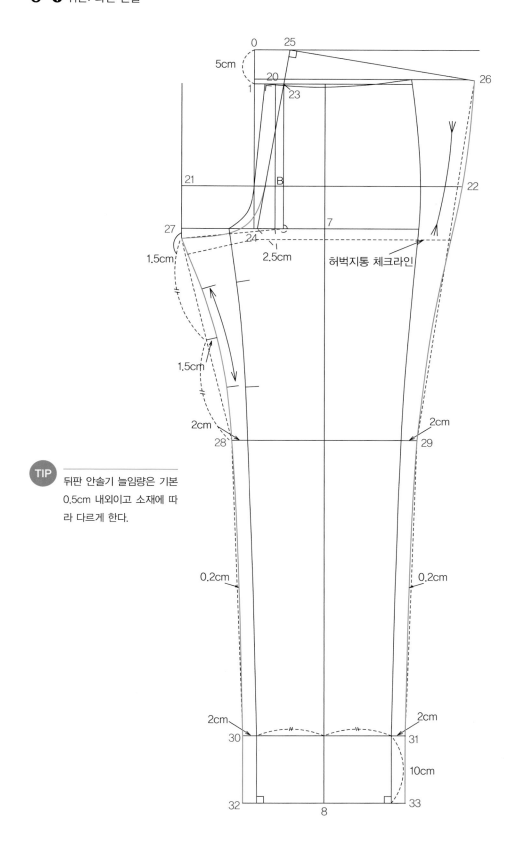

0　　25

5cm

20
1
23

26

21　　　　　　　　　　　　B　　　　　　　　　　　　22

27

1.5cm

24
2.5cm

7

허벅지통 체크라인

1.5cm

2cm

2cm

28　　　　　　　　　　　　　　　29

TIP 뒤판 안솔기 늘임량은 기본
0.5cm 내외이고 소재에 따
라 다르게 한다.

0.2cm

0.2cm

2cm

2cm

30　　　　　　　　　　　31

10cm

32　　　　　8　　　　　33

❻-❷ 뒤판: 다트 만들기

① 다트 위치 정하기

② 다트접어 허리곡선 내기

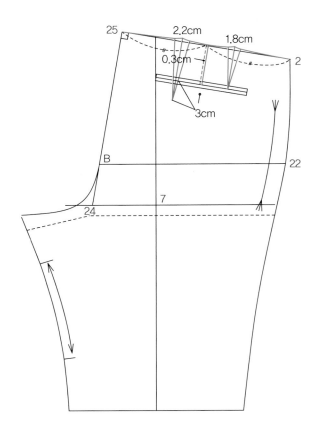

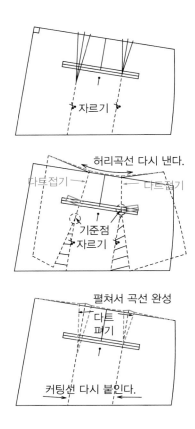

허리곡선 다시 낸다.

다트접기 → ← 다트접기

기준점
자르기

펼쳐서 곡선 완성

다트
펴기

커팅션 다시 붙인다.

 TIP 1 뒤판 다트량에 의한 옆솔기 곡선의 비교

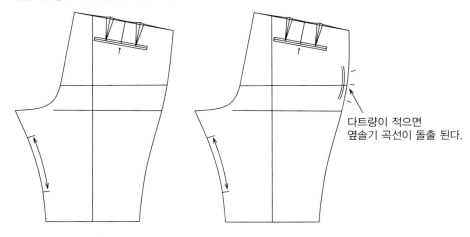

다트량이 적으면
옆솔기 곡선이 돌출 된다.

TIP 2 다트량은 엉덩이둘레가 큰 경우에는 3cm～4cm, 경우에 따라서 그 이상도 벌려야 한다.
예시) 허리둘레 82cm인 사람이 엉덩이둘레가 100cm일 경우 드롭차이가 18cm이므로 앞뒤판의 옆솔기선의
곡선이 무리하게 돌출되어 제품을 만들었을 때 옆솔기라인이 자연스럽지 않게 될 수 있다. (그림참조)
* 일반적으로 허리치수와 엉덩이치수의 평균 드롭차이는 14cm～16cm 정도로 본다.

❼ 허리단 제작

(제품 허리둘레 /2 + 0.8cm)

42.3cm

4.8cm

CF

TIP 허리단 제작 시 실제 허리치수보다 약 1.5cm(절반 0.8cm) 여유를 주어 패턴제작을 한다.
* 허리안단의 두께 및 원단 수축분 감안

❽ 앞뒤 연결 밑위 곡선 확인

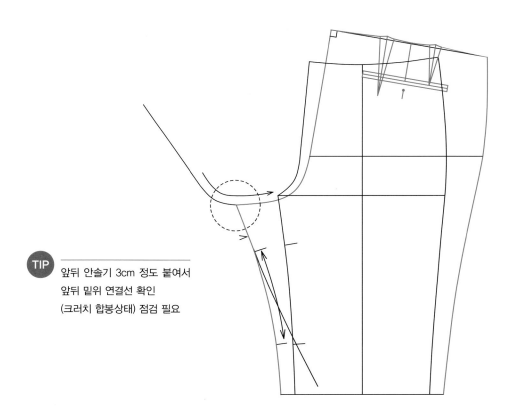

TIP 앞뒤 안솔기 3cm 정도 붙여서
앞뒤 밑위 연결선 확인
(크러치 합봉상태) 점검 필요

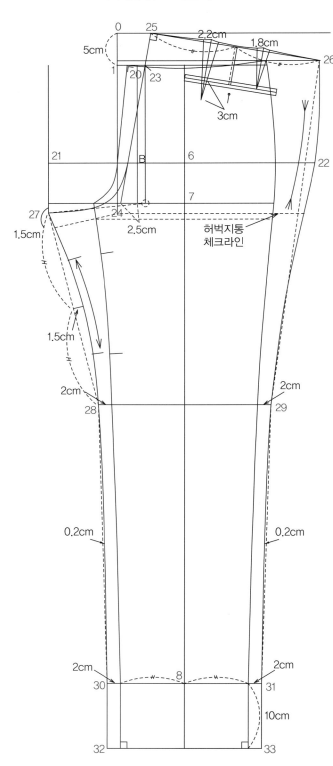

❿ 클래식 바지 앞뒤 제도 완성

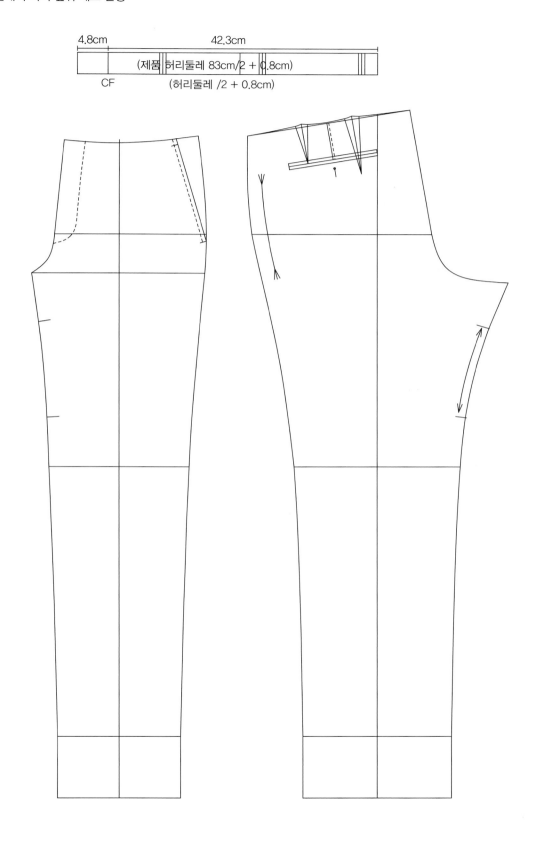

4.8cm 42.3cm

(제품 허리둘레 83cm/2 + 0.8cm)

CF

(허리둘레 /2 + 0.8cm)

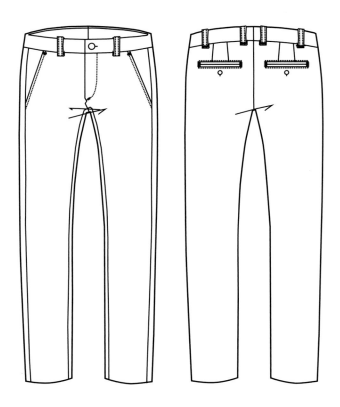

■ 캐주얼 바지 제도를 위한 적용치수

부위	신체치수	제품치수	비고
신장		175cm(기준)	
허리둘레	82cm	83cm	골반뼈 위치(배꼽 위치)
엉덩이둘레	96cm	102cm(여유 포함)	전체둘레
바지밑단둘레		19cm(여유 포함)	절반치수
앞밑위길이		25cm	H / 4 + 2～3cm(96 / 4 + 2.5)
바지길이		110cm	허리단 포함
무릎위치		56cm	허리단 포함
인심길이		85cm	크러치～밑단 끝

허리단폭: 4cm

❶ 앞판 기초선 제도

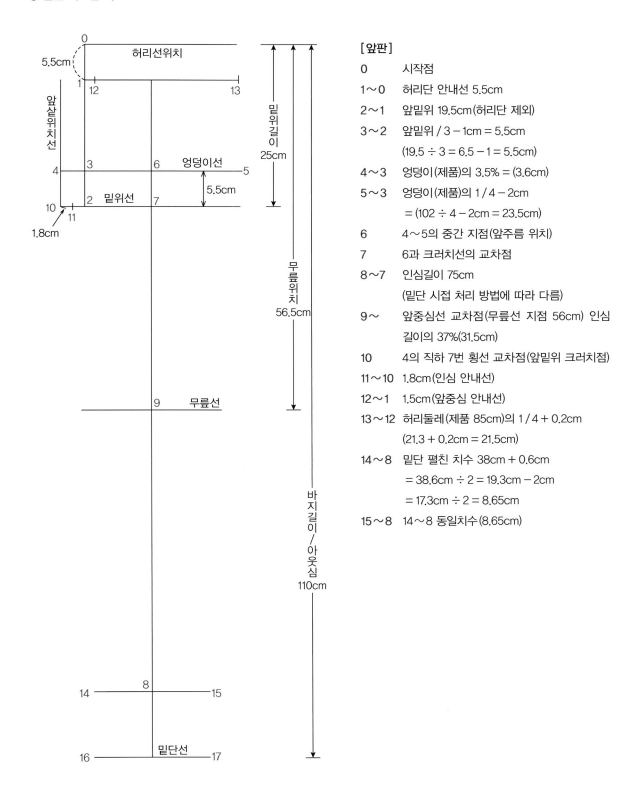

[앞판]

0 시작점

1~0 허리단 안내선 5.5cm

2~1 앞밑위 19.5cm(허리단 제외)

3~2 앞밑위 / 3 − 1cm = 5.5cm

$\quad\quad$ (19.5 ÷ 3 = 6.5 − 1 = 5.5cm)

4~3 엉덩이(제품)의 3.5% = (3.6cm)

5~3 엉덩이(제품)의 1 / 4 − 2cm

$\quad\quad$ = (102 ÷ 4 − 2cm = 23.5cm)

6 4~5의 중간 지점(앞주름 위치)

7 6과 크러치선의 교차점

8~7 인심길이 75cm

$\quad\quad$ (밑단 시접 처리 방법에 따라 다름)

9~ 앞중심선 교차점(무릎선 지점 56cm) 인심

$\quad\quad$ 길이의 37%(31.5cm)

10 4의 직하 7번 횡선 교차점(앞밑위 크러치점)

11~10 1.8cm(인심 안내선)

12~1 1.5cm(앞중심 안내선)

13~12 허리둘레(제품 85cm)의 1 / 4 + 0.2cm

$\quad\quad$ (21.3 + 0.2cm = 21.5cm)

14~8 밑단 펼친 치수 38cm + 0.6cm

$\quad\quad$ = 38.6cm ÷ 2 = 19.3cm − 2cm

$\quad\quad$ = 17.3cm ÷ 2 = 8.65cm

15~8 14~8 동일치수(8.65cm)

❷ 앞판: 라인 연결

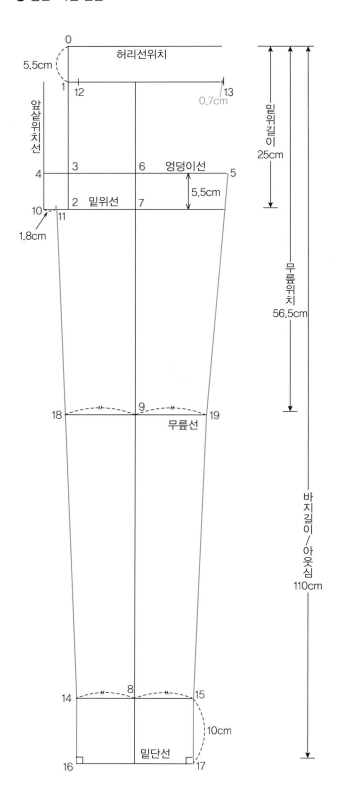

16	14직하 10cm / 14〜8과 동일치수
17	15직하 10cm / 15〜8과 동일치수
18	11〜14직하 9번선 교점(무릎선)
19	18〜9 치수와 동일

➕ 바지 밑단둘레 계산방법

- 밑단둘레 19cm × 2
  = 38cm(펼친 치수) + 여유 0.6cm
  = 38.6cm
- 앞판밑단둘레 = 밑단둘레 38.6cm ÷ 2
  = 19.3cm − 2cm = 17.3cm
- 뒤판밑단둘레 = 밑단둘레 38.6cm ÷ 2
  = 19.3cm + 2cm = 21.3cm

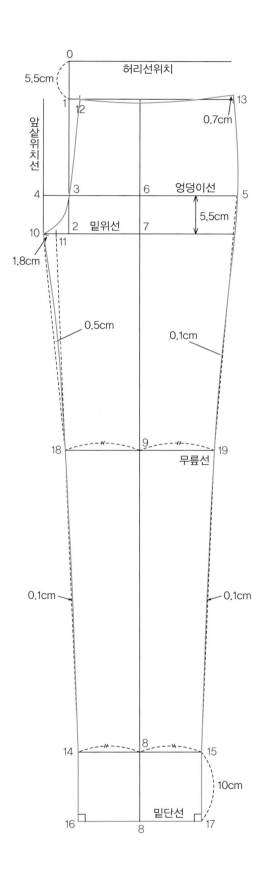

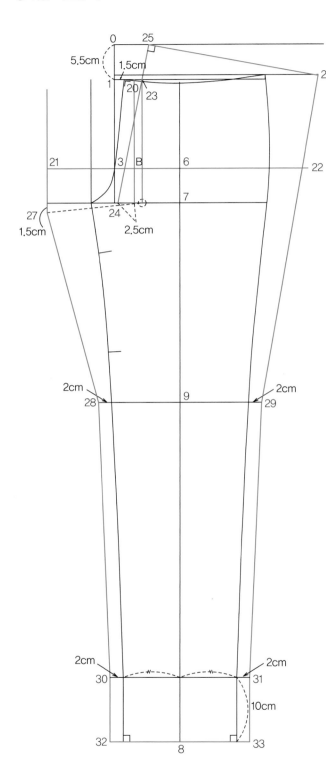

[뒤판]

20~1	3cm
21~20	엉덩이둘레(제품치수)의 13% (13.3cm)
22~20	엉덩이둘레(제품치수) / 4 + 1cm (25.5cm + 1cm = 26.5cm)
23~20	20~1간 + 1.2cm(뒤솔기경사 안내선)
24	B선 직하 2.5cm(뒤솔기경사 안내선)
25	24~23직선 O선교점 + 직각 앞판 13번 선 교차점
26	허리둘레(제품 85cm 1 / 4 + 4cm(다트 량) + 1cm(여유 분량) > 20.8 + 5cm + 1cm = 26.8cm
27	21직하 크러치선 교점에서 1.5cm 아래

* 앞판 인심길이 – 0.5~0.8cm(27~28직선)

28	앞판 18에서 2cm
29	앞판 19에서 2cm
30	앞판 16에서 2cm
31	앞판 17에서 2cm
32	앞판 14에서 2cm
33	앞판 15에서 2cm

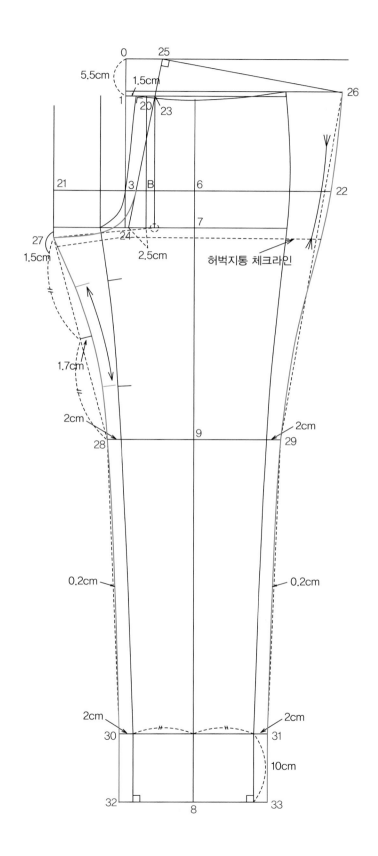

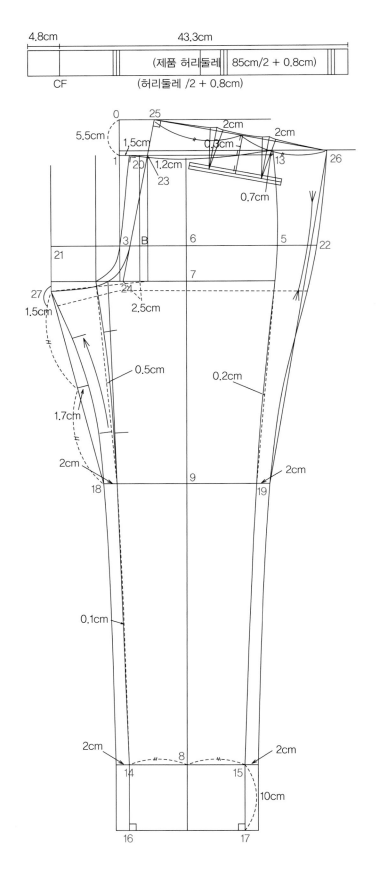

4.8cm

43.3cm

(제품 허리둘레 85cm/2 + 0.8cm)

CF

(허리둘레 /2 + 0.8cm)

0

25

2cm

2cm

5.5cm

0.3cm

1.5cm

13

1

20

1.2cm

26

23

0.7cm

3

B

6

5

22

21

7

27

24

1.5cm

2.5cm

0.5cm

0.2cm

1.7cm

2cm

2cm

18

9

19

0.1cm

2cm

8

2cm

14

15

10cm

16

17

❼ 캐주얼 바지 앞뒤 제도 완성

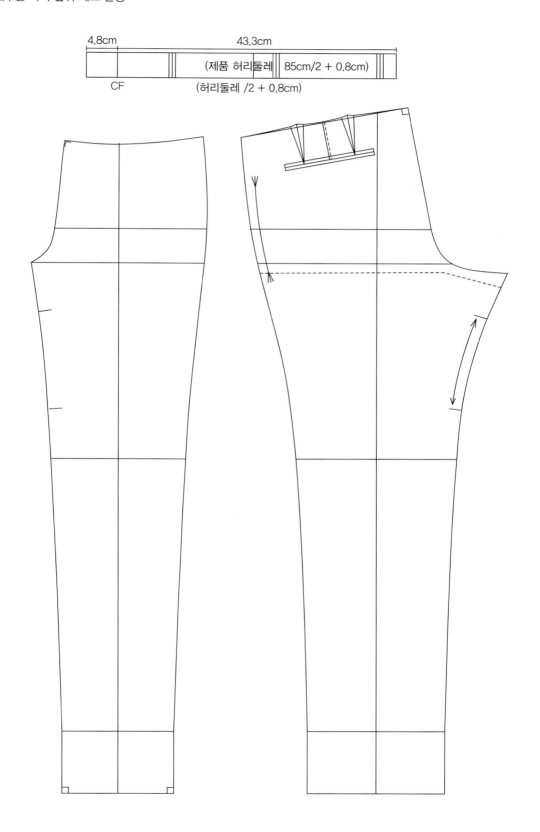

4.8cm   43.3cm

CF

(제품 허리둘레 | 85cm/2 + 0.8cm)
(허리둘레 /2 + 0.8cm)

<변형 1> 앞주름: 1개 변형(one tuck)

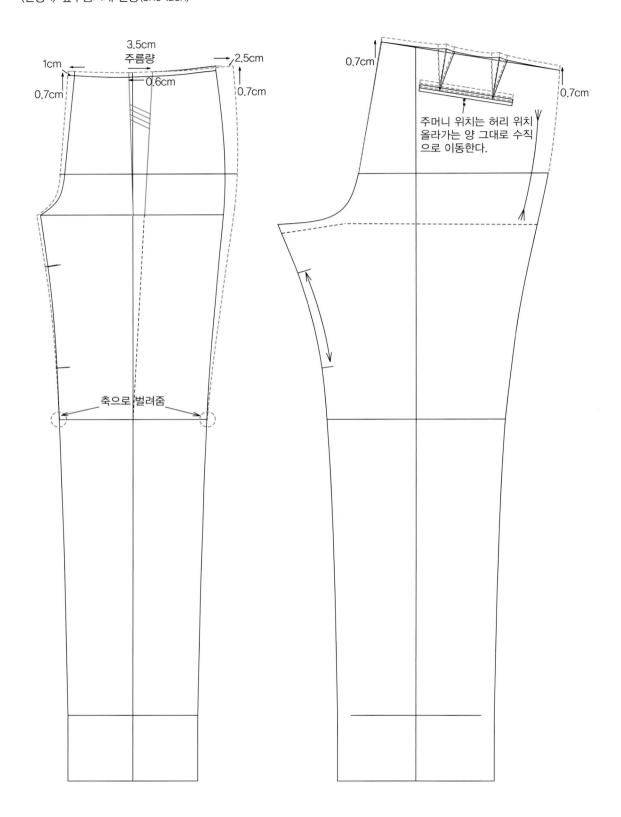

주머니 위치는 허리 위치
올라가는 양 그대로 수직
으로 이동한다.

〈변형 2〉 뒤판 요크 변형

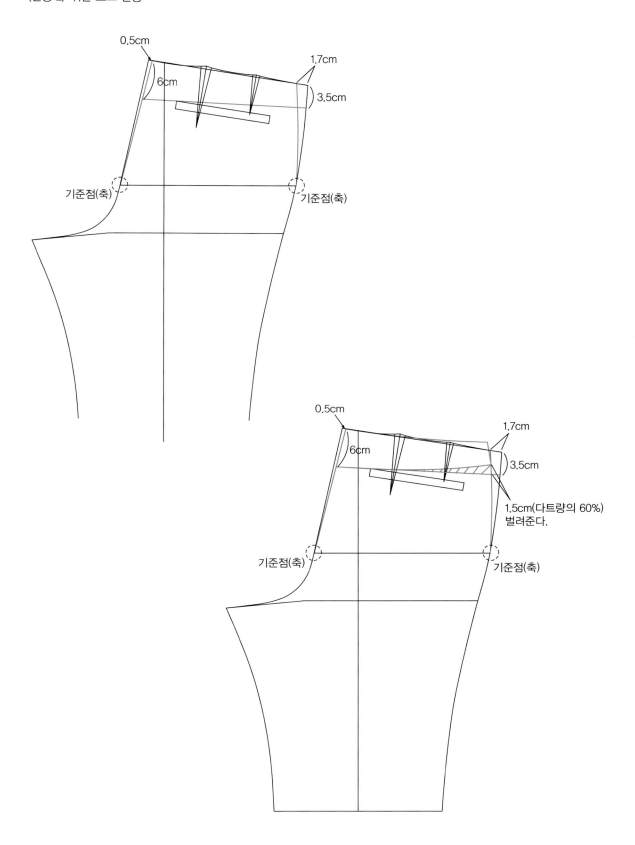

0.5cm
6cm
1.7cm
3.5cm
기준점(축)
기준점(축)

0.5cm
6cm
1.7cm
3.5cm
1.5cm(다트량의 60%)
벌려준다.
기준점(축)
기준점(축)

〈변형 3〉 앞주름: 2개 변형(two tucks)

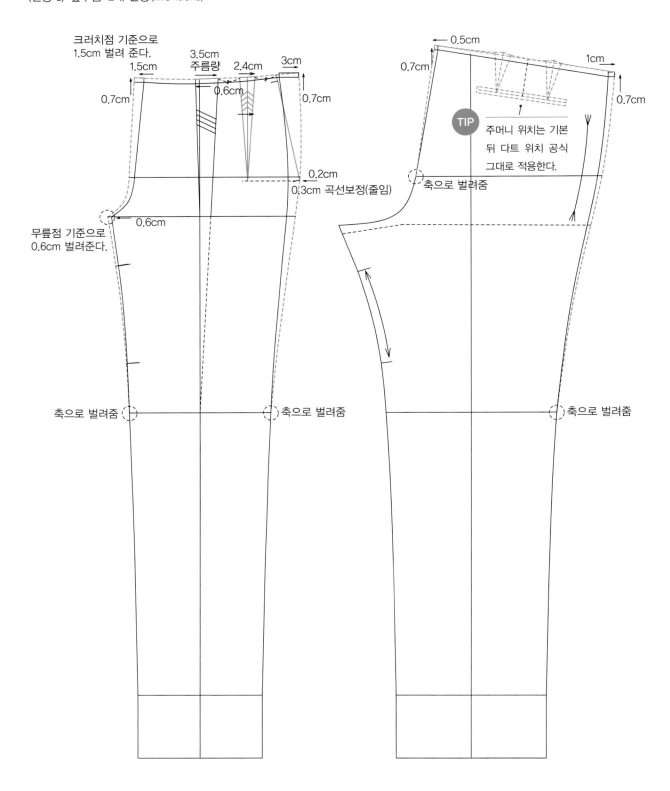

크러치점 기준으로
1.5cm 벌려 준다.

1.5cm

3.5cm
주름량

2.4cm

3cm

0.7cm

0.6cm

0.7cm

0.2cm

0.3cm 곡선보정(줄임)

무릎점 기준으로
0.6cm 벌려준다.

0.6cm

축으로 벌려줌

축으로 벌려줌

0.5cm

0.7cm

1cm

0.7cm

TIP 주머니 위치는 기본
뒤 다트 위치 공식
그대로 적용한다.

축으로 벌려줌

축으로 벌려줌

❽ 곡선 허리단 제작

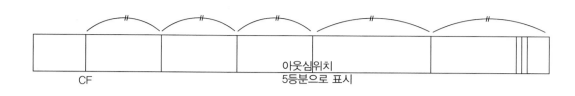

아웃심위치
5등분으로 표시

CF

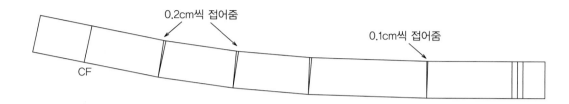

0.2cm씩 접어줌

0.1cm씩 접어줌

CF

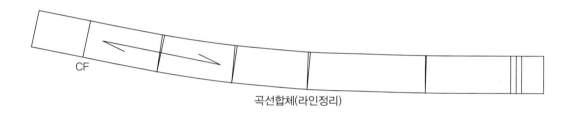

CF

곡선합체(라인정리)

❾ 앞주머니 제작

① 노턱 앞주머니 제작

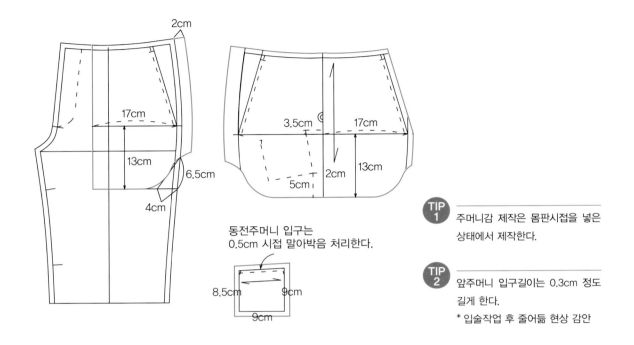

동전주머니 입구는
0.5cm 시접 말아박음 처리한다.

TIP 1 주머니감 제작은 몸판시접을 넣은
상태에서 제작한다.

TIP 2 앞주머니 입구길이는 0.3cm 정도
길게 한다.
* 입술작업 후 줄어듦 현상 감안

② 앞주름 1개 앞주머니 제작

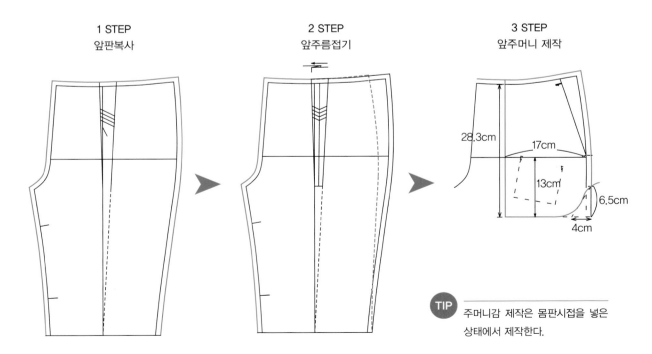

TIP 주머니감 제작은 몸판시접을 넣은
상태에서 제작한다.

❿ 부속 제작

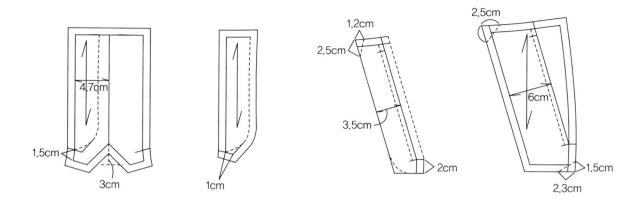

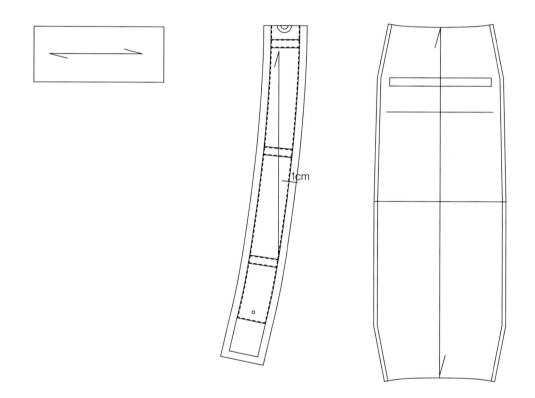

TIP 부속제작은 몸판을 복사하여 부위별 시접표시를 한다.

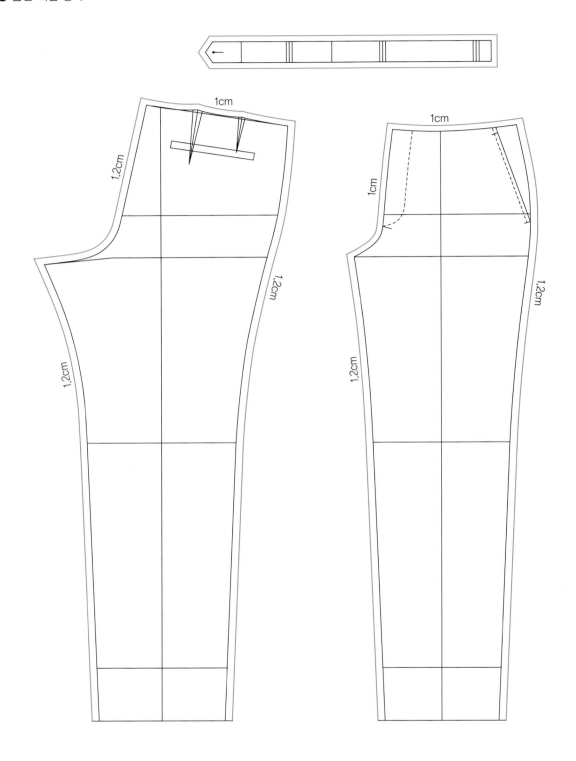

⓬ 부속 시접 넣기

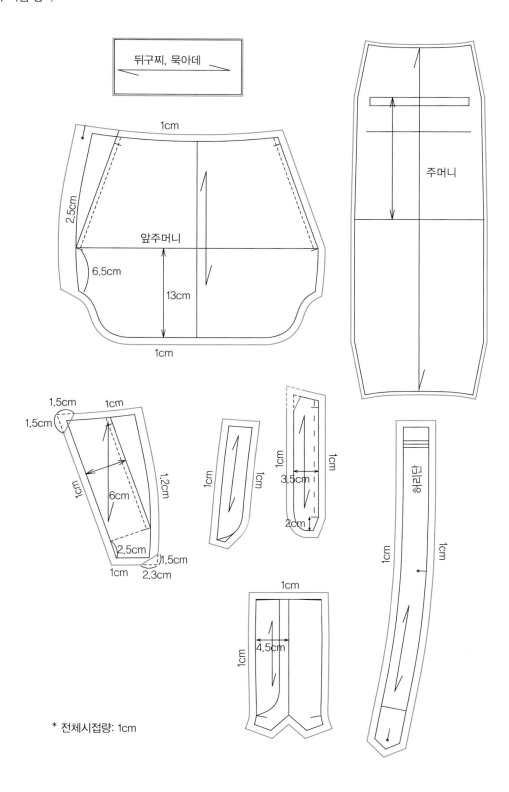

뒤구찌, 묵아데

1cm

주머니

2.5cm

앞주머니

6.5cm

13cm

1cm

1.5cm
1cm

1.5cm

1cm

1cm

1.2cm

6cm

1cm

1cm

1cm

3.5cm

1cm

2cm

2.5cm

1.5cm

1cm   2.3cm

허리단

1cm

1cm

1cm

4.5cm

1cm

* 전체시접량: 1cm

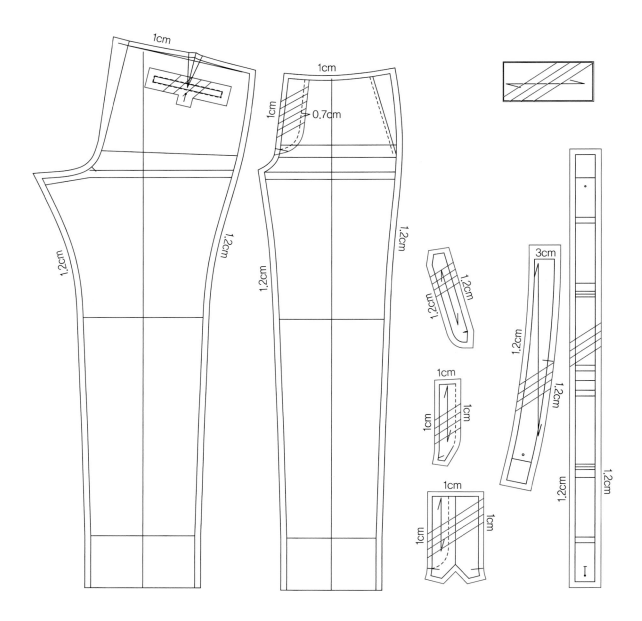

4 | Men's Pants 제도(Denim Pants)

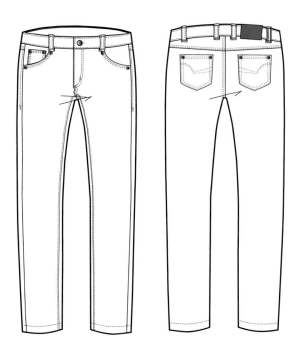

■ 데님 바지 제도를 위한 적용치수

부위	신체치수	제품치수	비고
신장		175cm(기준)	
허리둘레	82cm	85.5cm	골반뼈 위치(배꼽 위치)
엉덩이둘레	96cm	102cm(여유 포함)	전체둘레
바지밑단둘레		19cm(여유 포함)	절반치수
앞밑위길이		24.8cm	H / 4 + 1～2cm(96.4 + 0.8)
바지길이		110cm	허리단, 밑단 시접 포함
무릎위치		56cm	허리단 포함
인심길이		75cm	크러치～밑단 끝

허리단폭: 4cm

❶ 앞판 기초선 제도

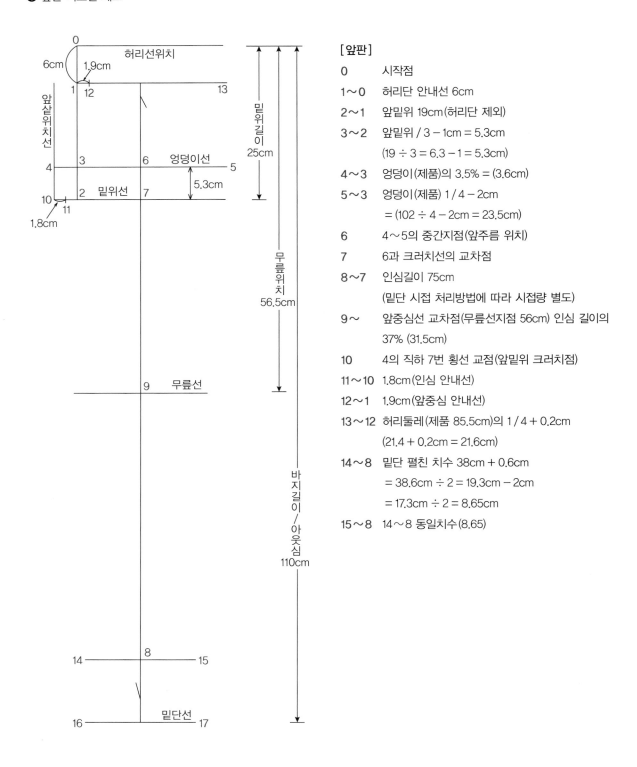

[앞판]

0	시작점
1~0	허리단 안내선 6cm
2~1	앞밑위 19cm(허리단 제외)
3~2	앞밑위 / 3 − 1cm = 5.3cm
	(19 ÷ 3 = 6.3 − 1 = 5.3cm)
4~3	엉덩이(제품)의 3.5% = (3.6cm)
5~3	엉덩이(제품) 1 / 4 − 2cm
	= (102 ÷ 4 − 2cm = 23.5cm)
6	4~5의 중간지점(앞주름 위치)
7	6과 크러치선의 교차점
8~7	인심길이 75cm
	(밑단 시접 처리방법에 따라 시접량 별도)
9~	앞중심선 교차점(무릎선지점 56cm) 인심 길이의
	37% (31.5cm)
10	4의 직하 7번 횡선 교점(앞밑위 크러치점)
11~10	1.8cm(인심 안내선)
12~1	1.9cm(앞중심 안내선)
13~12	허리둘레(제품 85.5cm)의 1 / 4 + 0.2cm
	(21.4 + 0.2cm = 21.6cm)
14~8	밑단 펼친 치수 38cm + 0.6cm
	= 38.6cm ÷ 2 = 19.3cm − 2cm
	= 17.3cm ÷ 2 = 8.65cm
15~8	14~8 동일치수(8.65)

❷ 앞판: 라인 연결

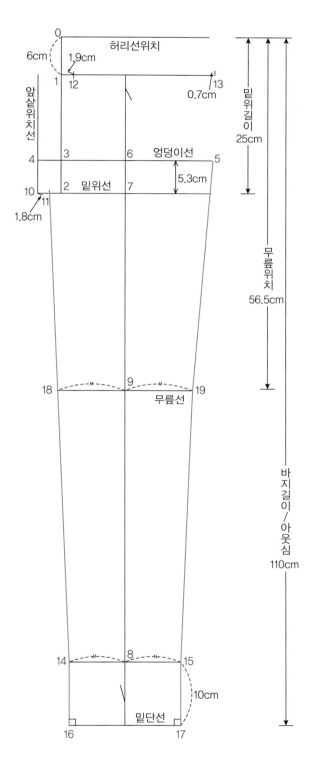

16~14   직상 10cm 동일치수

17~15   직상 10cm 동일치수

18~   11~14 직하 9번선 교점(무릎선)

19~   18~9 치수와 동일

✚ 바지 밑단둘레 계산방법

- 밑단둘레 19cm × 2

   = 38cm(펼친 치수) + 여유 0.6cm

   = 38.6cm

- 앞판밑단둘레 = 밑단둘레 38.6cm ÷ 2

               = 19.3cm − 2cm = 17.3cm

- 뒤판 밑단둘레 = 밑단둘레 38.6cm ÷ 2

               = 19.3cm + 2cm = 21.3cm

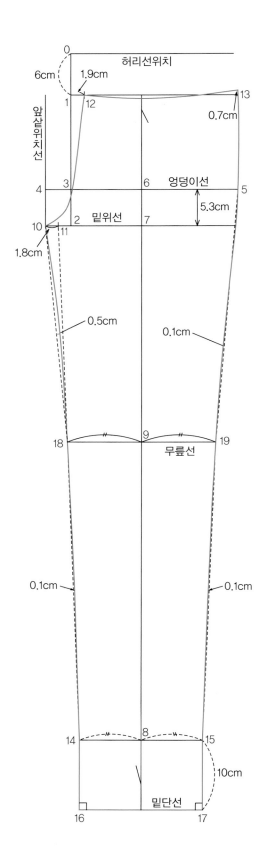

❹ 뒤판 기초선 제도

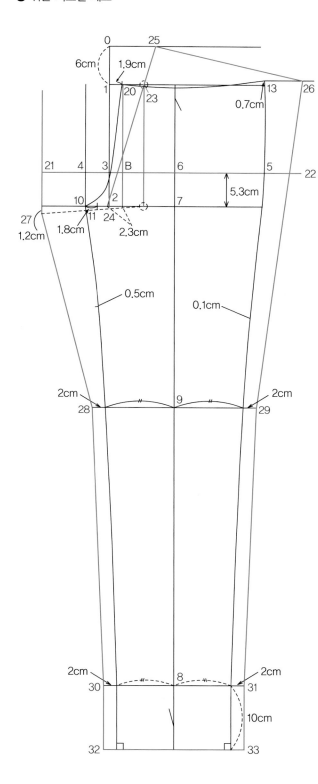

[뒤판]

20～1   2cm

B～   20의 직하 6번 횡선 교점

21～B   엉덩이둘레(제품치수)의 12%(12.2cm)

22～B   엉덩이둘레(제품치수) / 4 + 1cm

        (25.5cm + 1.5cm = 27cm)

23～20   20～1간 + 3.5cm(뒤솔기경사 안내선)

24   B선 직하 앞판 7번 횡선 교점에서 2.3cm

    (뒤솔기경사 안내선)

25   24～23 직선 0선 교점 + 직각 앞판 13번선

    교차점

26   허리둘레(제품 85.5cm) 1 / 4 + 1.5cm(여유

    량) = 22.9cm

27   21직하 크러치선 교점에서 1.2cm 아래

* 앞판인심길이 – 0.3～0.6cm(27～28 직선)

28   앞판 18에서 2cm

29   앞판 19에서 2cm

30   앞판 14에서 2cm

31   앞판 15에서 2cm

32   앞판 16에서 2cm

33   앞판 17에서 2cm

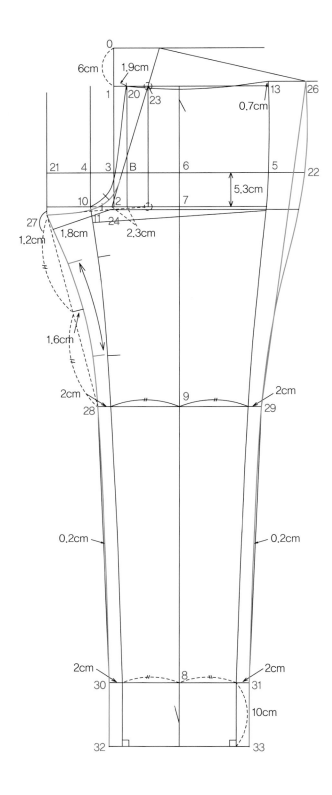

❻ 뒤판: 뒤요크 제도

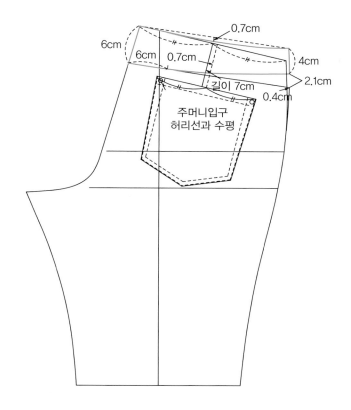

6cm
6cm
0.7cm
0.7cm
4cm
2.1cm
길이 7cm
0.4cm

주머니입구
허리선과 수평

❼ 데님 곡선 허리단 제작

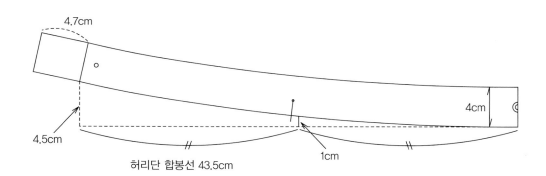

4.7cm
4.5cm
허리단 합봉선 43.5cm
1cm
4cm

❽ 앞주머니 제작

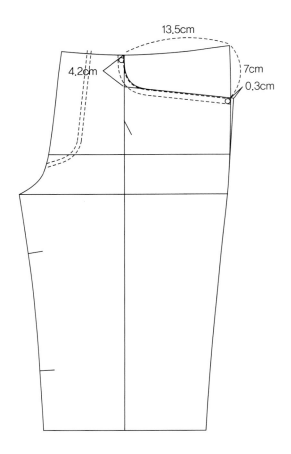

13.5cm

4.2cm

7cm

0.3cm

❾ 데님 부속 제작(시접 별도)

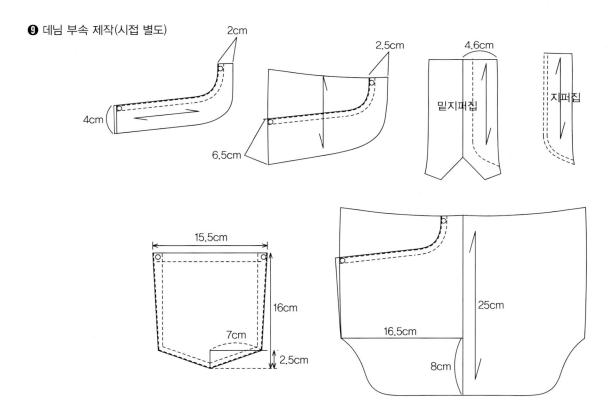

2cm

2.5cm

4.6cm

4cm

6.5cm

밑지퍼집

지퍼집

15.5cm

16cm

7cm

2.5cm

25cm

16.5cm

8cm

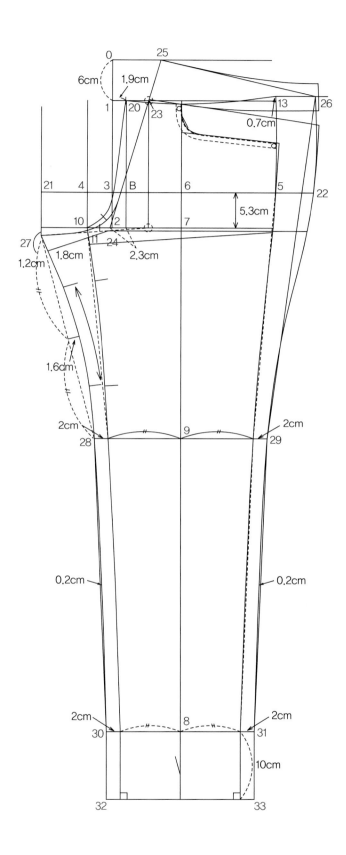

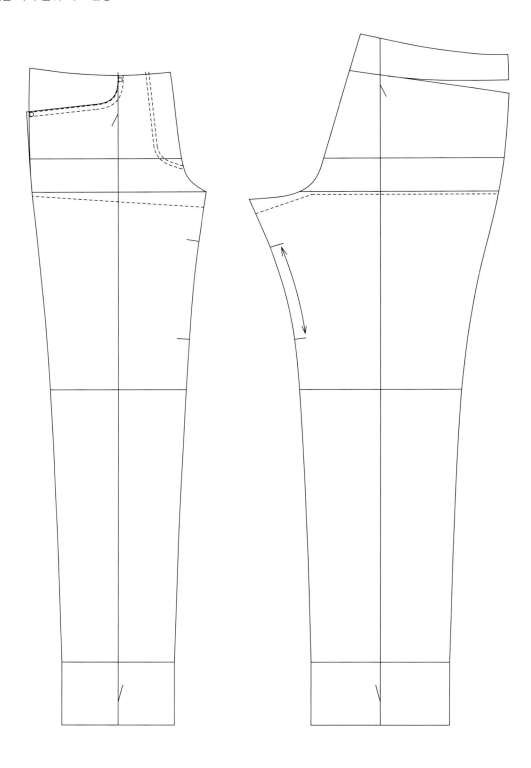

〈변형 1〉 바지 코단 제작

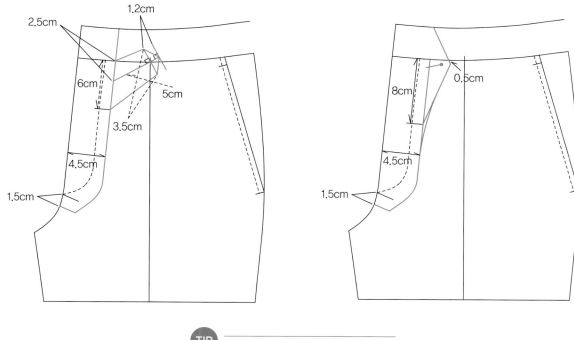

TIP 코단 제작은 단추 구멍 위치가 허리 안단
의 하단에 걸리도록 설계되어야 한다.

⟨변형 2⟩ 데님 반바지 변형: 데님 원형 사용

 TIP 반바지 패턴의 원형은 캐주얼 기본과 데님 패턴에서 변형한다.
착장 시 모던핏을 필요로 할 땐 캐주얼 기본 원형에서 변형한다.
다소 캐주얼하고 편한 핏을 구현할 때는 데님핏 원형에서 변형한다.

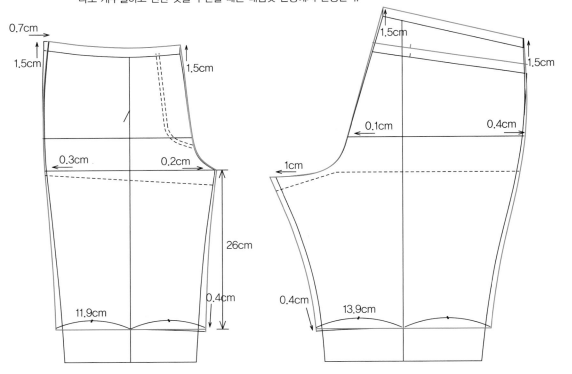

✚ 바지 밑단둘레 계산방법

- 51 + 0.6(여유량) = 51.6
- 51.6 / 2 = 25.8 − 2 = 23.8(앞판분량)
- 25.8 + 2 = 27.8(뒤판분량)

■ 데님 반바지 제도를 위한 적용치수

부위	제품치수
허리둘레	84cm
엉덩이둘레	104cm
앞밑위	26.3cm
뒤밑위	42cm
상통	65.5cm
밑단너비	51cm
인심길이	26cm
오비폭	4cm
앞지퍼길이	16.5cm

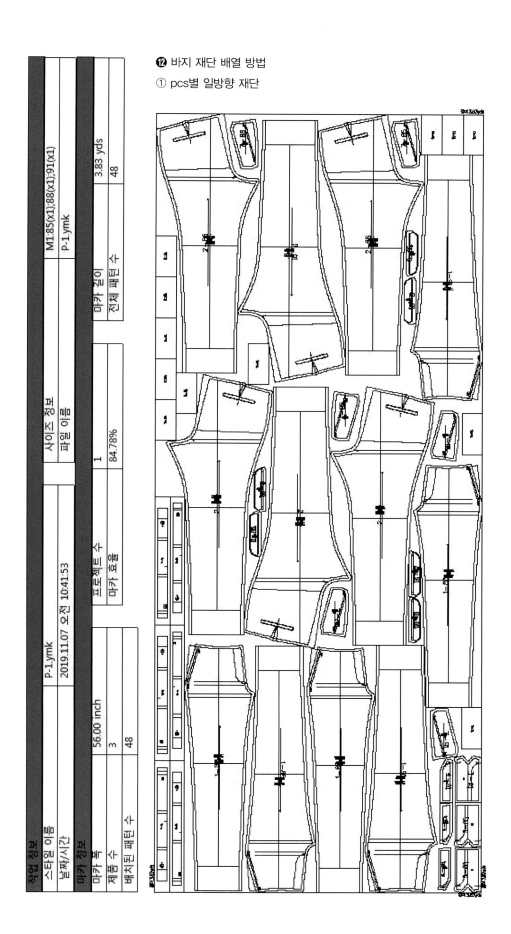

❷ 바지 재단 배열 방법

① pcs별 일방향 재단

작업 정보			
스타일 이름	P-1.ymk	사이즈 정보	M1:85(x1);88(x1);91(x1)
날짜/시간	2019.11.07 오전 10:41:53	파일 이름	P-1.ymk

마카 정보					
마카 폭	56.00 inch	프로젝트수	1	마카 길이	3.83 yds
제품 수	3	마카 효율	84.78%	전체 패턴수	48
배치된 패턴수	48				

② 전체 일방향 재단

작업 정보			
스타일 이름	P-1.ymk	사이즈 정보	M1:85(x1);88(x1);91(x1)
날짜/시간	2019.11.07 오전 10:48:11	파일 이름	P-1.ymk

마카 정보				마카 길이	3.88 yds
마카 폭	56.00 inch	프로젝트수	1	전체 패턴수	48
제품 수	3	마카 효율	83.64%		
배치된 패턴 수	48				

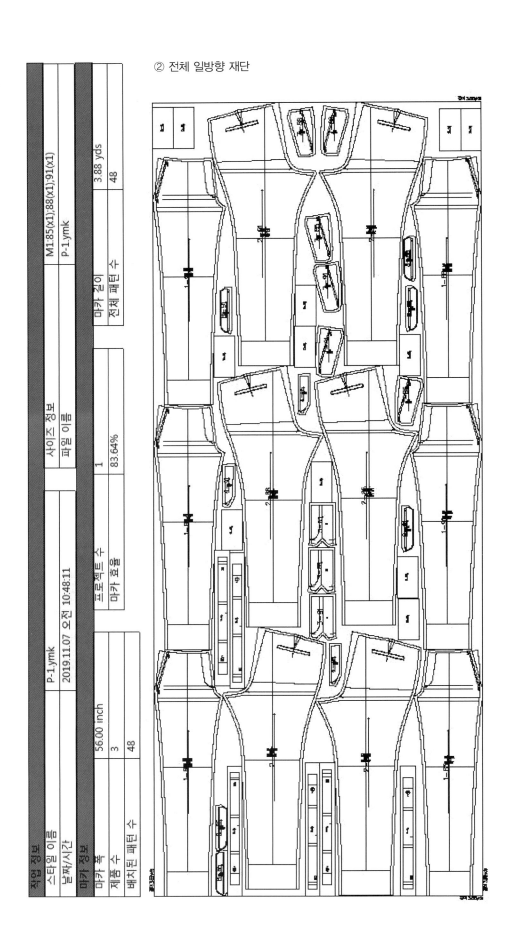

③ 체크 배열 재단

작업 정보

스타일 이름	P-1.ymk
날짜/시간	2019.11.07 오전 11:01:02

마카 정보

마카 폭	56.00 inch
제품 수	3
배치된 패턴 수	32

프로젝트 수	1
마카 효율	79.80%

사이즈 정보

파일 이름	P-1.ymk	M1:85(x1),88(x1),91(x1)

마카 길이	2.68 yds
전체 패턴 수	48

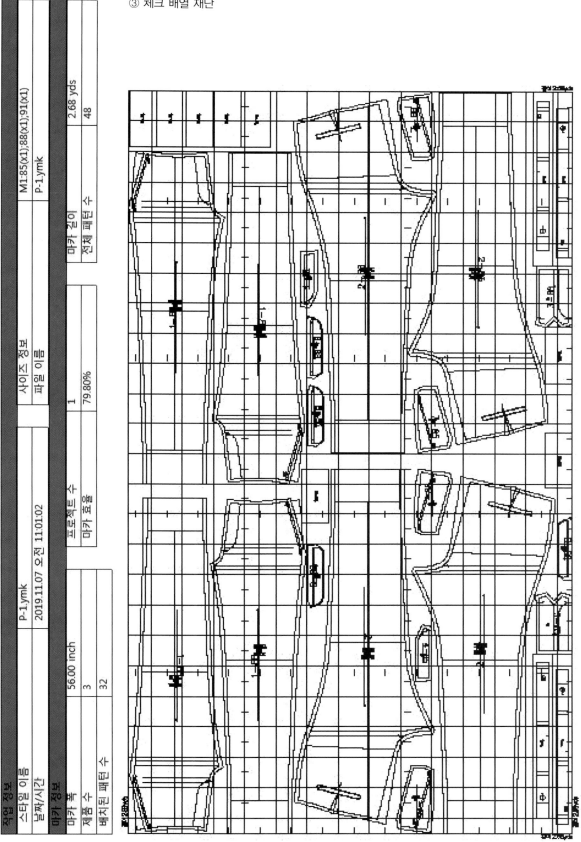

5 SHIRTS PATTERN

1 | 셔츠 제품 치수 재는 법

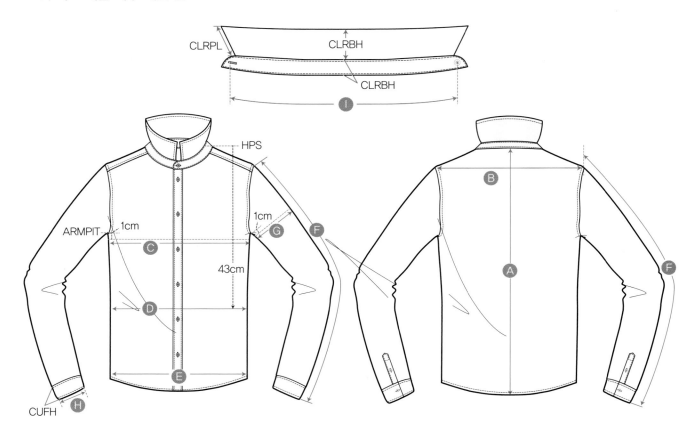

구분	부위	측정 방법
A	총기장	뒤목 중심에서 밑단 끝까지 측정
B	어깨넓이	어깨점에서 어깨점까지 측정
C	가슴둘레	암홀에서 1cm 내려온 위치 수평으로 둘레측정
D	허리둘레	옆목점에서 43cm 내려온 위치 수평으로 둘레측정
E	밑단둘레	밑단 둘레 측정
F	소매기장	어깨점에서 소매단 끝까지 측정
G	소매통	암홀에서 1cm 내려온 위치 수평으로 둘레 측정
H	소매부리	소매단 끝 둘레 측정
I	목둘레	단추구멍 끝에서 0.3cm 지점에서 단추 중심까지의 직선 길이

+ 제품 사이즈 점검 시 주의할 점
제품의 가로, 세로 원단결 놓임을 수평과 수직을 맞춰 평평하게 놓아야 한다. 품치수를 측정할 때는 등주름을 펼쳐서 측정해야 한다. (이때 원단의 두께를 감안하여 내경을 재야 하므로 1mm~2mm 정도 안에서 측정하도록 한다.)
목둘레 치수는 칼라를 펼쳐 놓고 재는 방식과 반을 접어서 재는 방식이 있다.

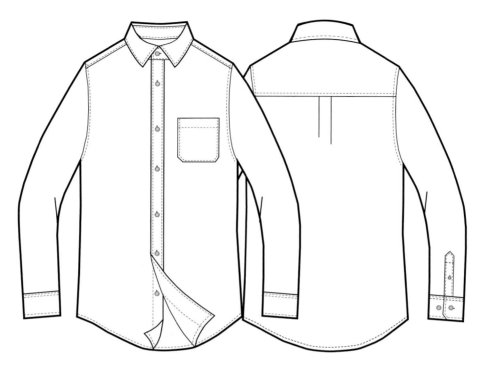

■ 셔츠 패턴 제도를 위한 적용치수

부위		드레스 셔츠	캐주얼 셔츠	슬림 셔츠
신장		175cm(기준)		
등길이		76cm	75cm	73cm
허리위치		43cm	43cm	42cm
진동깊이		가슴둘레 25% + 2cm(26cm)	26cm	25.5cm
가슴둘레	신체치수	96cm	96cm	96cm
	제품치수	108cm(제품치수 96cm + 12cm 주름분 6cm 미포함)	108cm	108cm
어깨		47cm	47cm	46cm
소매길이		62cm	62cm	62cm
소매부리		23cm(완성 단추 잠근 상태)	23cm(완성 단추 잠근 상태)	23cm(완성 단추 잠근 상태)
목둘레		42cm	42cm	42cm
AH		앞뒤판 암홀둘레 check		

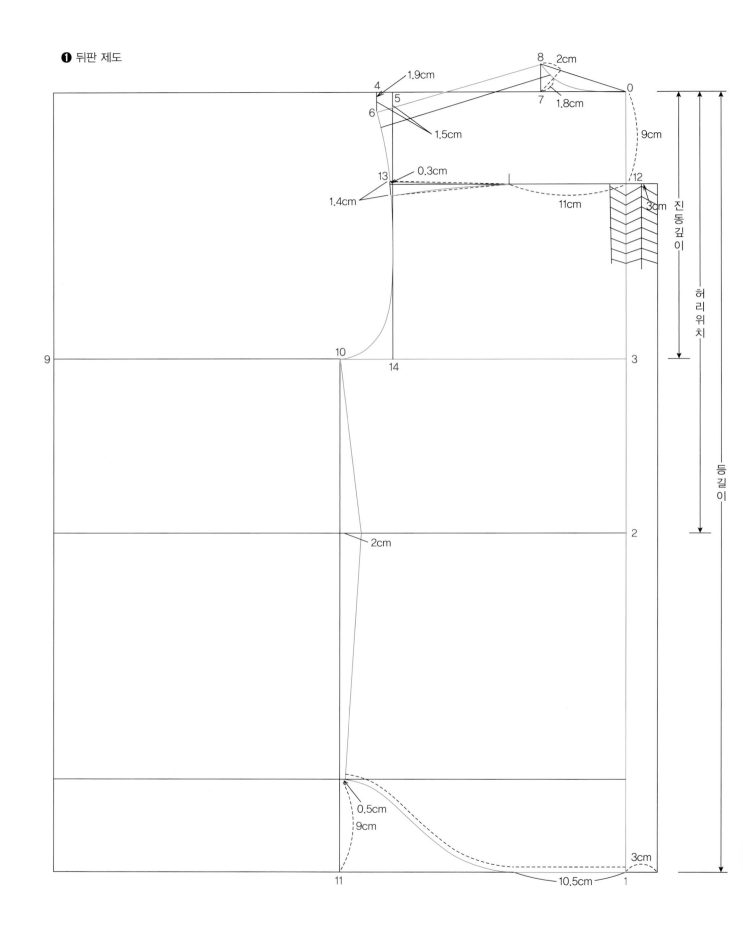

[뒤판]

0	시작점
1〜0	등길이
2〜0	허리위치 43cm(트렌드선)
3〜0	진동깊이 신체가슴둘레 25% + 2cm (26cm)
4〜0	어깨너비 1 / 2
5〜4	1.5cm 어깨너비 1 / 2의 6.5%
6〜4	어깨너비 1 / 2의 8% (1.9cm)
7〜0	신체치수 가슴 전체 둘레의 8.4% (8cm)
8〜7	0〜7간 1 / 3 (2.7cm)
9〜3	가슴둘레 제품치수 1 / 2 (제품치수 = 신체치수 + 12cm)
10〜3	가슴둘레 제품치수 1 / 4
11〜10	10직하 1번 교점
12〜0	9cm(등요크선)
13	암홀곡선 12번 교점
14	5번 직하 3번 교점

❷ 앞판 제도

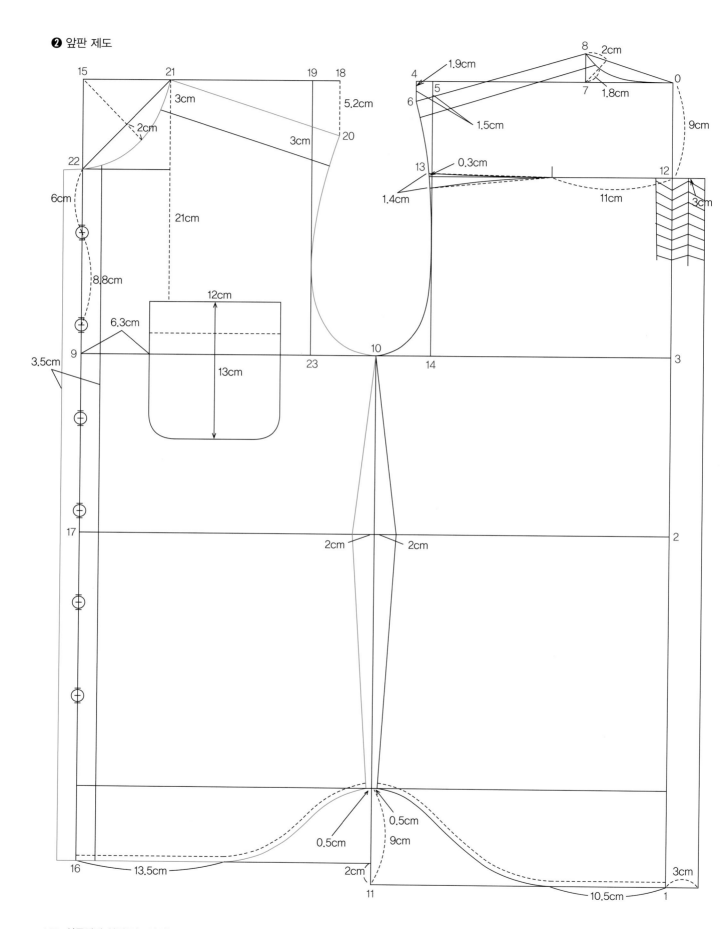

[앞판]

15～9	진동깊이(뒤판과 동일)
16～9	뒤판 11～10간 − 2cm(옆솔기길이)
17～9	뒤판 2～3과 동일
18～15	어깨너비의 1 / 2
19～15	뒤판 5～0 − 1cm (뒤품치수 − 1cm)
20～18	전체 어깨너비의 11.3% (5.2cm)
21～15	뒤판 7～0과 동일치수
22～15	21～15 길이 + 0.5cm(옆목너비 + 0.5cm) 목깊이
23～19	19의 직하 9번 횡선 교점

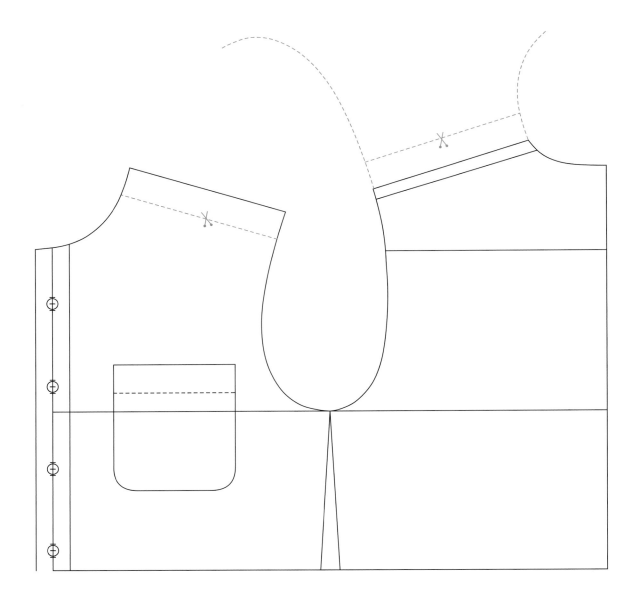

❹ 소매제도

① 드레스 셔츠용

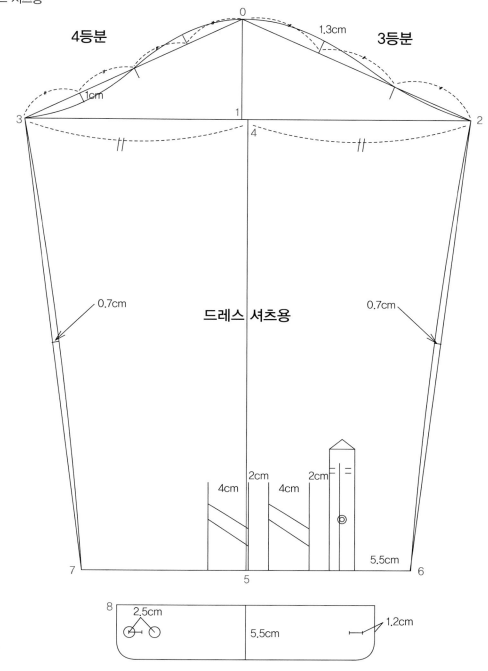

4등분   1.3cm   3등분

1cm

0.7cm   드레스 셔츠용   0.7cm

2cm   2cm

4cm   4cm

5.5cm

2.5cm   5.5cm   1.2cm

[소매]

0   시작점

1〜0   몸판 A, H 전체 둘레의 35% − 7cm
              (캐주얼 − 6cm, 슬림 − 5.4cm)

2〜0   뒤판 암홀곡선 6〜10 (곡선길이 − 0.3cm)

3〜0   앞판 암홀곡선 20〜10 (곡선길이 − 0.3cm)

4〜   2〜3 1/2 (소매중앙)

5〜0   소매길이 − 5.5cm(커프스폭)

6〜5   소매단폭 + 4cm − 0.5cm
              (주름분량 − 견보루분량 2cm, 주름1개 = 4cm)

7〜5   소매단폭 + 4cm − 0.5cm
              (주름분량 − 견보루분량 2cm, 주름1개 = 4cm)

8〜   소매단폭 + 2.5cm(단추겹침분량)

② 캐주얼 셔츠용

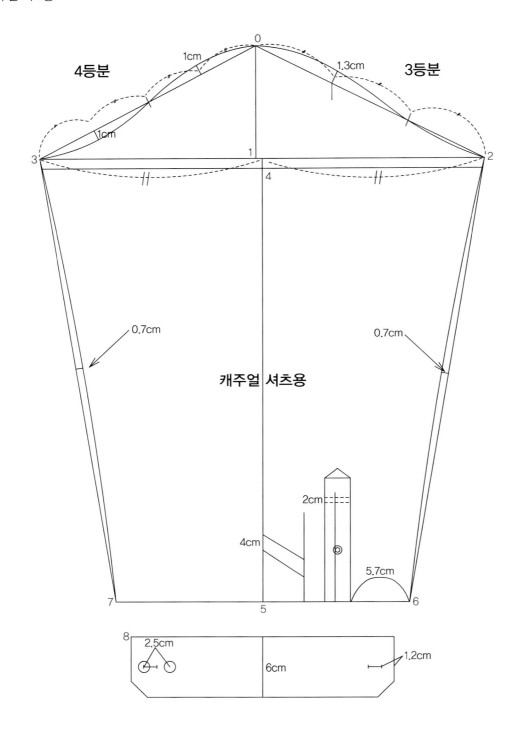

4등분

3등분

1cm

1.3cm

1cm

0

1

3

4

2

0.7cm

0.7cm

캐주얼 셔츠용

2cm

4cm

5.7cm

7

5

6

8

2.5cm

6cm

1.2cm

❺ 셔츠 칼라제도

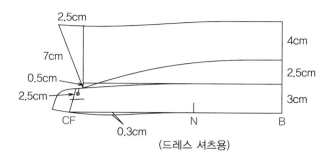

2.5cm
7cm
4cm
2.5cm
0.5cm
2.5cm
3cm
CF
0.3cm
N
B

(드레스 셔츠용)

[칼라]
N～B　뒤판 0～8 (곡선길이)
CF～N 앞판 21～22 (곡선길이)

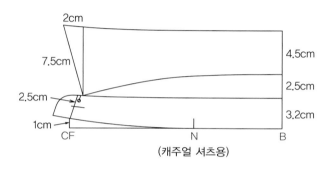

2cm
7.5cm
4.5cm
2.5cm
2.5cm
1cm
3.2cm
CF
N
B

(캐주얼 셔츠용)

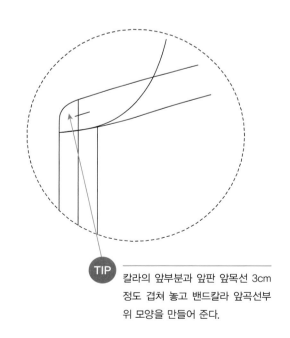

TIP 칼라의 앞부분과 앞판 앞목선 3cm
정도 겹쳐 놓고 밴드칼라 앞곡선부
위 모양을 만들어 준다.

〈변형 1〉 슬림셔츠 몸판제도

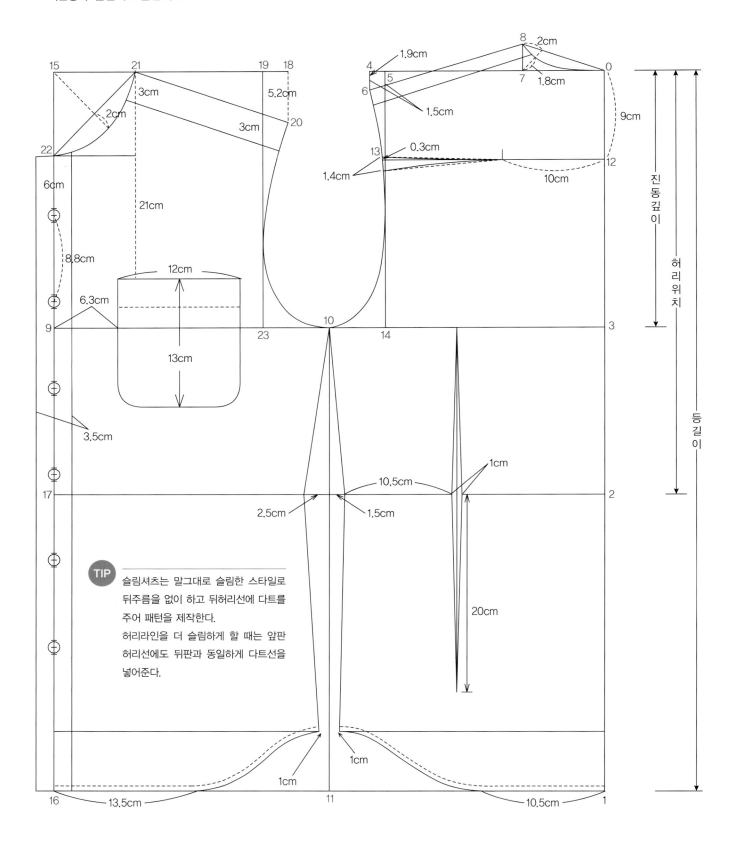

TIP 슬림셔츠는 말그대로 슬림한 스타일로
뒤주름을 없이 하고 뒤허리선에 다트를
주어 패턴을 제작한다.
허리라인을 더 슬림하게 할 때는 앞판
허리선에도 뒤판과 동일하게 다트선을
넣어준다.

〈변형 2〉 슬림셔츠 소매제도

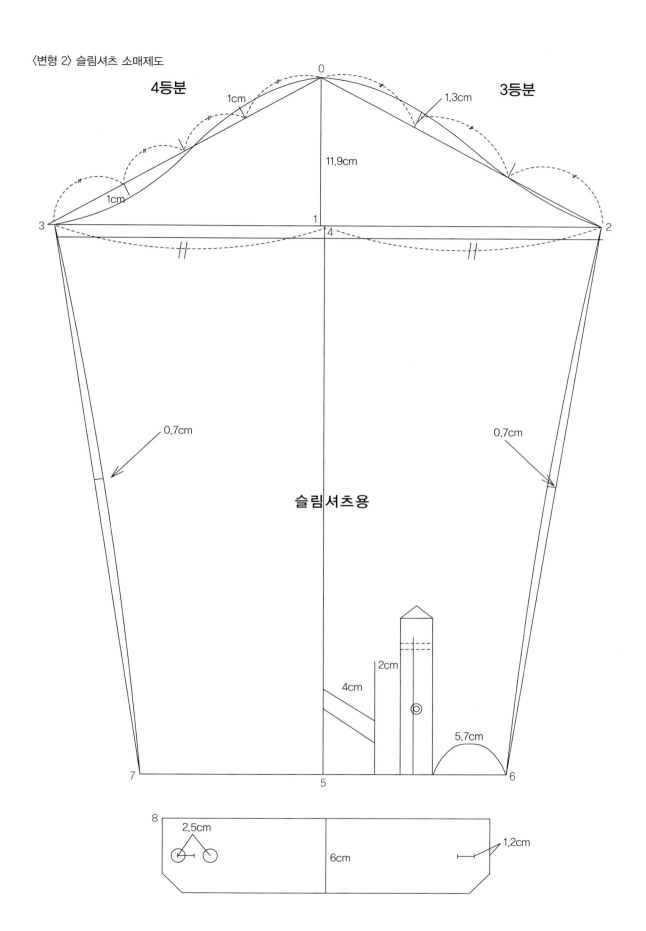

〈변형 3〉 뒤판 주름 변형(양쪽 플리츠)

* 뒤판 중앙 플리츠 분량만큼 암홀선에서 8cm 지점에 잡아준다.

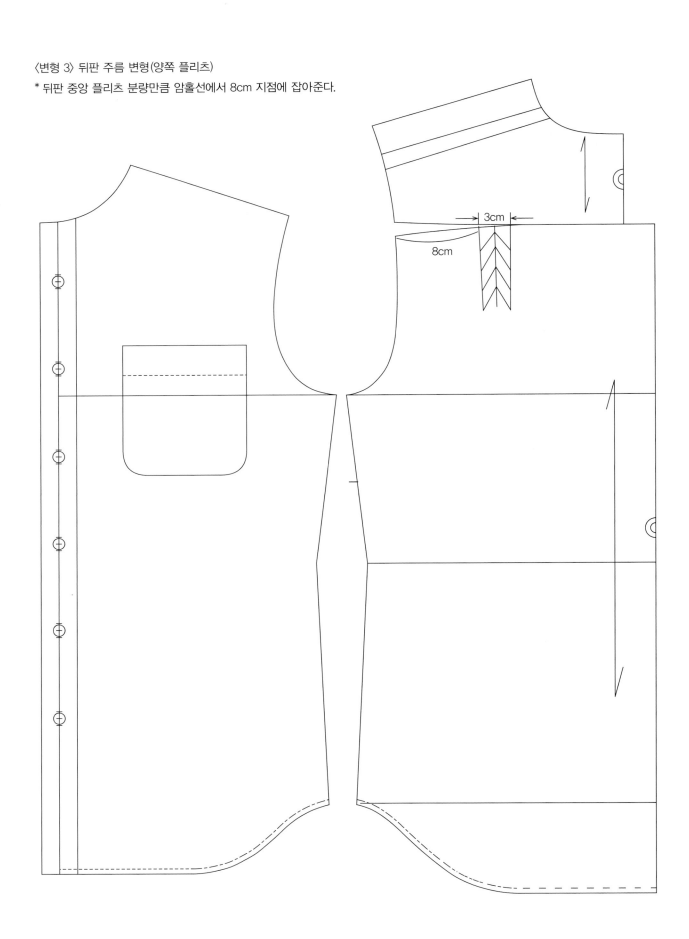

3cm

8cm

〈변형 4〉 밑단 일자 변형
* 등길이 73cm에 맞춰 수평으로 수정한다.

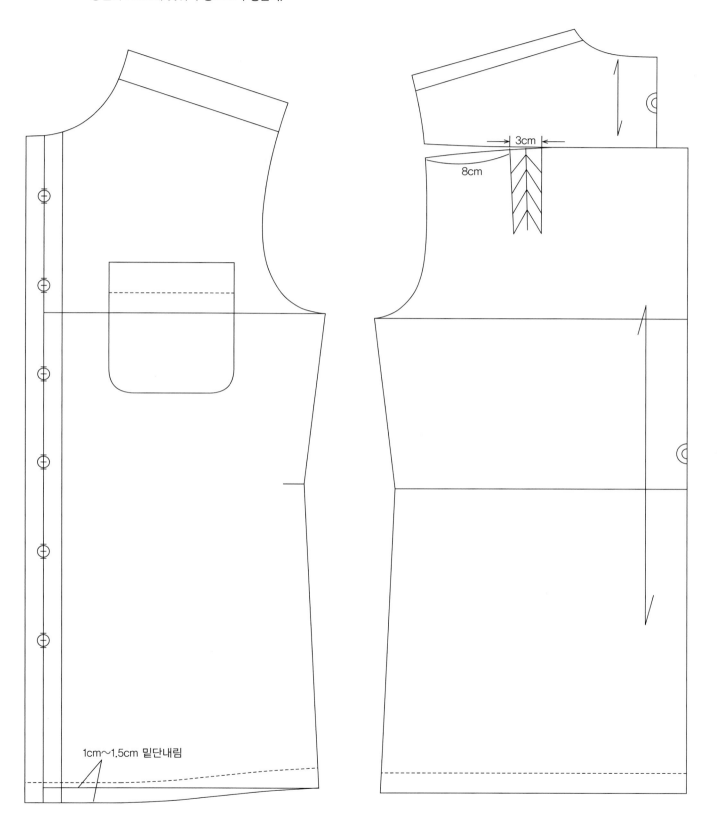

3cm

8cm

1cm～1.5cm 밑단내림

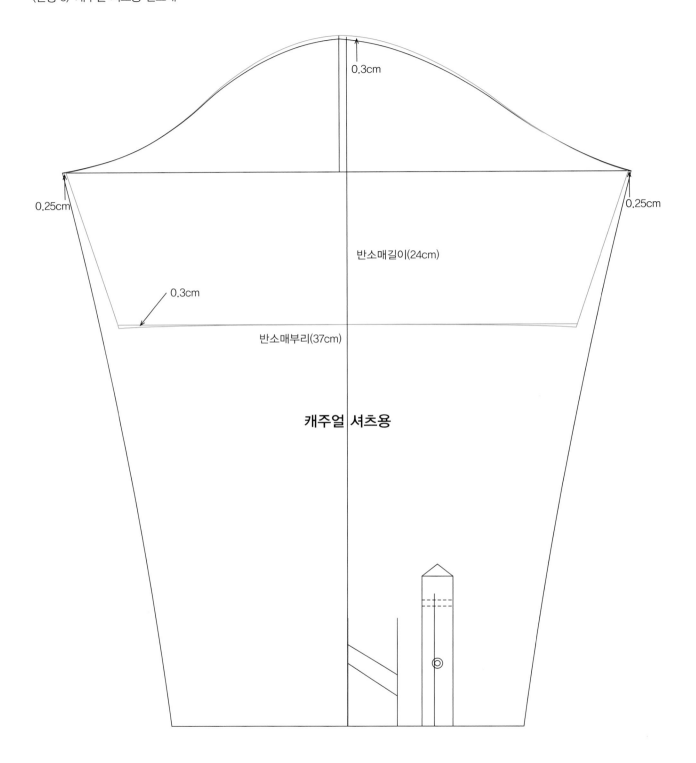

0.3cm

0.25cm

0.25cm

반소매길이(24cm)

0.3cm

반소매부리(37cm)

캐주얼 셔츠용

〈변형 6〉 오픈칼라형(밑단 일자 패턴에서 변형)

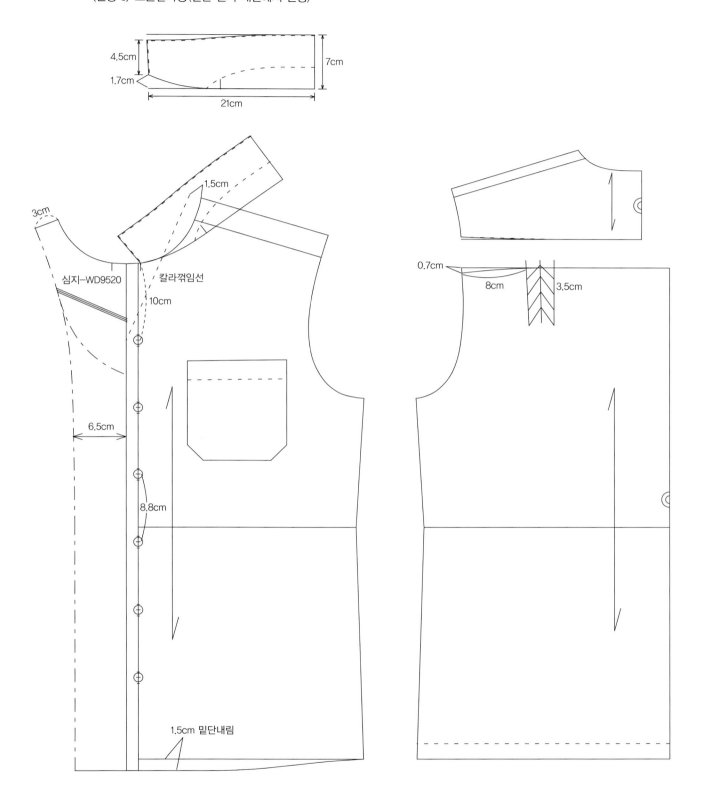

4.5cm

1.7cm

7cm

21cm

1.5cm

3cm

심지-WD9520

칼라꺾임선

10cm

6.5cm

8.8cm

1.5cm 밑단내림

0.7cm

8cm

3.5cm

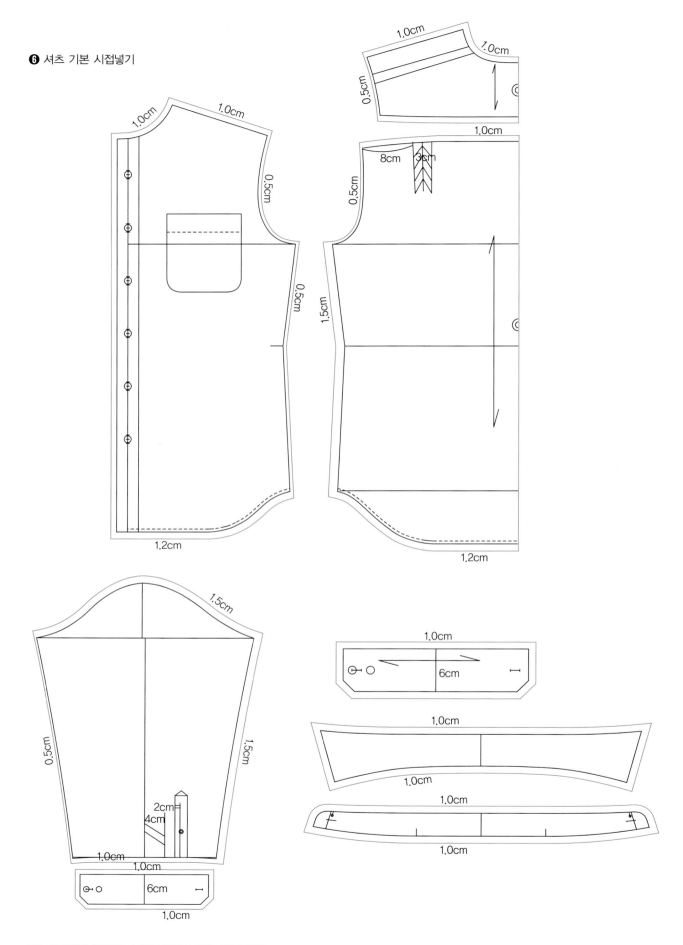

❼ 셔츠 재단 배열 방법

① pcs별 일방향 재단

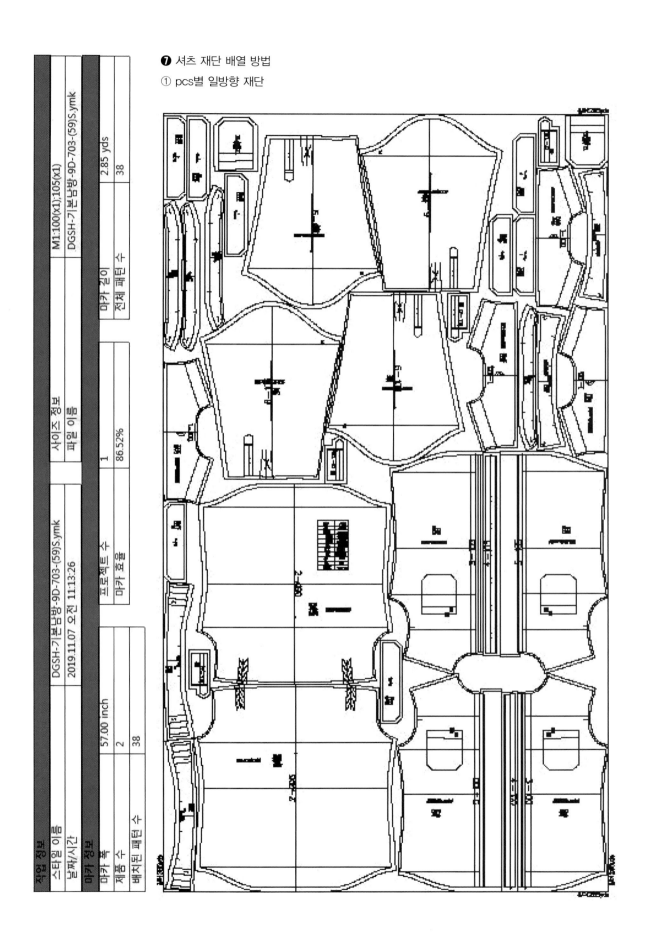

② 전체 일방향 재단

작업 정보

| 스타일 이름 | DGSH-기본남방-9D-703-(59)S.ymk | 사이즈 정보 | M1:100(x1),105(x1) |
| 날짜/시간 | 2019.11.07 오전 11:19:05 | 파일 이름 | DGSH-기본남방-9D-703-(59)S.ymk |

마카 정보

마카 폭	57.00 inch	표로젝트수	1	마카 길이	2.89 yds
제품 수	2	마카 효율	85.18%	전체 패턴 수	38
배치된 패턴 수	38				

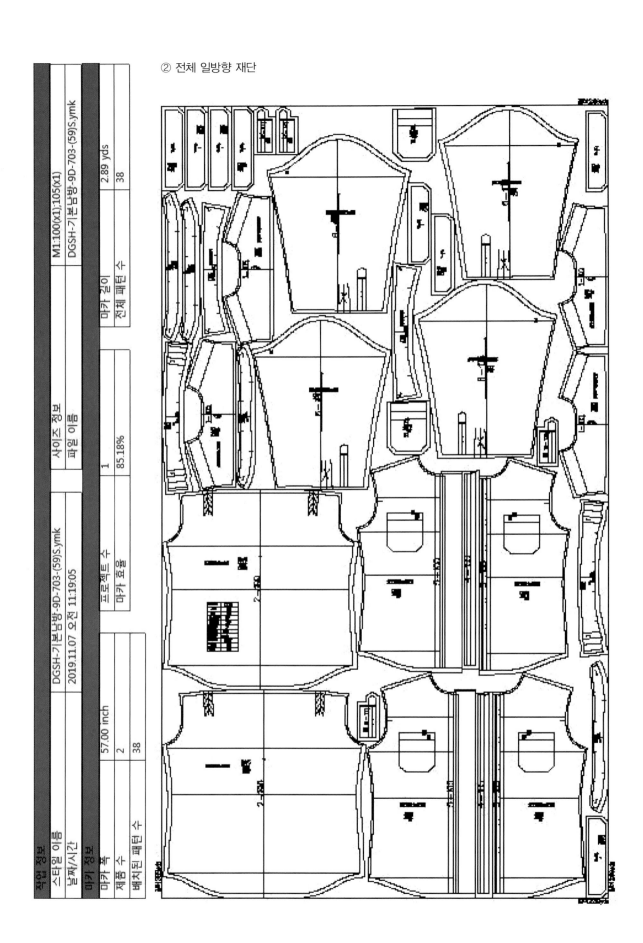

③ 체크 배열 재단

작업 정보			
스타일 이름	DGSH-기본남방-9D-703-(59)S.ymk	사이즈 정보	M1:100(x1),105(x1)
날짜/시간	2019.11.07 오전 11:28:41	파일 이름	DGSH-기본남방-9D-703-(59)S.ymk
마카 정보			
마카 폭	59.00 inch	표로젝트 수	1	마카 길이	3.40 yds
제품 수	2	마카 효율	69.96%	전체 패턴 수	38
배치된 패턴 수	38			

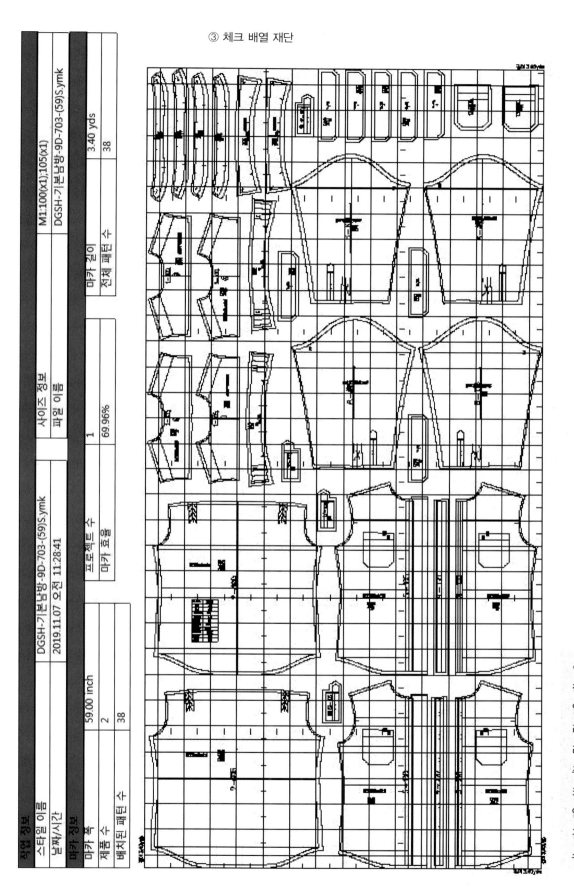

✚ 셔츠 체크무늬 매칭 기준

앞중심 상하좌우, 칼라좌우, 소매좌우, 칼라위아래, 칼라아시, 주머니, 커프스좌우, 커프스안팍, 등요크 안팍, 칼라뒤중심, 견보루, 몸판옆솔기, 소매안솔기

6 T-SHIRTS PATTERN

티셔츠 패턴은 체형을 감안한 패턴보다 기본에 의해 정리된 패턴으로 접근하도록 한다.

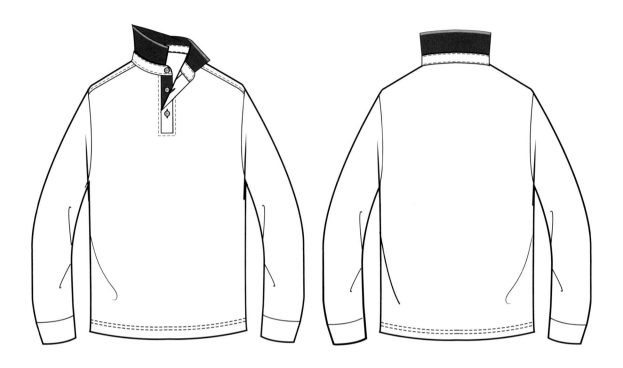

■ **제품 치수**

(기준: 100호)

부위	제품치수	부위	제품치수
옷길이	69cm	소매부리	9.5 × 5.5cm
어깨너비	44cm	목둘레	42.5cm
가슴둘레	106cm	앞칼라길이	6cm
밑단둘레	105cm	뒤칼라길이	4.7 × 3cm
허리둘레	103cm	앞품	38cm
암홀	22cm	뒤품	43cm
소매길이	61.5cm	반소매통	20cm
소매통	19cm	반소매길이	23cm
B / SL	13.5cm		

❶ 티셔츠 몸판 제도

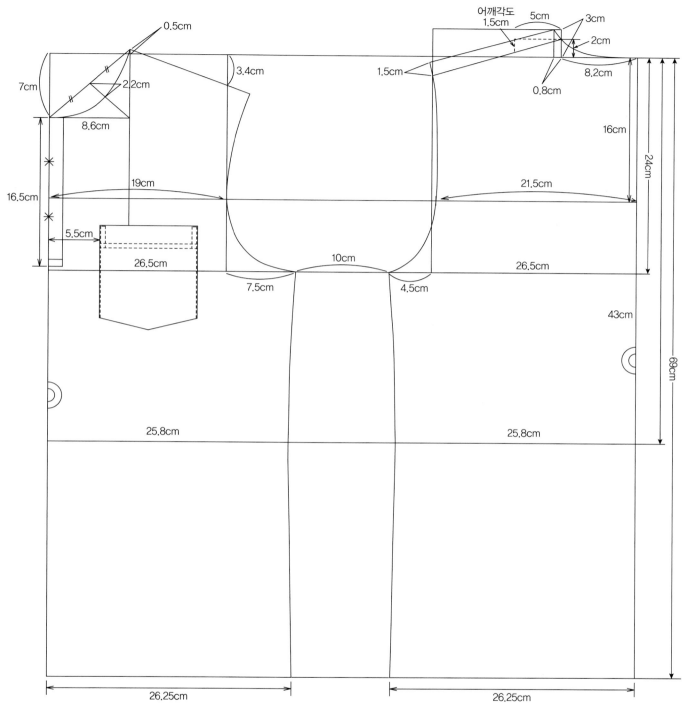

1. 진동위치: 24cm (체형에 따라 가감)

2. 허리위치: 43cm (트렌드별·브랜드별 다름)

3. 등길이: 69cm (트렌드별·브랜드별 다름)

4. 가슴둘레: B / 4 (앞판, 뒤판 1/2 동일 배분)

5. 허리둘레: W / 4 (앞판, 뒤판 1/2 동일 배분)

6. 밑단둘레: 가슴둘레와 동일

7. 등품 43cm − 5cm = 앞품

   (체형에 따라 앞뒤품 편차를 4~6cm 정도 차이를 줌)

8. 뒤목너비 − 0.4cm = 앞목너비

   (체형에 따라 앞뒤목너비 편차를 0~0.5cm 정도 차이를 줌)

❷ 티셔츠 소매 제도(긴팔)

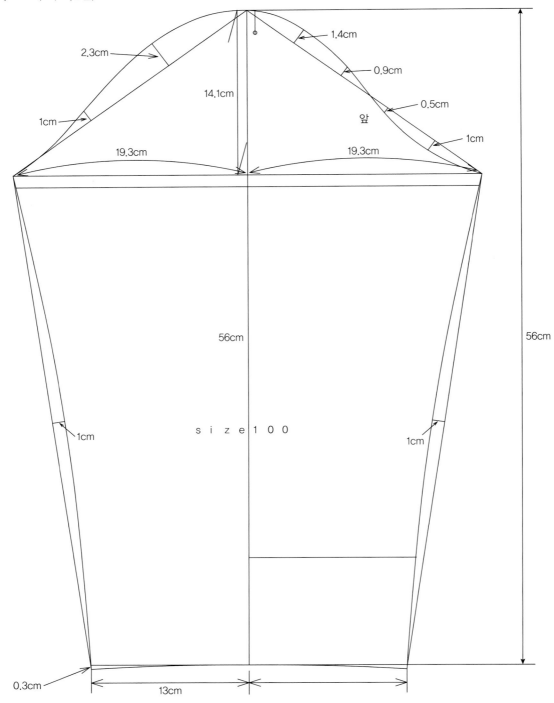

2.3cm

1.4cm

0.9cm

14.1cm

0.5cm

앞

1cm

1cm

19.3cm

19.3cm

56cm

56cm

size100

1cm

1cm

0.3cm

13cm

1. 몸판 암홀둘레 ÷ 2 − 0.8cm (소매 진동 깊이)

2. 소매길이 − 소매단 높이 = (소매길이)

* 소매단 높이는 디자인 수치임 (보통 5〜6cm 정도)

3. 소매단 둘레 / 시보리 폭 9.5 × 2 = 19cm (소매단)

　　　　　 / 19cm + 7cm = 26cm (소매부리)

* 소재에 따라 이즈 분량 조절 필요

4. 벨슬리브 둘레 / 26cm〜28cm

　(소매단 끝에서 15cm 위 기준)

5. 소매암홀 이즈 분량은 몸판 암홀둘레보다 약 0〜1cm
　 정도 적게 한다(소재에 따라 차이남).

6. 소매진동 깊이는 몸판진동 깊이 보다 약 10〜11cm 정도
　 적게 한다(브랜드별 · 활동량에 따라 다름).

❸ 티셔츠 소매 제도(반팔)
① 소매단 요꼬 스타일

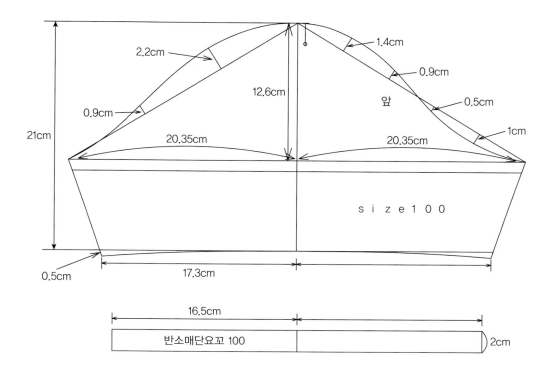

2.2cm

1.4cm

0.9cm

12.6cm

0.9cm

0.5cm

앞

21cm

20.35cm

20.35cm

1cm

s i z e 1 0 0

0.5cm

17.3cm

16.5cm

반소매단요꼬 100

2cm

② 소매단 삼봉 스타일

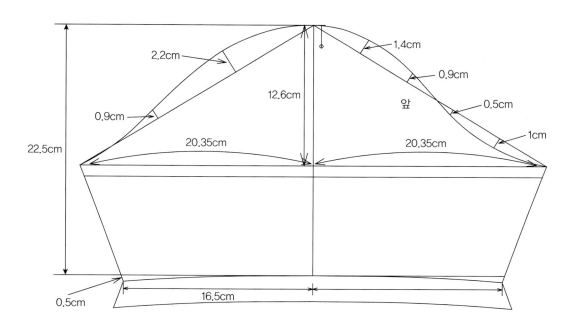

2.2cm

1.4cm

0.9cm

12.6cm

0.9cm

0.5cm

앞

22.5cm

20.35cm

20.35cm

1cm

0.5cm

16.5cm

❹ 칼라제도

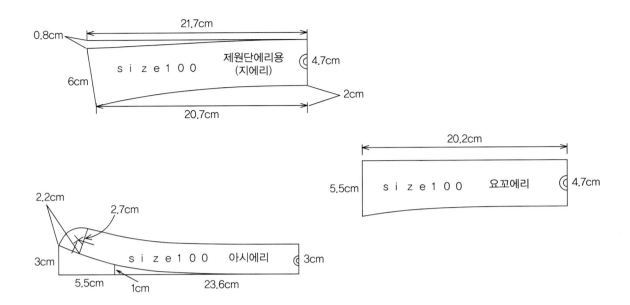

0.8cm

21.7cm

4.7cm

6cm

size100   제원단에리용
(지에리)

2cm

20.7cm

20.2cm

5.5cm   size100   요꼬에리   4.7cm

2.2cm

2.7cm

3cm

size100   아시에리   3cm

5.5cm   1cm   23.6cm

❺ 부속제도

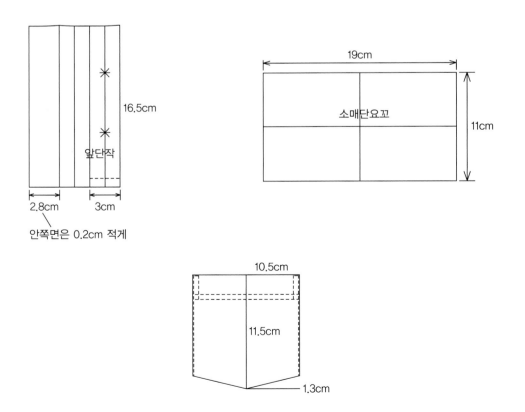

16.5cm

앞단작

2.8cm   3cm

안쪽면은 0.2cm 적게

19cm

소매단요꼬   11cm

10.5cm

11.5cm

1.3cm

❖ 체형별 패턴 보정 방법

1 | 상체의 체형별 패턴 보정 방법
❶ 굴신 체형의 상태(상체가 앞으로 굽은 체형)

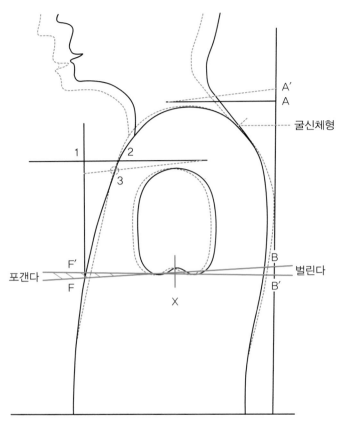

[현상]

① X를 중심으로 하여 뒷면의 B−B′에서 절개하여 벌려준다.

② 앞목 쇄골점 1−2가 1−3으로 짧아지고, 앞목 들어감의 양이 적어진다.

③ 뒷면에 A가 A′로 되어 뒤목 들어감의 양이 많아지고 B−A가 B−A′로 길어진다.

❷ 반신 체형의 상태(상체가 뒤로 젖혀진 체형)

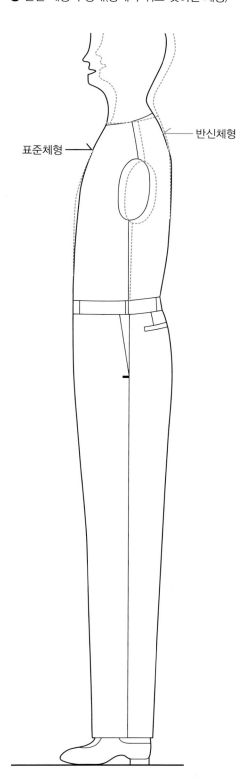

표준체형

반신체형

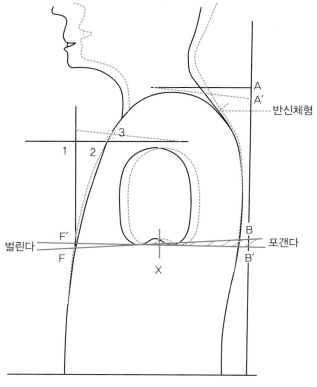

A
A′
반신체형

벌린다

F′
F

B
B′
포갠다

X

[현상]

① X를 중심으로 하여 앞면의 F−F′에서 절개하여 벌려준다.

② 앞목 쇄골점 1−2가 1−3으로 길어지고, 앞목 들어감의 양이 많아진다.

③ 뒷면에 A가 A′로 되어 뒤목 들어감의 양이 적어지고 B−A가 B−A′로 짧아진다.

❸ 솟은 어깨 체형 상태(상견 어깨)

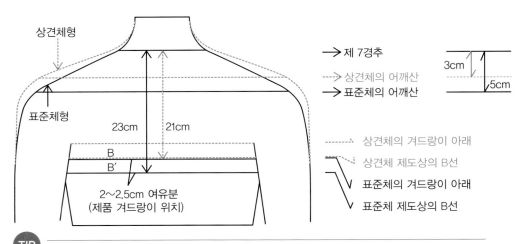

상견체형
표준체형
23cm
21cm
B
B′
2~2.5cm 여유분
(제품 겨드랑이 위치)

→ 제 7경추
┈┈▸ 상견체의 어깨산
→ 표준체의 어깨산

3cm
5cm

┈┈┈ 상견체의 겨드랑이 아래
┈┈┈ 상견체 제도상의 B선
──── 표준체의 겨드랑이 아래
──── 표준체 제도상의 B선

TIP 솟은 어깨는 앞진동과 뒷진동의 길이가 짧다. 따라서, 진동 깊이가 표준 체형의 진동 깊이 보다 얕아진다.

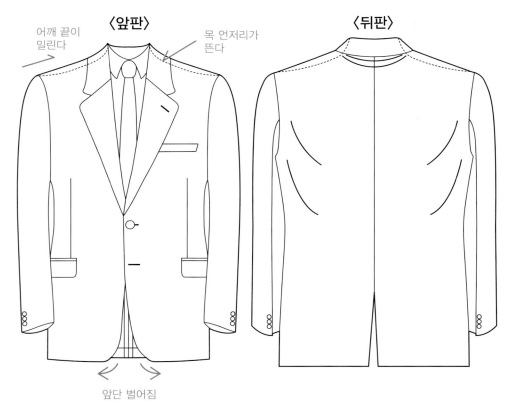

〈앞판〉 〈뒤판〉

어깨 끝이
밀린다

목 언저리가
뜬다

앞단 벌어짐

[현상]

① 어깨 끝이 밀려서 목 언저리가 뜬다.

② 어깨 끝에 걸려서 여밈이 벌어지고 자연스럽지 못하다.

③ 등판의 목 이음선에 주름이 생긴다.

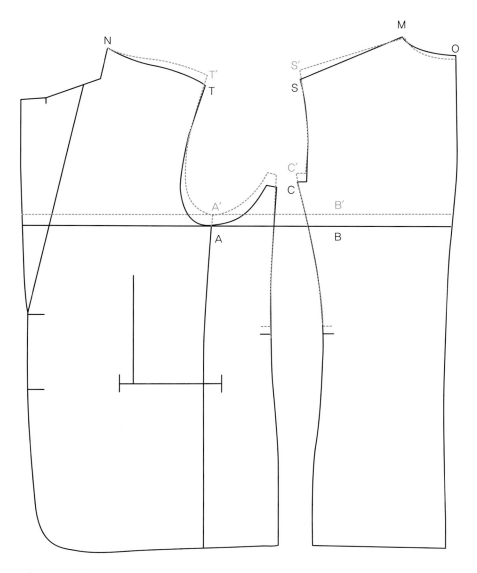

[패턴 보정]

① 어깨가 솟은 분량만큼 앞판과 뒤판으로 나누어 어깨선을 올려주고 진동 위치도 올려
   준다.

② 뒤목 고임량은 파준다.

*진동 수정

B−B′ / A−A′ = 보정량

S−S′ / T−T′ / C−C′ = B−B′와 동일 치수

❹ 처진 어깨 체형 상태(하견 어깨)

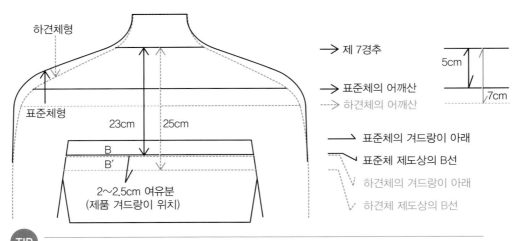

하견체형
표준체형
23cm   25cm
B
B′
2~2.5cm 여유분
(제품 겨드랑이 위치)

→ 제 7경추
→ 표준체의 어깨산
--→ 하견체의 어깨산
5cm
7cm

→ 표준체의 겨드랑이 아래
↘ 표준체 제도상의 B선
↘ 하견체의 겨드랑이 아래
↘ 하견체 제도상의 B선

TIP 처진 어깨는 앞진동과 뒷진동의 길이가 길다. 따라서, 진동 깊이가 표준 체형의 진동 깊이 보다 깊어진다.

〈앞판〉   〈뒤판〉

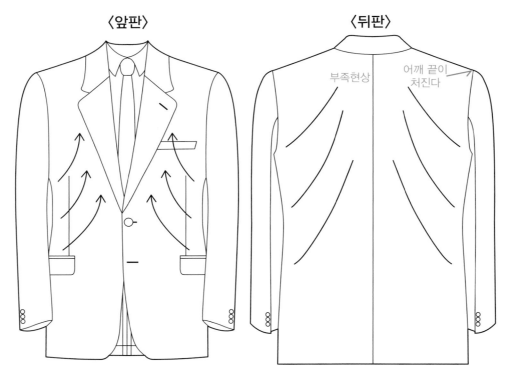

부족현상   어깨 끝이 처진다

[현상]

① 목 언저리가 밀려서 어깨 끝이 뜬다.

② 앞이 치켜 올라가 양쪽 어깨에서 겨드랑이에 걸쳐 주름이 생긴다. (팔자 모양의 사선 주름)

③ 등판에 팔자 모양의 주름이 생긴다.

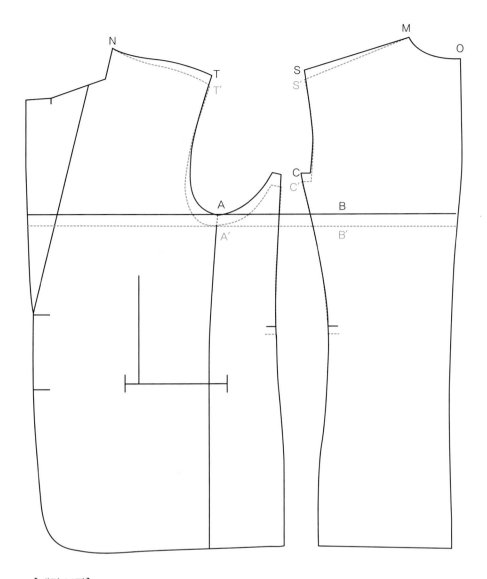

[패턴 보정]

어깨에 남는 여유만큼 앞판과 뒤판으로 나누어 어깨선을 수정하고 진동을 파준다.

*진동 수정

B−B′ / A−A′ = 보정량

S−S′ / T−T′ / C−C′ = B−B′와 동일 치수

2 | 하체의 체형별 패턴 보정 방법
❶ 엉덩이가 나온 체형

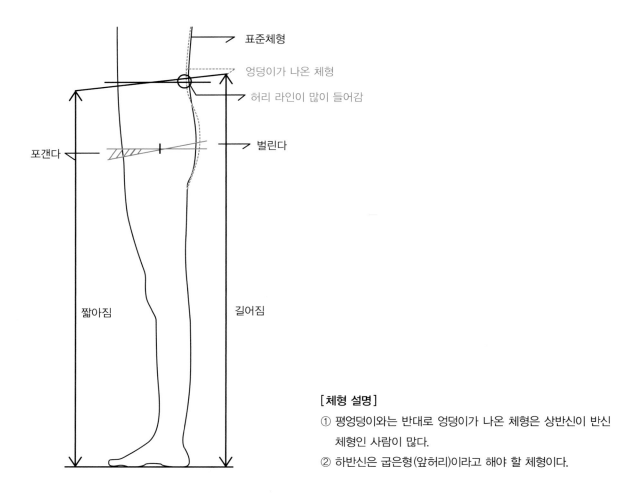

표준체형

엉덩이가 나온 체형

허리 라인이 많이 들어감

벌린다

포갠다

짧아짐

길어짐

[체형 설명]
① 평엉덩이와는 반대로 엉덩이가 나온 체형은 상반신이 반신 체형인 사람이 많다.
② 하반신은 굽은형(앞허리)이라고 해야 할 체형이다.

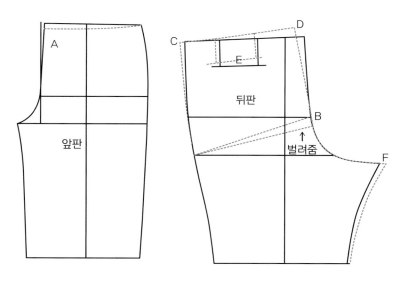

A

앞판

D

C

E

뒤판

B

벌려줌

F

[패턴 보정]
① 엉덩이가 나온 체형은 앞을 내려 입는다.
② 앞판은 A포인트처럼 줄여주거나, 앞 길이를 접어서 줄여주는 경우도 있다.
③ 뒤판은 B포인트처럼 벌려주어 D 포인트를 기준으로 자연스럽게 라인을 그린다.
④ F포인트는 체형에 따라 키워준다.

❷ 엉덩이에 살이 없는 체형

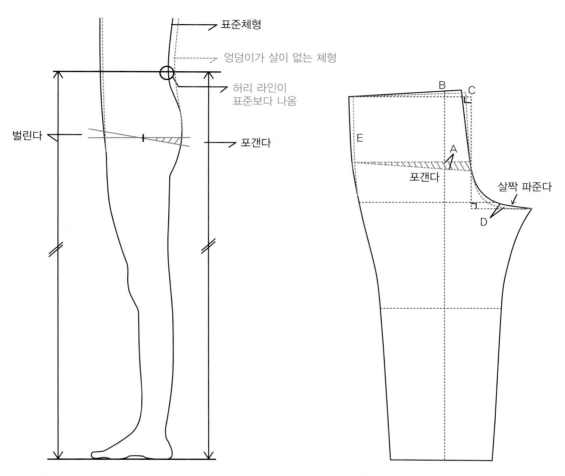

표준체형

엉덩이가 살이 없는 체형

허리 라인이
표준보다 나옴

벌린다

포갠다

B

C

E

A

포갠다

살짝 파준다

D

[체형 설명]

① 나온 엉덩이와는 반대로 평엉덩이라고 하는 체형은
   상반신이 굴신체형인 사람이 많다.

② 하반신은 반신형(뒤허리)이라고 해야 할 체형이다.

[패턴 보정]

① A포인트처럼 남는 여유만큼 접어준다.

② B, C포인트처럼 선이 이동된다.

③ E포인트처럼 자연스럽게 선을 그려준다.

④ D포인트처럼 엉덩이 선이 라운드지도록 자연스럽게
   파준다.

3 테크니컬 디자인

TECHNICAL DESIGN

1 테크니컬 디자이너의 역할

세계화된 다국적 무역 환경 하에서는 디자인과 생산, 품질의 관리 등 전체 프로세스를 아우르는 통합된 생산 기술 매니지먼트가 중요해지고 있다. 이러한 생산, 소비 환경의 경향과 맥을 같이 하는 직업으로 테크니컬 디자이너(Technical Designer)는 의복의 품질을 좌우하는 감성적·기술적 전문성을 갖고 의복 제품의 기획에서부터 생산단계의 전면에서 의복의 기술적인 부분을 담당하는 패션 스페셜리스트로서 그 수요가 증가하고 있는 추세이다. 테크니컬 디자이너는 디자이너들의 창의적인 아이디어와 감각적인 의도를 이해하고 이를 형상화 하기 위해 인체에 적용하여 적절한 봉제 방법과 스펙을 찾아내고 구체화시켜 실질적인 제품이 만들어 질 수 있도록 생산 기준을 잡아 주는 역할을 한다. 이들은 작업지시서를 만들고 이에 따른 패턴의 제작과 수정, 의복의 맞음새와 의복 생산 공정에 관련된 일련의 과정을 총괄하는 사람으로서, 핏 테크니션(fit technician)이라고도 한다. 실제적으로 의복 생산 과정과 품질 관리에 있어 매우 중요한 역할을 담당하고 있으며 제품의 완성도를 높이고

테크니컬 디자이너의 역할과 책임

1. 브랜드에 요구되는 핏(Fit)의 개발 및 유지
2. 핏(Fit) & PP(Pre-Production) 샘플 승인(Sample approval) 관리
3. 스타일과 원단에 맞는 사양(construction) 제시 및 결정
4. 제조지시서(Technical package) 업데이트
5. 스펙(Spec) 확정 및 그레이딩(Grading) 관련
6. 벤더 컨트롤(Vendor control) 및 핏(Fit) 스케줄 관리

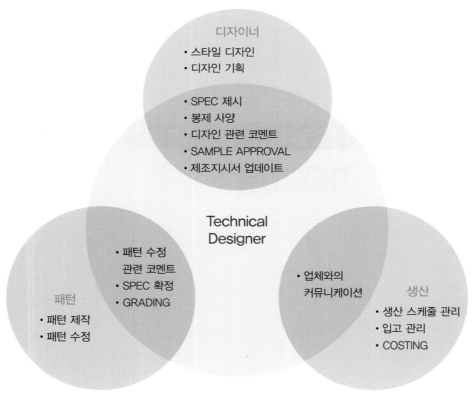

그림 3-1 테크니컬 디자이너의 역할

매출 성과에 기여도가 높은 중요한 직군이다. 더불어 국내 내수 브랜드에서도 이들의 역할에 관심이 높아지고 있으며 삼성물산이나 LF.Corp와 같은 대기업을 중심으로 테크니컬 디자인 팀을 구성하여 운영하는 곳도 점차 생겨나고 있는 양상이다. 그러나 국내의 시장 구조와 각 회사 조직의 차이에 의해 해외 브랜드의 운영 방식을 그대로 따를 수는 없으며 따라서 각 브랜드마다 조직의 특성에 맞는 다양한 시도를 통해 테크니컬 디자이너의 업무는 각기 다른 형태로 진화하고 적응되어 가는 과정에 있다. 공통적인 테크니컬 디자이너의 주요 역할로는 샘플 개발 과정 시 상태 평가 관련 업무를 통해 봉제, 핏, 패턴을 체크하고 수정 사항을 제안하는 것과 샘플 생산부터 생산 과정까지 전체를 총괄하여 기술적인 부분의 보완을 제시하는 것 그리고 명확한 작업지시서의 작성을 통해 바이어, 협력 업체와의 원활한 커뮤니케이션을 담당하는 역할이 있다. 이러한 역할을 통해 테크니컬 디자이너는 대량의 의류 상품이 계획된 시간 내에 브랜드의 품질 기준에 맞춰 제공 될 수 있도록 유도하며 생산 일정이 점점 단축 되는 추세로 인해 이들의 역할은 더욱 중요해질 것이다.

2 테크니컬 디자이너의 주요 업무와 업무 진행 단계

테크니컬 디자이너의 가장 큰 업무는 제조지시서(Technical Package)를 관리하여 생산 일정에 차질이 없도록 진행하는 일이다. 에이전트나 벤더의 테크니컬 디자이너는 바이어에게 Tech Pack을 받아 샘플을 진행하고 더 나은 봉제 방법과 스펙 치수를 제안하여 제품의 생산성, 마진을 높이는 데 기여한다. 바이어 의류 업체에 속한 테크니컬 디자이너는 상품 개발 시 작 단계부터 기획부와 기획수립안을 공유하고 지난 시즌 핏(Fit)에 대한 평가에 참여한다. 디자이너, 모델리스트와도 함께 새로운 핏 개발에 참여하며 샘플 제작을 위해 제조지시서를 작성하는 업무를 담당하고 있다.

테크니컬 디자이너의 또 다른 중요한 업무로는 협력 공장으로부터 제작된 단계별 샘플을 관리하고 수정을 지시하는 일이다. Development, Fit, PP(Pre-Production), TOP(Top of Production)까지 모든 샘플을 리뷰하고 승인 여부를 결정한다. 브랜드의 핏과 품질 기준에 맞추고 수정을 지시하기 위해 샘플을 표준 바디 또는 피팅 모델에 입혀 여유분, 균형, 비례, 봉제 방법, 패턴 등을 점검하고 이슈를 해결하면서 의복의 품질을 같은 수준으로 유지할 수 있도록 한다. 이들은 미승인 샘플에 대한 사유를 분석하여 패턴, 원단, 봉제 등의 합리적인 수정 방안을 제시한다. 그리고 생산 진행 과정에서 발생 가능한 문제점을 미리 예견하여 초기에 조정하거나 문제에 대한 방안을 제시함으로써 생산 일정에 차질이 없도록 함과 더불어 제품의

생산 단계에 따른 테크니컬 디자이너의 주요 업무 내용

단계	PROTO 샘플 진행	FIT 샘플 진행	PP 샘플 진행	TOP 샘플 승인	입고 후
업무 내용	• 개발 샘플 제조 지시서 작성 • 패턴, 샘플 제작 의뢰 • 샘플 입고 후 개발 샘플 리뷰 • 품평 후 디자이너와 각 스타일 리뷰, 검토 후 수정 내용을 반영하여 메인 제조지시서 작성	• 개발 샘플 변경, 수정 사항 검토 후 Fit 샘플 진행 • Fit, Spec, Construction, Detail 등에 대해 주도적으로 QC 진행 및 승인 작업, 코멘트 전달 • 수정 과정 관리(샘플실 방문, 목업 테스트 요청) • 최종 승인된 Fit 샘플의 제품 치수, 그레이딩 검토 및 관리 • 원·부자재와 디테일 확정 • 생산용 제조지시서 작성	• 메인 생산에 사용되는 원·부자재로 만든 본 작업용 샘플인 PP(Pre-Production) 샘플 진행하여 생산 전 샘플 핏 관련 코멘트 전달 • 수정 과정 관리(공장 방문, 목업 테스트 요청) • 수정 사항 있을 시 제조지시서 업데이트하여 전달	• TOP(Top of Production)샘플 리뷰 • 최종 샘플 품질 확인하여 선적 승인 여부 결정 • 개선 가능한 부분에 대한 코멘트 전달	• 매장 방문하여 상품의 품질과 완성도를 점검하고 차기 시즌에 반영할 부분에 대한 계획 조사 수립

디자인 전문 지식	• 제조지시서 구성 요소에 대한 지식 • 도식화에 대한 지식 • 스타일별 디테일 형태 및 용어에 대한 지식
의류 설계 및 품질 관리	• 제품의 부위별 스펙과 측정 방법에 대한 이해 • 패션 기초 패턴 메이킹과 그레이딩에 대한 지식 • 의복의 실루엣, 패턴, 원·부자재의 특성에 대한 지식 • 핏 검토 및 리뷰 수행 기술과 핏 해석 능력 • 패턴 분석, 패턴 수정 능력 • 인체, 패턴, 원·부자재 특성, 봉제 방법, 디자인의 관계에 대한 이해 • 핏 승인 관련 사항을 결정하는 능력
의류 생산 관리	• 생산 프로세스, 생산라인에 관한 이해 • 샘플 프로세스 관리와 평가 능력 • 봉제 공정, 완성 공정, 포장 공정, 선적에 관한 지식 • 완제품 검사에 대한 지식
의사 소통 & 도구	• 효과적인 핏 코멘트 작성 방법에 대한 지식 • 작업지시서 작성을 위한 엑셀, 파워포인트, web PDM 사용 능력 • Cad, adobe illustrator, Photoshop 등 컴퓨터 프로그램과 관련된 기술의 활용 능력 • 스캐너, 디지털 카메라, 디지타이저 등 주변 기자재 사용 능력 • 패턴 cad 활용 능력 및 Gerber 사용 능력 • 적절한 마네킹과 sloper 사용 및 활용 능력 • 전문적인 영어 구사 및 작문 능력

품질을 향상 시키는 역할을 한다. 더불어 브랜드의 공통 작업 사양과 매뉴얼, 이상적인 핏에 대해 연구하고 바이어, 협력 업체와 공유하여 업무의 효율성을 높이는 데에 기여한다.

테크니컬 패키지 구성과 단계별 샘플을 최종적으로 수정·보완·확정하여 메인 생산의 완결성을 확보하는 업무를 수행하기 위해서는 의복의 구성에 대한 이해, 의류 생산에 대한 이해, 부위별 스펙, 패턴, 피팅, 그레이딩 및 마커, 봉제 방법, 패킹 방법 등 전반적인 생산 과정을 이해함을 전제로 하고 있다.

이에 테크니컬 디자이너는 디자이너의 고유 업무를 이해함과 아울러 생산의 기술적 부분을 정확히 인지하고 이를 시각적으로 표현해서 설명할 수 있는 능력이 요구된다. 제조지시서를 중심으로 모든 구성원과 효율적인 의사소통을 하기 위한 컴퓨터능력과 문서화능력이 필요하며, 능통한 영어구사능력을 비롯한 의사소통의 기술과 팀워크가 요구된다. 이외에도 원하는 의류 제품을 신속·정확하게 제작하기 위해 시간관리능력이 크게 요구되며 의복 측정 방법 및 의복의 기본적인 균형과 핏의 문제점을 인식하고 해결할 수 있는 능력도 반드시 갖추어야 할 조건이다. 의류 제품의 핏 향상을 위해 실루엣, 핏, 패턴, 스펙 등에 대한 전반적인 전문 지식 또한 요구된다. 피팅(Fitting) 시 문제 되는 부분을 해결할 수 있는 패턴과 봉제 사양 등에 해박한 지식과 능력을 바탕으로 작업성과 생산성을 고려하여 원가 절감에 기여할 수 있는 봉제 방법의 제안이나 품질 수준의 향상을 위한 제안을 할 수 있어야 한다. 따라서 테크니컬 디자이너는 디자이너의 감성, 의복 구성에 대한 기술력, 영어구사능력, 전체적인 프로세스 관리 등에 대해 장기간 교육과 경험을 통해 전문성을 쌓을 수 있는 직무라고 할 수 있다.

TD 업무 1. 〈MANUAL 관리〉

브랜드에서 시즌별 공통적으로 적용되는 사양과 핏(Fit)에 대한 매뉴얼 구축은 업무의 능률과 효율적인 업체 컨트롤에 반드시 필요한 사항이다.

· 아이템별 공통 봉제 주의사항 및 특이사항
· 아이템별 권장 작업사항
· 세탁 적용 기준
· Label & Trim의 종류와 부착 방법
· Packing & Shipping 방법
· 아이템별/핏별 기본 스펙 및 그레이딩 편차
· 완제품 검사 매뉴얼
· 안전관리규정 등

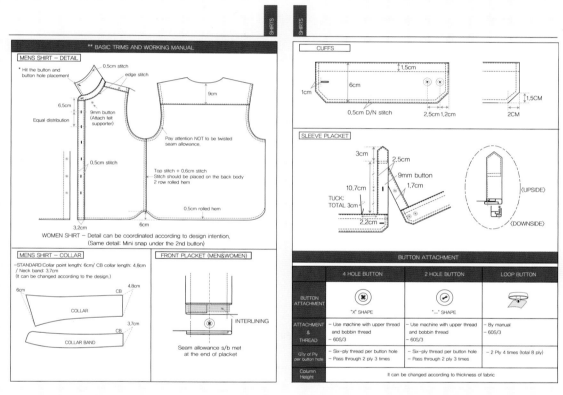

매뉴얼 작업 – Shirts

TD 업무 2. 〈샘플 스케줄 & 생산 관리〉

테크니컬 디자이너는 핏 샘플과 생산 단계와 발송 날짜 등을 관리하여야 하며 이는 정확한 샘플을 약속된 날짜에 발송하도록 하여 핏 승인(Fit approval)까지의 리드 타임(Lead Time)을 줄여 생산에 시간을 더 배분할 수 있도록 하기 위함이다. 각 브랜드마다 조직의 특성과 생산 과정에 맞는 차트를 만들어 이를 관리하고 있다. 기본적으로 포함되어야 하는 내용은 아래와 같다.

· 기본 정보(시즌, 브랜드, 스타일 number, Vendor, 원단 등)
· 아이템별 핏 샘플 단계(Sample Status)
· 날짜(샘플 수신, 코멘트 발송, 핏 승인, 재단, 입고 날짜 등)

STYLE#	IMAGE	VENDOR	FABRIC	PO		Development		Main		FFA	Cutting	In Store
				COLOR	Q'TY	1st proto	SMS	1st Fit	PP			
DGU0−5A131		POLARIS	GSI)14SSPR006	NV SP		2014.5.19	2014.7.17					
DGU0−3B301		POLARIS	JAIN	BI NV	300 500	2014.5.15 2014.5.18 2014.5.20	2014.7.9 2014.7.14 2014.7.17	2014.9.13 2014.9.14 2014.9.18	2014.11.14 2014.11.14	2014.11.20	2014.12.1	2014.3.3
DGU0−5B303		POLARIS	FL)4068PU	GE GREEN	600 200	2014.5.10 2014.5.14 2014.5.16	2014.7.9 2014.7.14 2014.7.17	2014.9.13 2014.9.14 2014.9.18		2014.11.20	2014.12.1	2014.3.3
DGU0−5B331		POLARIS	FL)4068PU	NV SP	400 300	2014.5.15 2014.5.18 2014.5.20	2014.7.9 2014.7.14 2014.7.17	2014.9.20 2014.9.23 2014.9.26	2nd fit / PP	2014.11.20	2014.12.1	2014.3.3
DGU0−5B351		POLARIS	JAIN(SOD CHECK BEFORE DYEING)	BI NV	200 200	2014.5.15 2014.5.18 2014.5.20	2014.7.9 2014.7.14 2014.7.17	2014.9.13 2014.9.14 2014.9.18	2014.11.14 2014.11.14	2014.11.20	2014.12.1	2014.3.3

샘플 스케줄 및 생산 관리

3 테크니컬 디자이너 업무의 이해

3−1 봉제품의 분석

1 | 원·부자재 사양 분석

원단의 질과 특성은 의류 상품의 외관, 품질, 생산과 비용 등을 결정하는 매우 중요한 요소이다. 모든 원단은 각각의 독특한 특성을 가지고 있으므로 의복의 용도와 디자인 디테일에 따라 그에 잘 맞는 원단을 선택하는 것은 매우 중요하다. 따라서 기획 단계에서부터 각각의 특성에 맞게 요구되는 재단, 생산, 취급 방법을 고려하면서 원단을 선택해야 하며, 특히 테크니컬 디자이너는 제조지시서를 만들 때부터 원단의 특성을 이해하고 기획 및 생산 과정에서 생길 수 있는 모든 기술적 문제들을 미리 고려해야 한다.

의류에 쓰이는 원단은 크게 직물(Woven, 우븐)과 편물(Knit, 니트)로 나누어 볼 수 있다.

직물(WOVEN MATERIAL)   편물(KNIT MATERIAL)

그림 3−2 원단의 종류

❶ 직물의 종류 및 특성의 이해

직물(Woven)은 경사와 위사가 서로 직각의 방향으로 교차해서 이루어진 직조한 원단이다.

■ 직물의 방향

① **경사(WARP = END)**: 직물의 식서(Selvage)와 평행을 이루는 길이 방향(Lengthwise grain, 날실)

② **위사(WEFT = FILLING)**: 직물의 식서와 직각을 이루는 폭 방향(Crosswise grain, 씨실)

③ **바이어스(BIAS)**: 직물의 경사, 위사와 사선을 이루는 방향

✛ 직물의 결 방향은 옷의 흐름과 드레이프성에 영향을 주므로 결이 맞지 않게 재단하여 봉제할 경우 옷이 당기고, 비틀리고, 퍼커링이 생기기 쉽다. 따라서 특성에 맞는 올바른 직물 방향을 사용하는 것은 매우 중요하다.

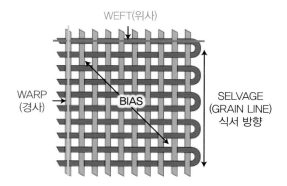

■ 직물의 특성

직조 방법에 따라 평직(Plain), 능직(Twill), 수자직(Satin)으로 나뉜다. 각 방식마다 장단점이 존재한다.

① 평직(Plain)	② 능직(Twill)	③ 수자직(Satin)
	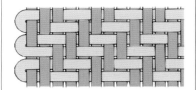	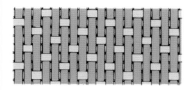
경사와 위사가 일정하게 한 올씩 교차하면서 짜이는 원단으로 직물의 겉과 안쪽 면이 같다.	경사가 두 올 이상의 위사 위에 놓이면서 짜이는 원단으로 사선방향의 능선이 생긴다.	경사가 4올 이상의 위사 위에 놓이면서 짜이는 원단이다.
특징	**특징**	**특징**
• 표면이 튼튼하고 평평하다. • 촉감과 광택이 좋지는 않다.	• 평직보다 조직점이 적어 강도는 약하나 부드럽고 구김이 덜 간다.	• 표면이 매끄럽고 광택이 우수하며 부드럽고 구김이 덜 간다. • 마찰력과 내구력이 떨어진다.

❷ 편물의 종류 및 특성의 이해

니트(Knit)는 하나의 실을 가지고 편환(Stitch)들이 서로 얽혀 루프(Loop)를 형성하여 만들어진 직물이다.

　니트의 특징으로는 신축성, 함기성, 유연성, 방추성(구김에 강함), 내마찰성, 성형성 등이 있다.

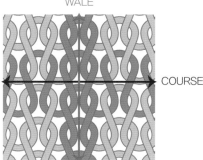

루프의 방향을 기준으로 구분하였을 때 ◀
가로 방향: 코스(Course)
세로 방향: 웨일(Wale)

니트의 기본 조직은 크게 Knit(니트), Purl(펄), Tuck(턱), Welt(웰트, 미스) 4가지로 구분된다.

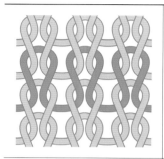

① Knit(니트) - Plain, 평편

기본 Plain 조직으로 싱글 저지(Single jersey)를 만드는 데 사용한다. 싱글 저지를 가다면이라고 한다. 겉과 안의 면이 다르며 겉에서는 웨일(Wale) 방향이, 안에서는 코스(Course) 방향으로 연속되어 골이 나타난다.

특징 앞뒤가 분명하게 구분되며 다른 편성 조직에 비해 가볍고 편성 속도가 빨라서 가장 널리 사용되는 조직이다. 스웨터, 셔츠, 스타킹 등에 널리 사용된다.

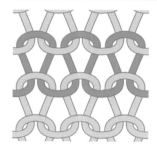

② Purl(펄) - Reverse

코스(Course) 방향으로 겉뜨기와 안뜨기가 교대로 배열되는 조직으로 겉과 안 모두 평편의 뒷면과 같은 외관이다.

특징 앞뒤가 동일하며 구조상 웨일(Wale) 방향으로 신축성이 크고 통기성이 크다. 아동복, 스웨터, 양말, 퀼트, 스카프 등에 주로 사용된다.

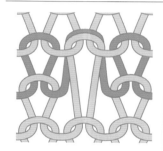

③ Tuck(턱)

기본 조직에서 2개의 편목 길이 이상으로 길게 루프를 형성하는 조직으로 벌집 구조 같은 모양을 표현한 원단이다.

특징 요철감이 느껴지는 입체적인 구조이며 청량감이 좋아 티셔츠나 원피스 등 여름 의류에 많이 쓰인다. 대표적으로 피케(Pique) 셔츠를 만드는 데 많이 사용되는 조직이다. 평직에 비해 코스(Course) 방향으로 적게 신축된다.

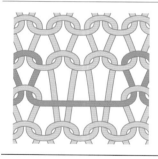

④ Welt(웰트, 미스, 플로트)

의도적으로 몇 개의 루프를 웰트, 미스하여 편직 하는 것으로 표면에 나타나지 않는 실이 떠 있기 때문에 플로트(float)라고도 한다.

특징 주로 French Terry(쭈리)를 만드는 조직으로 뒷면이 수건과 같이 고리가 길게 나와 있는 것이 특징이다.

■ 루프(Loop)를 형성하는 실의 방향에 따른 특징

니트는 위편(Weft Knitting)과 경편(Warp Knitting)으로 나눌 수 있다.

구분	위편(WEFT) 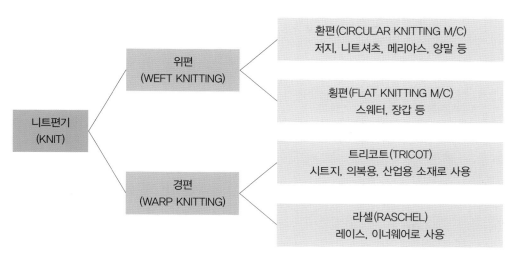	경편(WARP)
정의	한 올의 실이 코스 방향으로 고리를 엮으며 제작되는 것	많은 경사를 걸고 경사들이 고리를 만들면서 상하로 움직여 실을 엮어 만드는 것
사용원사	방적사, 필라멘트사 모두 사용	주로 필라멘트사를 사용
신축성	신축성이 뛰어남	상대적으로 신축성이 적음
편직동작	편직이 순차적으로 작동하여 이루어짐	편직이 동시에 작동하여 이루어짐
편직공정	준비 공정이 단순함	편직을 위한 준비 공정이 필요함(Beaming)
편기구분	환편(Circular Knitting), 횡편(Flat Knitting)으로 구분됨	트리코트(Tricot), 라셀(Raschel)로 구분됨
용도	주로 의류용 소재로 사용됨	주로 인테리어 제품, 산업용 소재로 사용됨

니트편기
(KNIT)

위편
(WEFT KNITTING)

환편(CIRCULAR KNITTING M/C)
저지, 니트셔츠, 메리야스, 양말 등

횡편(FLAT KNITTING M/C)
스웨터, 장갑 등

경편
(WARP KNITTING)

트리코트(TRICOT)
시트지, 의복용, 산업용 소재로 사용

라셀(RASCHEL)
레이스, 이너웨어로 사용

그림 3-3 니트 편기의 종류

❸ 부자재의 이해

▪ 재봉사(Thread)

특수하게 짜여서 길이가 긴 섬유로, 직물이나 기타 소재를 봉제(박음질)하거나 장식하는 역할을 한다.

① **재봉사의 3요소**: 가봉성, 내구성, 불변성

② **재봉사의 단위**: Tex(그램/1,000미터), Decitex(그램/10,000미터), Denier(그램/9,000미터), Metric(1,000그램에 1,000미터의 개수) 등이 있다.

③ **재봉사의 종류**: Spun Polyester, Cotton, Rayon, Nylon, Core spun, Metallic, Rubber 등이 있다.

구분	Spun Polyester (폴리사)	Cotton (면사)	Rayon (인견사)	Nylon (나일론사)	Core spun (코아사)	Metallic (메탈릭사)
장점	• 풍부한 인장강도 • 내구력이 좋음 • 습기에 강하고 신축성이 없어 재봉시에 가장 이상적	• 착용감과 보온성이 뛰어남 • 염색이 용이함	• 염색성이 좋아 색상을 내는 데 좋으며 변색이 적은 편임	• 폴리나 면에 비해 질기고 탄성이 좋음	• 작업성이 탁월하고 퍼커링 문제 해결이 가능함	• Shiny한 시각적 효과를 줌
단점	• 실크처럼 얇은 원단 봉제 시 퍼커링이 발생할 수 있으며 열에 약함	• 단위 면적당 강도가 약하고 축률이 발생함 • 가격이 비싸고 고속작업이 어려움	• 습기에 약함	• 내열성이 약함	• 가격이 비쌈	• 잘 끊어지고 고속작업이 어려움
용도	• 가장 기본으로 사용되는 봉사	• Garment Dye용 장식사	• 은은한 광택이 있어 자수 재봉에 좋음	• 오바로크의 Bulky한 효과, 인터록 작업 시 사용	• 실크, 비단, 고급의류, 스포츠의류, 스판 재질의 의류 등	• 장식사

✚ 어떤 재봉사를 썼느냐에 따라 가먼트 완성도에 큰 영향을 끼치므로 원단과 잘 맞는 재봉사를 선택하는 것은 매우 중요하다. 원단과의 상성, 원단 배경색과의 매칭(DTM: Dye To Match/실 칼라를 염색하여 원단에 맞추는 것), 실의 내구성, 견뢰도, 올바른 바늘 선택, 적절한 실 조시(Tension) 등은 봉제 퀄리티에 큰 영향을 끼친다.

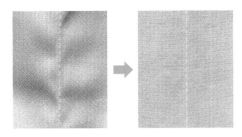

원단 소재에 맞지 않는 폴리사 사용 시의
퍼커링 문제를 코아사 사용으로 해결하는 사례

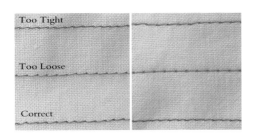

실 조시(tension)가 적절하지 않은 경우
느슨하거나 끊어지는 문제가 발생

실은 편성, 제직 등에 의해 원단의 형태로 만들기 적합하도록 꼬임을 주어서 긴 형태로 만든 것으로 직물 또는 편성물로 만들어지거나 재봉이나 자수에 사용되기도 한다. 또한 실은 직물, 편성물, 끈, 레이스, 브레이드 등 섬유 제품을 구성하는 기본 단위이다. 이러한 실은 길이, 합연 정도, 꼬임의 정도에 따라 외양이나 특성이 결정된다.

실의 종류는 크게 방적사(Staple fiber)와 필라멘트사(Filament fiber)로 구분된다.

1. 방적사

천연 섬유인 면섬유, 마섬유, 모섬유 그리고 합성 섬유의 스테이플 섬유 등과 같은 짧은 섬유를 방적하여 만든 실이다. 방적사를 구성하는 섬유의 길이는 일정 길이 이상 길어야 100수 이상의 면사나 소모사 같은 가늘고 광택있는 방적사를 제조할 수 있다. 방적사는 섬유 끝이 밖으로 빠져나와 있고, 보풀 거리는 표면 특성을 나타내며, 필라멘트사보다 더 좋은 촉감과 재질을 제공하고 보온성이 좋다.

① 단사(Single Yarn): 방적 과정을 거친 한 올의 실
② 합연사(Ply Yarn): 두 가닥 이상의 단사를 단사의 꼬임 방향과 반대 방향으로 꼬임 주어 한 가닥으로 만든 실
③ 코드사(Cord Yarn): 합사 두 가닥 이상을 다시 꼬아 만든 실

단사　　　　　합연사　　　　　코드사
(Single Yarn)　(Ply Yarn)　　(Cord Yarn)

2. 필라멘트사

견, 인조 섬유와 같이 섬유가 긴 필라멘트 섬유로 만든 실을 말한다. 필라멘트사로 짠 직물은 치밀하고 광택이 많다. 모노 필라멘트는 천연 견섬유처럼 한올 그대로 사용(단일 1개)하고, 멀티 필라멘트는 옆의 그림과 같이 장섬유 여러 겹을 겹쳐서 다발로 합쳐서 사용하며, 흡수력이 좋아 포근함이 좋다.

■ 실의 굵기를 표시하는 방법
　① 항중식: 무게를 기준으로 실의 굵기를 표시하는 방법(면사, 모사, 마사, 방적사에 적용)
　　• 1파운드 같은 무게를 얼마나 당겨 굵게 또는 얇게 하느냐의 차이
　　　* 영국식 면번수 → 840 yd = 1'S
　　• 번수 표기: 30수 2가닥을 합쳤을 때 30'S/2로 표기하고 30수 2합이라고 읽는다.
　　　번수가 적을수록 좀 더 두껍고 튼튼하다.
　　　－ 60'S/3: 일반 의류, 얇은 원단에 적합
　　　－ 40'S/3: 두께감 있는 원단에 적합(Denim)
　② 항장식: 길이를 기준으로 실의 굵기를 표시하는 방법
　　• 9,000m 길이의 실의 무게가 1g일 때, 그 실의 굵기를 1 Demier[데니어(d)]라고 한다.
　　• 데니어 숫자가 클수록 실이 굵다.

■ **심지(Interlining)**

심지의 사용 목적은 의복이 형태를 잘 유지하도록 하는 것이다. 심지는 의복의 실루엣과 볼륨감을 형성하고, 봉제하기 수월하게 만들어주며, 끝단을 바느질하거나 레이어, 용융 접착하여 모양을 안정시킨다. 또한 보강뿐만 아니라 드레이프성, 촉감, 굽힘성, 비틀림 등 옷의 물리적 기능을 잡아주는 목적이 있다. 형태는 포밍(forming)이나 스티밍(steaming)에 의해 만들 수 있다.

① **접착 심지(Fusible interlining) 부착 방법**: 심지를 붙이는 면을 위로 향하게 놓고 접착면이 있는 부분을 몸판 원단과 맞닿게 놓은 후 부드러운 면에 아이롱 스팀을 주어 접착제가 녹아 달라 붙도록 한다.

✚ 얇고 비치는 소재는 내구성을 테스트 한 후 사용한다.

② **용도별 심지 사용법**

- **우븐 심지(Woven)**: 주로 가벼운 원단으로 만들어지며 허리 밴드, 플라켓, 재킷 등에 들어간다.
- **면심지(Cotton)**: 셔츠, 블라우스에 널리 사용한다. 면심지는 프레스, 세탁 후에 수축이 심하여 겉감에 주름이 생길 수 있다. 면과 폴리에스테르 섬유를 혼합하여 밀도가 높도록 만든 혼합 심지는 형태 보존이 좋고 땀에 강하여 면혼방 직조에 많이 사용된다.
- **트리코트 심지(Tricot)**: 신축성이 있는 니트에 사용된다.
- **실크 심지(Silk)**: 칼라, 커프스, 재킷, 바지 등 얇은 원단에 많이 사용한다. 심지가 유연하지만 부착 후 원단이 처지는 것을 막아 주며 올 풀림을 방지하는 효과가 있다. 실크 심지를 넓게 부착한 재킷은 드라이를 하는 것이 좋다.
- **마심지(Linen)**: 내마모성은 좋으나 뻣뻣하고 유연성이 없고 신축성이 적어, 형태 안정성을 높이기 위한 양복의 앞 몸판, 칼라의 심지 등 두꺼운 천에만 사용한다. 요즘은 그리 많이 사용되지 않는다.
- **모심지(Wool)**: 표면이 거칠고 단단하나 신축성과 유연성이 좋아 형태를 구성하는 데 적합하다. 모, 혼방 직물에 사용하며 재킷, 양복, 코트 등의 앞 몸판, 칼라 등에 사용한다.
- **부직포 심지(Non-Woven)**: 소재가 가볍고 식서가 없어 올이 잘 안 풀리며 형태 안정성에 좋다.

③ **심지 부착 위치**

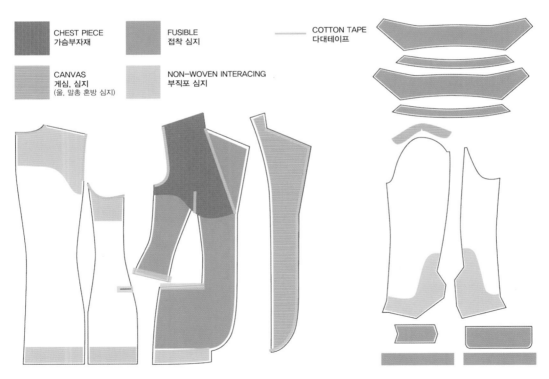

그림 3-4 맞춤 재킷에서의 심지 사용

④ **심지 부착 부위**: 일반적으로 칼라(Collar), 라펠(Lapel), 남성 재킷의 가슴부자재(Chest piece), 남성 재킷의 앞면(Front piece), 플라켓(Placket), 주머니(Pocket flap), 소매(Cuff), 허리밴드(Waist band), 벨트고리(Belt-loop) 등에 심지를 부착한다.

그림 3-5 재킷, 스커트, 셔츠에서의 심지 부착 부위

✚ 심지가 접착이 제대로 안 되었을 경우 버블(Bubble) 현상이 나타날 수 있으며, 접착액이 과할 경우 삼출현상이 일어날 수 있다. 또한 나일론이나 폴리 원단에는 열로 인한 변색 현상이 나타날 수 있으므로 원단에 맞는 적절한 두께와 내구성을 가진 심지를 사용하는 것은 매우 중요하다.

■ **안감(Lining)**

안감의 사용 목적은 의복의 외양과 성능을 개선하여 품질과 가치를 향상시키는 것이다. 안감은 표면의 옷감을 땀, 마찰, 얼룩으로부터 보호하며 솔기와 바느질 부위가 깔끔하게 덮이고 얇은 옷감은 덜 비쳐 보인다. 또한 안감이 들어간 의복은 형태를 잘 유지하며, 입고 벗기가 편하고 더 따뜻하다. 안감의 구비 조건은 착용감이 좋아야 하며, 드라이클리닝과 물세탁에 견딜 수 있는 것이어야 한다.

Unlined: 안감이 없는 재킷   Half-lined: 반안감   Fully-lined: 전체 안감

그림 3-6 재킷에서의 안감 사용

✚ 의복 품질 검사 시, 안감의 완성도를 반드시 확인해야 한다.
① 안감이 평평하게 놓여져 있는지 ② 안감이 완전히 봉합되어 있는지 ③ 구멍이나 찢김이 없는지 ④ 착장 시 안감이 몸에 달라붙지는 않는지 ⑤ 안감 여유가 적당한지 등을 확인하여 안감의 품질을 검사해야 한다.

■ 잠금장치(지퍼, 단추, 스냅 등)

| 지퍼(Zipper) |

지퍼의 정식 명칭은 슬라이드 패스너(Slide Fastener)로 잠금장치라는 뜻이다. 슬라이더에 의한 이빨의 맞물림 작용으로 여닫는 역할을 한다.

지퍼의 종류

① **재질에 따른 구분**: 지퍼 이빨의 재질에 따라 지퍼의 종류를 구분한다.

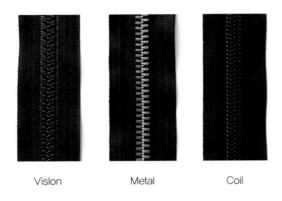

Vislon　　　　Metal　　　　Coil

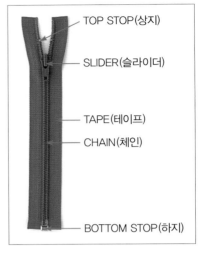

그림 3-7 지퍼의 구조

- **비슬론 지퍼(Vislon Zipper)**: 가방이나 스포츠 의류 등에 많이 사용되는 지퍼로 이빨이 굵고 플라스틱으로 되어 있다. 지퍼테이프가 합성 섬유로 되어 있기 때문에 다림질을 하면 수축 현상이 있을 수 있으므로 미리 다림질 후 봉제하는 것이 좋다.
- **금속 지퍼(Metal Zipper)**: 면이나 면폴리 혼바소재로 이루어져 있으며 지퍼의 이빨이 금속으로 되어 있어 다른 지퍼에 비해 무겁다. 보통 청바지, 점퍼, 패딩 등 무거운 소재에 적합하다. 니켈, 흑니켈, 엔틱 등 금속의 종류도 다양하다.
- **코일 지퍼(Coil Zipper / Nylon Zipper)**: 가장 많이 사용하는 일반 지퍼와 이빨이 밖으로 드러나지 않는 콘솔(Conceal) 지퍼가 있다.
  - ✚ 지퍼 길이를 잘못 발주했을 경우, 제품 여밈이 꿀렁이거나 균형이 맞지 않게 봉제될 수 있다. 지퍼는 원단에 따라 봉제 시 이즈 분량을 넣어야 하므로 반드시 원단과 지퍼 종류에 맞는 길이로 발주를 해야 한다.
  - ✚ 특수 워싱 옷의 경우 세탁 후 지퍼가 줄어들 수 있기 때문에 반드시 미리 테스트 후 진행해야 한다.

② **크기에 따른 구분**: 지퍼 이빨의 크기에 따라 지퍼의 호수를 구분한다. (3호, 4호, 4.5호, 5호, 7/8호, 10호 등)

③ **개폐 방식에 따른 구분**: 지퍼의 개폐 방식에 따라 Open, Closed, Two-way 등으로 구분한다.

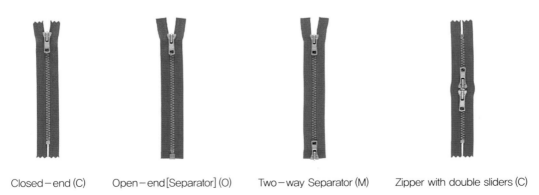

Closed-end (C)　　Open-end[Separator] (O)　　Two-way Separator (M)　　Zipper with double sliders (C)

- **Open:** Full opening 되는 재킷이나 후디 등의 스타일에 사용
- **Closed:** 부분 여밈의 half zip-up이나 포켓 등에 사용
- **Two-way:** 텐트, 바람막이, 길이가 긴 재킷 등과 같이 양쪽으로 열리는 스타일에 사용

Invisible zipper

Coil zipper

Metal zipper

Reverse coil zipper

Two-way opening zipper

Vislon zipper

| 단추(Button) |

단추란 옷을 여미는 도구 혹은 장식의 효과로써 사용되는 것을 말하며, 천연소재에서부터 플라스틱, 금속에 이르기까지 다양하다.

단추의 크기는 mm로 표시하며 단추의 모양은 원형, 가늘고 긴형, 타원형, 장사방형, 구형, 편평형 등 다양하다. 단추를 부착하는 방법은 고리를 다는 방법, 실로 루프를 거는 방법, 또는 2~4개의 구멍에 실로 통과시켜 꿰매는 방법 등이 있으며 소재에 따라 천연단추(자개, 너트, 소뿔, 가죽, 고무 등), 합성단추(플라스틱, 유레아, 나일론 등), 금속단추[아연(캐스팅), 신주 등]가 있다.

단추의 종류

Flat(Sew-through) Button
(플랫단추)

Shank Button
(뼈단추, 기둥단추)

Covered Button
(싸개단추)

Toggles
(막대단추, 토글)

그림 3-8 단추의 종류

| 스냅(Snap) |

프레스 버튼(press button)이라고도 한다. 스냅 패스너(snap fastener)의 준말로, 똑딱단추를 말한다. 요면인 암단추와 철면인 수단추를 옷의 트인 부분에 각각 나누어 달아 옷을 여밀 때 암단추 위에 수단추를 맞대고 꼭 눌러 맞물리게 한다. 지퍼와 같이 트인 부분을 연속하여 여미는 것이 아니고 암수단추 1쌍으로 한 부분만을 여미게 된다. 아동복·간이복·블라우스의 앞트임, 커프스·스커트의 옆트임 등에 주로 쓰인다. 옷감의 소재와 두께에 따라 알맞은 크기를 선별해서 사용해야 한다.

스냅의 종류

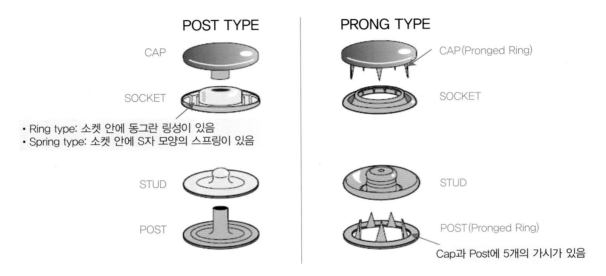

그림 3-9 스냅의 종류

① 스냅은 (A)Cap, (B)Socket, (C)Stud, (D)Post의 4피스(piece)로 1세트(Set)가 되는 구조이다.
② 스냅의 종류는 크게 Post type, Prong type 두 가지로 구분된다.
  • Post type: Socket 안에 동그란 링선이 있는 경우 Ring type / S자 모양의 스프링이 있는 경우 Spring type으로 구분된다.
    – Ring type: 견고하고 튼튼하며 Closing 힘이 강해야 하는 제품이 쓰인다.
      두껍고 딱딱한 직물에 주로 사용된다. (가을·겨울 제품, 청바지 등)
    – Spring type: 견고하고 튼튼하며 부드럽게 열고 닫히는 이중 시스템으로 어느 직물에든 완벽히 부착되어 틈새없이
      작업이 이루어지며 높은 안전성을 가지고 있고 날씨에 관계없이
      스냅이 적정한 상태로 유지되는 장점을 가지고 있다. 주로 원단 두
      께가 얇은 제품에 사용 된다.
  • Prong type: Cap과 Post에 5개의 가시가 있어 가시스냅이라고 불린
    다. Head의 모양에 따라 Open형, Cap Prong형으로 나누어지며 얇
    은 원단이나 니트류에 주로 사용된다.
③ 스냅을 달 때에는 겉자락에 들어가는 겉 단추의 수컷《(A)Cap》과 암컷
  《(B)Socket》을 맞물린 후 안자락에 들어가는 안 단추의 암컷《(C)Stud》
  과 수컷《(D)Post》을 맞물려 완성한다.

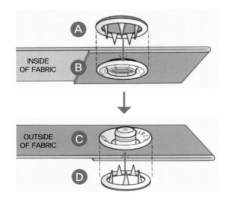

그림 3-10 스냅 부착 방법

스티치는 두 장의 천을 연결 시키는 기능이자 의복의 시접 정리, 장식 효과를 가지고 있으며 스티치는 솔기(Seam)의 강도와 의복의 내구성에 직접적으로 영향을 준다. 균형이 잘 잡힌 스티치는 솔기의 내구성과 신축성에 좋은 영향을 미치며 매끄러운 봉제선을 통해 의복 외관의 품질을 높여준다.

- 의복의 솔기에 적합한 스티치 형태는 스티치 길이, 봉사의 장력, 바늘과 실, 천에 따라 선택한다.
- 스티치에 있어 실의 배열은 스티치의 신축성, 강도, 탄성에 영향을 준다.

❶ 스티치의 유형

① **본봉(Lock Stitch):** Bobbin(북, 바빈)의 회전에 의해 소재의 중간에서 윗실(Needle Thread)과 밑실(Bobbin Thread)이 서로 고리를 만들면서 스티치가 형성되는 봉제 방식을 본봉(Lock Stitch)이라고 한다. 재봉 방식에 있어서 가장 기본적인 것이다.

　　스티치의 앞뒤가 똑같이 직선상의 점선으로 나타나며 스티치의 구성이 독립적이므로 풀리기 어렵고 되돌아 박기가 쉬워서 일반적으로 널리 사용되고 있다.

✛ Lock Stitch = Needle Thread + Bobbin Thread

② **환봉(Chain Stitch):** 하나의 실이 소재를 가운데 두고 루퍼(Looper)를 이용하여 연결 고리(Chain)를 만들어 가며 스티치가 형성되는 봉제 방식을 환봉(Chain Stitch)이라고 한다. 속도가 빠르고 비용이 적게 들며, 신축성이 크게 필요한 편물은 환봉으로 형성되는 대표적인 소재이다.

✛ Chain Stitch = Needle Thread + Looper Thread

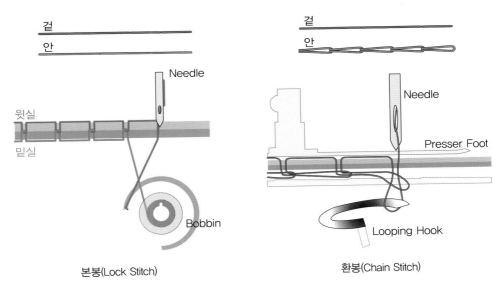

본봉(Lock Stitch)　　　　　　　　환봉(Chain Stitch)

그림 3-11 본봉과 환봉의 원리

❷ 스티치의 종류

 〈Class100〉
단환봉
Chain Stitch

- 대부분 하나의 바늘실로만 구성된 단순 체인 스티치
- 유연하나 내구성이 약해 솔기에는 사용하지 않음

  − 101 단사환봉: 시침질, 상표 달기
  − 103 공그르기: 밑단처리, 라펠
  − 104 새들스티치: 장식용

Class 100
Chain stitch

 〈Class400〉
이중 환봉
Multi-thread Chain Stitch

- 한 가닥 이상의 밑실을 가진 체인 스티치
- 본봉보다 생산성이 높고 신축성이 좋아 퍼커링이 덜 생김. 내구성이 강하여 편물 의복에 적합함
- 데님바지의 옆, 밑위 솔기 등에 많이 사용됨

  − 401 환봉
  − 406 2 본침 삼봉: 니혼오바

Class 400
Multi thread stitch

 〈Class200〉
수봉
Hand Stitch

- 수작업 스티치 형태를 특수 재봉기로 변형 시킨 것으로 장식이나 특수한 목적으로 사용하는 스티치

  − 204 헤링본 스티치
  − 205 런닝 스티치: 양복 라펠 가장자리, 포켓, 요크 등의 장식용

 〈Class500〉
오버록, 주변감침봉
Over Edge Stitch

- 시접 정리에 가장 적합한 스티치
- 솔기 봉제와 함께 직물 끝부분이 풀리는 것을 방지
- 시접정리, 편성물 솔기 스티치 등으로 사용
- 고속 봉제가 가능하나 스티치 높이가 제한되고 실 소모량이 많음

  − 504 3 본사 오버에지
  − 516 5 본사 안전봉

Class 500
Overedge chain stitch

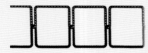 〈Class300〉
본봉
Lock Stitch

- 윗실과 밑실이 천과 천 사이에 서로 연결되어지는 형태의 스티치
- 바빈의 사용으로 생산 속도가 다른 스티치보다 뒤떨어지나, 마찰이 적고 올이 풀리지 않으며 내구성이 강함
- 신장성이 적어 당길 경우 쉽게 파손되거나 퍼커링이 발생함

  − 301 본봉: 직물에 가장 많이 쓰임
  − 304 지그재그 스티치: 탄력성이 우수하여 고무줄, 편성물에 사용

Class 300
Lock stitch

 〈Class600〉
편평봉
Flat Seam Stitch

- 신축성이 있는 직물에 사용되는 가장 복잡한 스티치
- 많은 고리로 연결되어 스티치가 생기며 신장 강도가 높으나 실 소모량이 많음
- 시접 정리와 봉제가 동시에 이루어지는 스티치
- 내의, 수영복, 유아복 등 사용

  − 605 3 본침 삼봉
  − 607 4 본침 삼봉

Class 600
Flatlock stitch

❸ 스티치의 길이

적당한 스티치 길이는 원단의 종류, 무게, 밀도, 스티치 형태와 용도에 따라 결정된다. 원단에 비하여 너무 길거나 짧은 스티치는 퍼커링이 일어날 수 있다. 밀도가 큰 원단에 짧은 스티치를 하면 실 밀도가 너무 커지므로 퍼커링이 생기고 또한 무게가 가볍거나 밀도가 낮은 직물을 긴 스티치를 한 경우에도 퍼커링이 생긴다. 또한 가죽, 비닐, 기타 필름류 원단은 스티치 길이가 너무 짧으면 원단이 찢어질 우려가 있다.

보통 중간 무게 원단의 기준 스티치 길이가 평균 12~24 SPI이며 무겁고 밀도가 높은 원단에는 긴 스티치인 6~10 SPI가 적용되고 원사가 가늘고 가벼운 원단에는 보통 15~18 SPI 이상의 짧은 스티치를 사용한다.

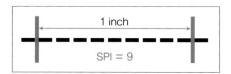

▲ 스티치의 길이 단위: 1 inch 당 스티치 수 (SPI: Stitch Per Inch)

스티치 길이는 스티치와 의복 외관의 아름다움과 전체적인 품질, 내구성 등을 결정하는 중요 요소이다.

재봉기의 종류

재봉기는 가정용과 공업용으로 분류되며 공업용 재봉기는 한국 공업 규격인 "공업용 재봉기의 분류에 대한 용어 및 표시 기호"에 따라 8종류로 분류된다.

종류	재봉방식
본봉 (Lock Stitch)	윗실이 밑실을 감고 있는 북을 돌면서 밑실을 윗실 사이의 고리에 연결하여 구성하는 재봉방식
단환봉 (Chain Stitch)	소재의 한 면에서만 실을 공급하여 연쇄적으로 다른 면에서 연결 고리를 구성하는 재봉방식(신축성이 있어서 주머니 입구, 편성물, 가봉, 라벨 봉제 등에 사용)
이중 환봉 (Double Chain Stitch)	루퍼(Looper)에 의해 조작되는 밑실에 의해 윗실과 연결 고리를 구성하는 재봉방식 (신축성이 커서 스웨터의 칼라와 립 편부의 봉합 등에 이용)
편평봉 (Flat Seam Stitch)	윗실을 3가닥 이상 사용하여 그 중 1가닥 이상은 다른 2가닥 이상의 실 사이를 통과하는 데 사용되며, 밑실은 각각 2가닥 이상의 윗실과 연결 고리를 구성하는 재봉방식(천의 가장자리를 정리해주며 니트 직물의 네크 라인이나 밑단 선에 많이 사용, 삼봉재봉기로도 알려져 있음)
주변감침봉 (Overlock Stitch)	소재의 가장자리를 감치는 것처럼 박음질하는 것이며 소재의 안쪽이나 가장자리에 실과 실이 연결 고리를 형성하는 재봉방식
복합봉(Mixture Stitch)	두 종류의 스티치 형태가 서로 연결 고리를 구성하거나 동시에 재봉이 되는 방식
특수봉(Special Stitch)	실을 이용한 재봉방식으로 이상의 대분류에 속하지 않는 모든 재봉방식
용착(Welding)	실이 없는 재봉기라 하여 소재를 롤러형 전극으로 이송하면서 용착하는 재봉방식

솔기는 2개 또는 그 이상의 천들을 스티치로 연결할 때 생기는 것을 의미한다. 솔기는 의복의 품질을 결정하는 중요한 요소이므로 솔기의 위치, 직물의 구조, 직물의 무게, 디자인 디테일, 핏과 의복의 스타일, 의복의 사용 용도, 생산 공임, 원가 등에 따라 결정 된다.

구분	표시	설명	그림	
슈퍼임포즈드 심 (Superimposed Seam)	SS	2매 이상의 소재가 끝부분이 서로 나란히 포개진 상태에서 한 줄 또는 여러 줄을 봉제하는 심		
랩 심 (Lapped Seam)	LS	2매 이상의 소재가 서로 포개거나 겹쳐진 상태에서 겹쳐진 부분에 스티치를 한 줄 또는 여러 줄을 봉제하는 심		
바운드 심 (Bound Seam)	BS	2매 이상의 소재가 가장자리를 다른 소재나 테이프로 감싸서 한 줄 또는 여러 줄을 봉제하는 심		
플랫 심 (Flat Seam)	FS	2매의 소재를 포개지 않은 상태에서 봉사나 다른 소재로 연결하는 심		
에지 피니싱 (Edge Finishing)	EF	1매 이상의 소재의 가장자리, 끝의 마무리 작업을 하는 심		
오너멘털 스티칭 (Ornamental Stitching)	OS	미적 효과를 목적으로 하는 심		

퍼커링(Puckering)

퍼커링이란 봉제 후 봉제선이 매끄럽지 않고 원하지 않는 작은 주름이 생기는 현상이다. 즉 바느질 후 옷감이 본래의 길이보다 늘어나거나 오그라드는 현상이다. 퍼커링은 한 면 또는 양면에 모두 발생할 수 있으며 봉제나 세탁 후 발생한다. 퍼커링이 형성된 솔기와 스티치는 의복의 내구성을 감소시키며 의복의 품질과 외관에 큰 영향을 준다.

퍼커링의 생성 요인을 분석하여 미연에 방지하거나 해결할 수 있어야 한다.

■ **퍼커링의 생성 요인**

1. **기계적인 요인**

① **톱니와 노루발에 의한 퍼커링(Feeding Puckering)**: 톱니와 노루발에 의한 이동 방식으로 봉제되는 본봉 재봉기 사용 시 주로 발생

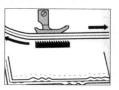

- 밀도가 높거나 부드럽고 얇은 옷감, 겉면이 매끄러운 옷감을 봉제할 때 또는 두 장의 twork이 서로 다를 때 노루발에 의해 이동되는 양과 톱니에 의해 이동되는 양의 차이 때문에 톱니와 노루발이 서로 밀리면서 퍼커링이 생긴다.
- 노루발이 거칠거나 톱니와 바늘의 타이밍이 맞지 않는 기계적인 요인일 경우 퍼커링이 생긴다.
  ✚ 소재와의 마찰력에 적당한 노루발로 교체하여 해결한다. (예 가죽이나 결이 있는 소재의 경우 마찰이 적은 노루발로 교체하면 퍼커링을 방지할 수 있다.)

② **재봉 바늘에 의한 퍼커링(Sewing Needle Puckering)**: 밀도가 높은 소재의 경우 재봉 바늘에 의해 경사와 위사가 서로 다른 방향으로 밀려 퍼커링이 생긴다. 얇은 천의 경우 재봉 바늘이 천을 뚫고 들어갈 때 바늘 구멍에 천을 밀어 넣어 퍼커링이 생긴다.

ROUND POINT NEEDLE

BALL POINT NEEDLE

DI LEATHER NEEDLE

SD1 NEEDLE

SERV7 NEEDLE

  ✚ 재봉 바늘의 굵기와 형태(Point)를 천에 알맞은 범위 내에서 정해서 써야 하며, 가는 바늘을 사용할 경우 바늘의 굵기에 맞춰서 바늘판도 바꿔야 한다.
  ✚ 원단 손상과 주름의 경우 더 얇은 바늘로 바꿔야 하며, 땀이 뛰거나 끊어지는 경우와 바늘이 부러지는 경우에는 보다 굵은 사이즈의 바늘로 바꿔서 작업해야 한다.

③ **윗실과 밑실의 장력에 의한 퍼커링(Tension Puckering)**: 윗실과 밑실의 장력은 스티치 형성이 옷감의 중간에서 평행을 이룰 수 있도록 조절되어야 한다.

- **장력이 약할 경우**: 스티치 형성이 엉성하고 솔기 강도가 저하
- **장력이 강할 경우**: 퍼커링이 많이 발생

too tight | just right | too loose

  ✚ 윗실은 소재의 중간에서 연결 고리를 만들어 밑실을 끌어올려야 하므로 밑실보다 장력이 강해야만 스티치가 평행을 이루며, 밑실의 장력은 20g 정도가 적당하다. 밑실을 조절한 수 윗실을 밑실에 맞춰서 퍼커링을 해결한다.

2. **소재적인 요인(Inherent Puckering)**

① **소재와 봉사의 특성에 의한 퍼커링**

- 옷감 특성에 따라 솔기의 퍼커링 현상이 다르게 나타난다. 밀도가 높고 부드러운 옷감이 퍼커링 발생 확률이 높다.
- 봉제 후 처리 과정(방수 가공 등 겉표면 처리, 세탁 처리 등)에서 봉사와 소재의 수축률이 다를 경우 퍼커링이 발생한다.

Thread Shrinkage

  ✚ 천을 구성하는 섬유와 동일한 봉사 또는 신장과 수축률이 적은 봉사를 사용하는 것이 좋다.
    예 – P.P(Permanent Press) 가공된 천에는 P.P용 봉사를 사용하는 것이 퍼커링 방지에 도움이 된다.
      – 각각 다른 성질의 소재를 봉제하는 경우 얇은 소재를 위에 놓고 봉제하면 퍼커링을 방지할 수 있다.

② **소재의 방향에 의한 퍼커링**: 소재의 방향에 따라 퍼커링의 발생 정도가 다르다. 동일한 스티치와 봉사의 장력으로 봉제한 경우에 경사 > 위사 > 바이어스 방향 순서로 퍼커링이 많이 발생한다. 경사 방향의 밀도가 위사 방향보다 높기 때문이며 바이어스는 신축성이 크기 때문에 퍼커링은 거의 발생하지 않는다.

  ✚ 패턴 제작 시 디자인에 영향을 미치지 않는 범위 내에서 식서 방향을 염두에 두어 경사 보다는 위사 방향으로 사선이 되도록 재단을 한다면 퍼커링을 방지할 수 있다. 결이 있는 옷감은 같은 방향으로 봉제하는 것이 퍼커링을 방지할 수 있다.

3. 봉제 기술적인 요인

① **솔기의 구성에 의한 퍼커링**: 솔기의 종류에 따라 퍼커링의 발생 정도가 다르게 나타난다.
　　㉮ 바지의 옆선의 경우 가름솔이나 쌈솔 등 솔기에 따라 퍼커링의 발생 정도가 다르다. 또한 스커트, 바지 등 밑단의 경우
　　홑겹과 두 번 적어서 박는 경우와 복봉(Blind Stitch)을 하는 경우에 따라 퍼커링의 발생 정도가 다르다.
　　✚ 디자인과 소재에 따라 솔기의 형태와 방향을 결정하여 퍼커링을 방지 및 해결해야 한다.
② **작업자의 기술력에 의한 퍼커링**: 무리하게 잡아 당기거나 밀어 넣을 경우 퍼커링이 발생한다. 특히 질물의 바이어스 방향,
목선, 진동선, 프린세스 라인 등은 늘어나기 쉽기 때문에 퍼커링 발생률이 더 높다.
　　✚ 작업자는 옷감이 자연스럽게 이동할 수 있도록 외부의 힘을 최소화한 상태에서 작업을 하여야 한다. 또한 작업자는 적절한 방
　　향으로 스티치 작업을 하여야 한다. ㉮ 큰 쪽에서 좁은 쪽으로, 높은 쪽에서 낮은 쪽으로 봉제

■ **퍼커링을 줄이는 방법**

① 윗실, 밑실의 장력을 봉제선이 벌어지지 않을 만큼 약간 풀어준다.
② 옷감 두께와 밀도에 맞는 바늘을 선택하여 사용한다.
③ 봉사는 가는 것을 사용한다.
④ 얇은 천이나 종이를 대고 봉제한다.
⑤ 작업자의 손동작을 관찰하여 무리없는 작업이 이루어지는지 확인한다.

3-2 봉제품 생산과 관리

1 | 생산 단계별 샘플 관리

테크니컬 디자이너는 성공적인 의류 상품의 개발을 위해 가능한 최소의 샘플 공정을 요구하여 실제 생산 공정이 원활하게
진행되도록 해야 한다. 의류 상품의 기획, 오더, 생산, 배송 그리고 판매의 전 과정에서 요구되는 모든 샘플의 종류는 다음과
같다.

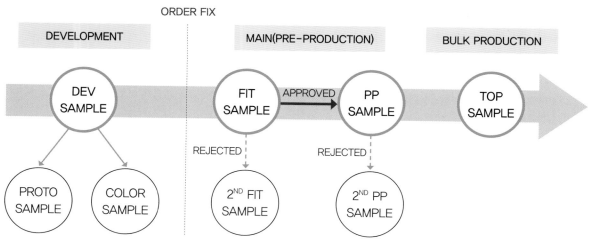

그림 3-12 생산 단계별 샘플

❶ DEVELOPMENT

DEVELOPMENT 단계에서는 디자인, 컬러 가격을 중점적으로 샘플을 확인한다. 바이어의 디자인 아이디어가 작업지시서로 작성되어 샘플 생산 공장에 보내지며, 정확하게 결정된 원단이 없는 경우 가장 비슷한 무게와 질감의 대체 원단을 선택한다. 공장에서 완성된 샘플이 도착하면, 바이어의 테크니컬 디자이너는 샘플의 각 부분 치수를 확인하고 드레스 폼 또는 핏 모델 착장을 통하여 의복의 핏과 착용의 기능성과 품질을 평가한다. 품질 향상 및 원가 절감을 위해 원·부자재, 생산 공정과 디자인 등을 변경을 할 경우 수정된 작업지시서를 공장에 보내 2차 PROTO 샘플을 요구할 수 있으며, 같은 평가과정을 거친다.

Develop sample	Develop 샘플이란 오더가 되기 전에 디자이너의 아이디어를 구상시킨 샘플로 타 브랜드의 카피 혹은 자체 디자인으로 브랜드 특성에 맞게 개발하는 단계의 샘플을 일컫는다. 이 단계의 샘플들은 흔히 다음 시즌 (SS)을 위한 샘플들이고 우리 회사가 오더를 받게 되는가, 아닌가를 결정하는 중요한 샘플이다. 바이어는 각 벤더들에게 본인들이 다음 SS에 만들 STYLE별 TP / BOM을 전달해 주고 벤더는 이를 토대로 옷을 생산한다. 만들어진 Develop 샘플은 추후 바이어에게 제출되어 오더를 수주 받거나 혹은 몇 장의 옷을 수주 받는지 결정짓는 요소가 된다.
Proto sample	Develop 샘플과 구분 없이 쓰이기도 한다. 바이어가 오더 전에 진행하는 단계의 샘플로 PROTO에서 select이 되면 FIT 단계로 넘어가게 된다. 바이어가 주는 디자인에 맞추어 샘플을 제작해야 하며 주로 미팅 전에 리뷰가 되어야 하므로 빠른 제작을 요하는 경우가 많다.

❷ MAIN(PRE-PRODUCTION)

DEVELOP 단계를 바탕으로 바이어 컨펌으로 오더가 확정 된 후인 MAIN 단계에서는 FIT, PP 샘플을 통해 봉제 디테일을 평가하고 다른 여러 가지 디테일들, 샘플의 스펙, 의복의 생산과 관련된 모든 사항을 확인한다.

Fit sample	FIT 샘플은 오더가 된 후에 진행되는 핏을 보기 위한 샘플이다. 브랜드마다 기준 사이즈가 있고 기준 사이즈로 생산품의 전체적인 핏과 디테일의 시행착오를 겪는 단계이다. FIT 샘플을 보면서 테크니컬 디자이너는 바이어의 코멘트를 참조하여 피팅 및 검토한 후 수정부위를 의뢰하고, 샘플에 대한 평가를 바이어에게 이메일이나 온라인으로 구축된 웹 시스템을 통해 코멘트(comment)한다. 발송 샘플이 승인(approved)받을 때까지 이 과정은 계속된다. 샘플의 횟수는 아이템 구성이 복잡하지 않으면 1, 2차 피팅에서 끝내는 경우가 있고 샘플의 종류에 따라 3~4차까지 수차례 반복되는 과정을 거치기도 한다. 또 옷을 완전하게 만들지 않고 부분적으로 혹은 전체를 겉감으로만 만든 목업(mock-up) 샘플을 만들기도 한다. 생산납기와 스케줄은 정해져 있고 원·부자재의 보다 정확한 발주를 위해서는 최대한 빨리 fit 컨펌을 받아야 한다. 핏 샘플 승인에 소요되는 시간은 2회의 재 샘플을 기준으로 약 45일로 한다.
Size set sample	이 샘플은 요구하는 브랜드가 있고 아닌 브랜드가 있다. 사이즈별 그레이딩이 제대로 되어 있는지 확인하기 위한 샘플단계이다. FIT이 컨펌되면 그레이딩(grading) 스펙을 기준으로 사이즈 셋 샘플을 제작해 컨펌 받아야 한다. 그레이드룰에 따라 각각의 사이즈 의복의 부분별 패턴의 크기가 정해진다. 회사에 따라 각자가 정한 표준 그레이딩 규격이 있고, 디테일에 따른 특별한 수칙이 있을 수 있다.

(계속)

PP (Pre-production) sample	Fit이 컨펌 되면 생산 시작 전 바이어와 마지막으로 BULK(메인생산) 원·부자재를 이용한 pp sample 을 컨펌 받아야 한다. 이 샘플은 최종 생산을 맡을 공장에서 만드는 모든 직물, 부자재, 의복의 디테 일, 상품을 포장하기 위해 접고 포장하고 행택을 다는 등의 과정도 모두 포함한다. 이미 fit은 fix 되어 있으나, 간혹 pp 단계에서 핏을 수정하는 경우도 있지만 이 단계에서는 작은 수정 만 하는 것이 원칙이다. 생산이 원활하게 진행될 수 있도록 마지막으로 최종 점검을 위해 진행되는 샘플인 만큼 스펙과 디테 일이 정확하게 전달되어야만 한다.

❸ BULK PRODUCTION

Shipment / TOP sample	실제 공장에서 만들어진 샘플을 보내 선적 전 바이어에게 발송되는 샘플로 메인 작업의 초두 샘플 을 의미한다. packing 자재 / actual folding way까지 확인하는 단계로 더 이상 스타일에 수정을 할 수 없다. GOH(garment of hanger)의 경우에는 행거까지 발송하는 것이 일반적이다.

테크니컬 디자인의 업무 프로세스 관련 용어

테크니컬 디자인의 업무 프로세스 및 핏(Fit) 관련 직무에 대한 실무 용어를 정리하면 다음과 같다.

1. Tech-Pack: 택팩은 Technical Package(제조지시서)의 줄인 말로, 제품과 관련하여 스타일에 대한 사항을 명기하고 공유하는 상세 명세서이다.
2. Dummy: 인체 모형으로 드레스 폼, 마네킹을 의미한다.
3. Nest Pattern: 네스트 패턴은 샘플의 그레이딩 된 모든 사이즈의 패턴을 한 장으로 겹쳐지게 보여주는 패턴을 의미한다.
4. Mock-Up: 목업은 의류 샘플을 제작함에 있어 옷 전체가 아닌 봉제, 핏 구성 사항을 일부분만 간단히 만들어 보는 시험 제품을 의미한다.

2 | 봉제 공정에 대한 이해
의류 제품의 생산 공정은 크게 5가지로 구분할 수 있다.

신제품 기획 공정	트렌드 분석, 소재 분석, 타깃 설정 등
신제품 제작 설계공정	제조지시서, Size Spec, 공정계획서, 원가 계산, PP approval까지의 샘플링 공정 등
봉제 준비 공정	패턴 제작, 그레이딩, 마킹, 봉제 사양서, 연단, 재단, 넘버링 공정 등
봉제 본 공정	공정 분석, 공정 편성, Lay-out 생산 설계, 솔기 설정, 작업 조건, 품질 관리 공정 등
물류 및 판매 공정	

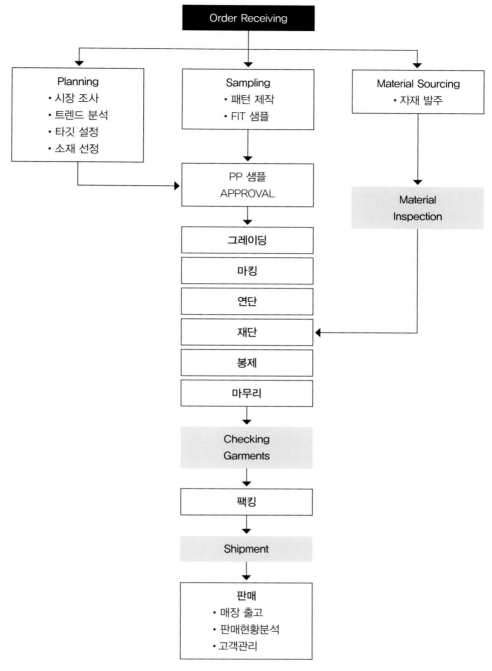

그림 3-13 의류 제품 생산 공정단계

❶ 그레이딩(Grading) 공정

그레이딩 공정이란, 의류업체의 표준 치수를 중심으로 기본 사이즈의 마스터 패턴을 기준으로 하여 각 신체 부위에 따라 치수를 증감시켜 사이즈별로 패턴을 제작하는 작업이다. 이 공정은 불특정 다수의 착용자를 위해 실루엣을 유지하면서 다른 사이즈의 패턴을 제작하기 위해 이루어지고 있다. 그레이딩 절차는 표준 치수를 기준으로 단위 치수 당 편차를 계산한 후, 수작업이나 컴퓨터에 의해 이루어진다. 제작 방법은 트랙 시프트 방식(Track shift method)과 래디얼 시프트 방식(Radial shift method), 시프트 밸류 방식(Shift value method) 등이 있다.

① **트랙 시프트 방식(Track shift method)**: 표준 패턴을 중심으로 패턴을 상하, 좌우로 이동시켜 가면서 기본 사이즈의 모양을 유지하여 부위별 치수에 따라 축소·확대하는 방법이다. 수작업에 의해 많이 이용되는 방법으로 기본 치수에서 2치수 이상을 증감할 경우에는 잘 맞지 않는 경우가 생길 수 있으므로 기본 패턴에 가까운 사이즈를 그레이딩 할 때 주로 사용한다.

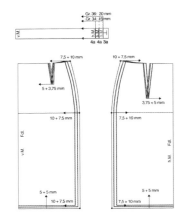

② **래디얼 시프트 방식(Radial shift method)**: 표준 패턴을 중심으로 앞 중심이나 허리 라인 등 어느 한 중심선을 정한 후 중심부에서 바깥쪽으로 방사선을 그어 그 방사선 위에 치수에 따라 축소·증감하는 방법으로 최근 컴퓨터에 의해 많이 사용되고 있는 그레이딩 방법이다.

③ **시프트 밸류 방식(Shift value method)**: 표준 패턴의 각 그레이딩 포인트에서 각각의 시프트량을 주어 패턴을 그려 나가는 방법이다.

그레이딩 패턴 점검 TIP

- 기본 사이즈의 패턴 점검 및 현장 패턴 수정이 끝난 완벽한 상태에서 그레이딩이 진행되어야 한다.
  ✚ 기본 사이즈가 맞지 않으면, 다른 사이즈들도 맞지 않기 때문에 반드시 기본 사이즈가 정확해야 한다.
- 기본 사이즈 패턴의 수정이 생기면 전 사이즈도 반드시 수정해야 한다.
- 패턴의 스타일 번호, 사이즈가 정확히 기재되어 있는지 확인한다.
- 기본 사이즈 패턴을 확인한 후, 가장 큰 사이즈의 패턴을 아래쪽에 깔고 그 다음 사이즈를 위에 올리면서 중심선을 맞추어 각 부위별 편차량이 맞는지 확인한다.
- 가장 작은 사이즈가 맨 위에 올려지면, 사이즈가 고정이 되는 부위의 위치 및 사이즈가 맞게 되어 있는지 확인한다(주머니 위치, 다트 위치, 자수 위치 등).
- 사이즈별 부속 패턴이 몸판의 패턴과 맞는지 확인한다.

---

❷ 마커(Marker) 공정

마커 공정이란, 재단하고자 하는 원단과 같은 넓이의 종이에 필요한 전체 패턴을 식서 방향에 맞추어 배치하는 요척도를 그리는 작업이다. 마커는 패턴이 클 경우 배치하기는 쉬우나 원단의 소요 및 손실량이 많아지는 반면, 패턴의 크기가 작고 가지 수가 많을 경우 배치하기는 어려우나 원단의 소요 및 손실량은 적어진다. 생산 원가 산출 시 재료비가 약 70%를 차지하기 때문에 마커 공정은 생산 원가에 직접적인 영향을 미치므로 항상 주의를 하여야 한다.

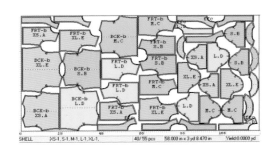

　마커의 종류에는 일방향 마커, 양방향 마커, 근접 마커(이색방지) 등이 있다.

① **일방향 마커**: 원단의 세로올 방향으로 패턴을 전체 한 방향으로만 재단하는 방법(골덴 및 방모같은 결이 있는 원단 또는 원단의 무늬가 한 방향으로 흐르는 원단일 때)

② **양방향 마커**: 원단의 세로올 방향으로 패턴을 양쪽 방향으로 재단하는 방법[원단의 손실(Loss)을 최소화할 수 있는 재단 방법]
   ✚ 바지재단의 경우 양방향 마커 형태지만, PCS별로 일방향을 맞춰준다(방향에 의한 이색방지).

③ **근접 마커(이색방지 마커)**: 이색테스트 후 원단의 이색이 있거나 가능성이 있을 때 서로 합복 되는 부분을 최대한 가깝게 배치하여 재단하는 방법

마커 시 주의사항(천의 조직, 조직 방향과 색깔, 기모 방향)

- 패턴지에 명시되어 있는 경사, 위사, 바이어스 등을 식서 방향과 일치하도록 배치하여야 한다. 어느 방향으로 패턴지를 놓고 재단을 하느냐에 따라 착용 후 혹은 세탁 후 의복의 형태가 달라지기 때문이다.
- 플란넬, 벨벳 등 원단의 표면에 짧게 혹은 길게 결이 있는 소재인 경우는 한 방향으로 패턴을 배치해야 하며, 줄이나 체크 등과 큰 문양이 있는 원단은 선이나 문양을 맞추어야 한다.
- 재단선은 가능한 가는 선을 이용함으로써 패턴의 정확성을 기해야 한다.
- 패턴의 배치는 큰 패턴부터 먼저 배치하고 난 후 칼라, 포켓, 커프스 등 작은 패턴을 남은 공간에 효율적으로 배치한다.
- 암홀과 네크라인 등 곡선인 경우는 패턴과 패턴 사이에 재단 칼을 위한 여유 공간을 주어야 한다.
- 빌로드, 벨벳, 코듀로이(털이 짧은 직물) - 털 방향이 위로 가게 배치한다.
- 모헤어, 아스트라칸 밍크(털이 긴 직물) - 털 방향이 아래로 오게 배치한다.
- 큰 무늬 옷감 패턴 배치 시 무늬가 한쪽에 몰리지 않고 좌우 같은 무늬가 놓이도록 주의한다.
- 한쪽 방향으로 프린팅 된 옷감은 일반 옷감보다 5~10% 더 필요하다.

❸ 검단(Inspection)

검단 공정이란, 연단 전 직물 상태를 조명장치를 이용하여 육안으로 검사하는 작업이다. 검단의 목적은 옷감의 불량을 미리 표시하여 작업이 용이하게 이루어지고, 원단 불량으로 인한 불량품 방지와 순조로운 작업 진행을 위함이며 옷감 자재의 불량이 전체의 25.2%를 차지하므로 매우 중요한 공정이다.

검단 시 필수 점검 사항은 염색 상태, 이색, 흠, 롤별 품질 차, 롤별 로트 차 등이 있다.

원단 시험 검사

1. Sampling 수축 테스트

롤에서 원단을 2야드 이상 풀어서 가로, 세로 30cm 종이를 원단 위에 놓고 초크로 그린 다음 스팀 또는 열 다리미로 수축시키고 다시 종이를 위에 놓아 양방향으로 얼마나 수축이 되었는지를 확인한다.

원단을 롤에서 2야드 이상 풀어내는 이유는 원단이 롤에 감겨 있을 때는 서로 잡아당기는 힘이 있어서 원단을 풀어 놓으면 자연수축이 진행되는데, 롤의 1야드 이내는 감겨 있는 상태에서도 느슨하기 때문에 자연수축이 이미 진행이 되어 만족한 결과를 얻기가 어렵기 때문이다.

2. 팬츠의 Washing 수축 테스트 방법

① **몸판**: 가로 50cm + 좌우 시접량 1.2cm, 세로 50cm + 상단 시접량 1.2cm + 하단 시접량 3cm로 재단한다.

   허리밴드: 가로 50cm + 좌우 시접량 1.2cm, 세로 허리밴드 4cm + 상하 시접량 1.2cm로 재단한다.
② 재단된 몸판/허리 밴드 사방으로 오버로크 작업을 한다(워싱 시 올 풀림 방지).
③ 허리밴드 2장을 겉면과 겉면을 맞대어 상단쪽을 박음질하여 가름솔로 다려준다.
④ 허리밴드 1장만 몸판 상단과 연결하여 시접은 허리밴드쪽으로 아이롱하여 넘겨준다.
⑤ 몸판의 다대 방향으로 반 접어 허리밴드까지 연결해준 후, 가름솔로 다려준다.
⑥ 몸판의 겉면이 보이도록 뒤집어 주고, 허리밴드도 반으로 접어준다.
⑦ 허리밴드가 반 접힌 상태에서 허리밴드 상단에 스티치, 하단에 스티치 작업을 해준다.
⑧ 완성 되면, 총 3부위를 측정한다(허리밴드 중심둘레 50cm, 허리밴드 제외 세로 길이 50cm, 몸판 중심둘레 50cm).
✚ 측정부위의 위치를 워싱 시 지워지지 않는 펜으로 반드시 표기한다.
✚ 50cm가 나오도록 정확히 재단하고, 정확한 시접량으로 봉제하도록 한다. 50cm가 나오지 않는 경우는 실제 측정된 정확한 치수를 적고, 추후 워싱 시 줄어든 만큼 %로 계산한다.

불량률 요인 분석

구분	불량 항목	내용
원자재	원단 상태의 불량	제직 상의 불량
	원단의 염색 불량	이색, 얼룩 현상
	올 뜯김	부주의에 의해 올이 뜯어지는 현상
	기타	부자재 불량
재단	패턴 불량	치수의 불량
	넘버링 불량	번호 기입의 잘못에 의한 이색 현상
	연단 작업 불량	연단 작업 시 가한 장력으로 인한 수축 현상
봉제	봉비, 봉탈	땀튐이나 봉사의 이탈
	퍼커링	주름 잡힘
	좌우 불균형	좌우 균형이 비대칭인 상태
	치수 불량	시접과 절단에 의한 치수 미달
	땀수 미달	기준 요구 땀수에 미달하는 현상
완성	다림질 불량	다림질 작업의 미흡
기타	오염	오염 물질의 접촉

❹ 연단(Spreading)

연단 공정이란, 생산하고자 하는 양 만큼의 원단이나 안감, 심지 등을 재단할 수 있도록 연단대 위에 균일하고 평편하게 무장력 상태로 펴서 쌓아 올리는 작업이다. 연단 시, 각 소재의 특성에 맞는 일정한 방법을 택하여야 하며, 재단대 위에 쌓아 올리는 방법으로는 소재의 폭이 120cm 이상인 넓은 원단의 경우에는 중간을 접어서 겹으로 하거나 넓게 하나로 펴는 방법이 있다. 소재의 폭이 120cm 이하인 경우에는 하나로 펴서 사용하는 방법이 효율적이다.

연단의 방법에는 한방향, 양방향, 표면대향 연단 등이 있다.

① **한방향 연단**: 직조가 뚜렷한 직물(마커 효율: 가장 작다, 소요 시간: 중간)

능직이나 주자직 등 직조가 뚜렷하게 나타나는 직물 소재나 편성물, 벨벳, 골덴 그리고 파일 소재 등과 같은 고품질 소재의 경우, 패턴을 한방향으로 재단이 되도록 배치시키는 방법이다. 이 방법은 마커의 효율성이 적으며 소재를 쌓는 왕복과정에서 한 번은 작업이 되나 다시 돌아오는 과정은 작업이 안 되기 때문에 작업시간을 많이 소

한방향 연단

- 원단의 넓이와 길이, 품질 불량을 확인하여 결함부분을 체크하고 소재의 불량으로 인한 재 재단을 최소화시켜야 한다.
- 연단을 수작업으로 할 경우엔 가능한 한 무장력 상태에서 쌓도록 주의해야 한다. 울이나 스판 및 니트 소재는 수축되고 올이 한쪽으로 휘어 치수가 작아지는 경우가 있다. 그렇기 때문에 수축이 심한 소재인 경우 연단 후 일정시간 방치해놓은 다음 재단하는 것이 좋다.
- 재단대 위에 쌓아 올리는 소재의 높이는 소재와 재단기에 따라 각각 다르다. 또한 중량이나 원단의 무늬에 따라서도 달라진다.
- 펠트(Felt)나 부직포 등 직조로 짜여 있지 않은 소재는 방향의 구분 없이 재단한다. 그러나 셔츠나 블라우스 소재 등은 경사 방향으로, 플란넬 등 오버코트 소재인 경우는 결 방향으로, 그리고 벨벳이나 골덴 등은 결과 반대 방향으로 각각 재단이 되어야 한다. 편성물은 한 방향이나 문양을 기준으로 재단되고 있다.
- 당김이나 주름이 없는 무장력 상태에서 실시하며, 소재가 수축되기 쉬운 소재(울, 니트, 스판)는 연단 후 일정 시간 방축시켜 재단한 후 연단의 위아래 사이즈의 스펙 차를 확인하여 최소화 한다.
- 체크무늬일 경우에는 체크무늬 연단대를 사용한다.

모하는 단점이 있다.

② **양방향 연단**: 단색, 결이 잘 나타나지 않는 평직물(마커 효율: 가장 크다, 소요 시간: 가장 짧다)

　단색인 소재나 결이 잘 나타나지 않는 직물 소재에 사용되는 연단 방법으로, 고품질이 아닌 대부분의 소재에 적용되고 있다. 마커의 효율성은 한방향 연단 방법보다 크며 생산성이 높아 생산비를 절감시키는 장점이 있다.

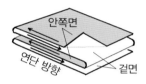

양방향 연단

③ **표면대항 연단**: 결이나 문양 등을 같은 방향으로 재단할 소재(마커 효율: 중간, 소요 시간: 가장 길다)

　소재의 결이나 문양 등 같은 방향으로 재단해야 하는 경우에 사용되며 효율성은 한방향 연단보다 크나 양방향 연단보다는 작다. 소재가 감긴 롤러를 돌려가면서 연단을 해야 하기 때문에 인력소모와 소요시간이 가장 큰 재단 방법이다.

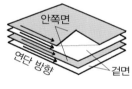

표면대항 연단

　이 외에도 편성물의 경우는 환편기의 원형상의 형태에 연단을 하는 경우와 횡편기의 원단의 폭이 120cm 이상일 때 반을 접은 상태에서 연단을 하는 방법이 있다.

　연단기의 종류에는 재래식으로 사람이 원단을 연단하는 수동 연단기, 수동식에 동력 장치가 달린 형태인 동력 연단기, 컴퓨터에 의해 작동하지만 체크무늬나 문양을 맞춰야 하는 경우에는 사용하기 어려운 자동 연단기가 있다.

❺ 재단(Cutting)

재단 공정이란, 재단대 위에 일정한 방법으로 쌓인 소재 위에 요척도가 그려져 있는 마커지를 부착시킨 후 재단 선을 따라 수동이나 자동 재단기로 자르는 공정으로 높은 정밀도를 요하는 작업이다.

- 수작업 재단의 경우에는 여러 겹을 재단한 후 윗장과 아랫장을 비교하면서 차이가 있는지의 여부를 검토하여야 한다.
- 재단기를 무리하게 이동하여 소재가 밀리지 않도록 주의하여야 하며 재단 후에는 어깨 끝이나 소매중심, 다트의 위치, 길이 등 위치표시를 정확히 해 봉제 시 편의를 제공하여야 한다.
- 밀도가 낮고 부드러운 소재인 경우는 클립이나 핀으로 마커지를 원단에 고정한 후에 회전속도가 고속이고 소재에 닿는 칼날의 면이 큰 재단기를 사용해야 한다.

재단 공정 시 주의사항

- 패턴이 큰 부분은 수직 재단기나 원형 재단기로 절단하고, 칼라, 커프스 등 작은 부분은 큰 패턴 절단 후에 밴드 나이프 재단기로 절단한다.
- 곡선인 암홀이나 네크라인 선 등은 가장자리가 각이 나지 않도록 하기 위해서 멈춤 없이 계속 해서 절단해야 한다.
- 위치표시는 소재와 시접의 넓이에 따라 길이가 다르나, 올이 풀리지 않는 소재는 5mm 이상을 넘지 말아야 한다. 그러나 올이 풀리는 소재는 시접이 넓어야 하며 위치 표시의 길이도 길어야 봉제 시 봉합이 정확하게 맞는다. 위치표시가 봉제선보다 길게 잘렸을 때는 겉면에 나타나서 불량품이 발생하기 때문에 주의해야 한다.
- 손 가위나 자동으로 갈아지지 않는 칼날은 자주 갈아서 사용해야 한다. 그래야만 소재가 밀리지 않고 잘림선이 일정하여 불량품의 발생을 방지할 수 있다.
- 패턴과 재단된 소재의 편차는 없어야 한다.

- 두껍고 밀도가 높은 소재는 칼날이 닿는 면이 짧은 재단기를 사용해야 한다.
- 합성섬유인 경우는 저속회전을 해야 하며 칼날이 닿는 면이 짧아야 한다. 연단의 높이가 높거나 속도가 빨라 재단 칼과 소재의 마찰에 의해 열이 발생하여 가장자리가 융착 되는 경우가 있기 때문이다. 이때에는 냉각제를 사용하거나 파라핀 종이를 원단 사이에 끼워 넣고 연단장수를 줄여야 열의 발생을 막을 수 있다.

❻ 레이아웃(Layout)

레이아웃이란, 봉제, 완성의 분야별로 체계적 배치 계획을(SLP: System Layout Planning) 세우는 것이며 이러한 생산 레이아웃을 통해 정확한 생산량을 결정할 수 있고 소요 인력 현황 산정과 정확한 기계 및 부대 시설 리스트를 얻을 수 있다.

① **재단반 생산 레이아웃**: 재단반 레이아웃의 핵심은 로트 사이즈, 아이템, 소재(우븐, 니트), 마커 길이, 원단 폭 등을 고려하여 재단 테이블의 폭과 재단 테이블 수량을 결정하는 것이다.

② **봉제반 생산 레이아웃**: 봉제 아이템과 생산 시스템은 전체 생산량과 채산성이 주된 영향을 주는 요소이다. 봉제반 생산 레이아웃의 각종 생산 시스템은 해당 지역, 형태에 따라 달리 적용되고 있다. 입식 생산 시스템이나 행거 레일 시스템은 선진국형 시스템이라 할 수 있으며 국내나 해외공장(한국인이 운영하는 공장)의 경우 스트레이트 라인 시스템(Straight Line System: 소품종 대량생산에 많이 사용되고 있는 직렬식 라인 시스템으로 재봉기를 일렬로 나열한 후 한 작업자가 하나의 공정만을 담당하여 공정을 끝낸 다음 작업자에게 이동되는 단일흐름 작업의 라인 시스템)과 블록 유닛 시스템(Block Unit System: 블록별 팀장이나 블록반장이 중심이 되어 독립적으로 공정의 업무와 책임을 분담하는

봉제 공장의 생산 모습

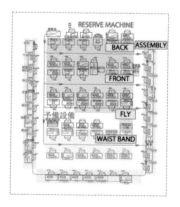

생산 레이아웃의 예시

형태의 라인 시스템)을 병용하는 형태, 번들 시스템(Bundle System: 한 묶음 단위의 흐름작업으로 한 묶음의 작업이 끝나면 다음 작업자에게 넘겨주는 라인 시스템)을 병용하는 형태가 있다.

③ **완성반 생산 레이아웃**: 완성반은 봉제 완료와 동시에 해당 라인 끝에서 완성 공정 분석을 철저히 하여 제사처리나 마무리 작업을 하며, 보조 테이블의 크기와 반제품 핸드링 반경을 충분히 고려하여 레이아웃을 설정해야 한다. 프레스 아이템(코트, 신사복, 숙녀복)의 경우 행거 레일 시스템을 설치하여 완성된 옷이 걸린 채로 프레스공정, 아이롱공정, 단추달이, 택달이 및 아소팅공정을 처리하는 시스템을 활용하고 있다.

✚ 아이템 및 공정 현황에 맞는 효과적인 레이아웃의 설계를 통해 봉제 품질을 균일화하고 생산성을 올릴 수 있다.

3 | 생산 일정에 대한 이해 및 관리

상품 기획 부서에서는 디자인을 선정한 후 사이즈별 공급 수량 등을 결정한다. 이후 생산 부서에서는 효율적인 생산 작업을 수행하기 위하여 다음과 같은 기획을 진행한다.

테크니컬 디자이너는 이와 같은 생산 기획에 따른 일정을 이해하고 효율적인 생산 공정이 착수되도록 도와야 한다.

① **생산 기획**
  • 채택된 디자인을 상품화하기 위해 스타일별 생산 수량, 생산 원가 등을 기획한다.
  • 정해진 시기까지 상품을 받을 수 있도록 공장에 원·부자재 투입에서 상품 출하까지의 전체적인 생산 납기를 기획한다.
  • 생산에 투입되는 원·부자재, 제조지시서 등의 사전 준비 작업을 기획한다.

② **생산 관리**
  • 생산 현장에서의 작업 일정, 작업 지시, 품질 관리, 작업 실적 집계 등의 과정에서의 관리 활동이다.
  • 목표 가격, 시기, 품질 등의 산출을 위한 기준을 설정하고 생산 관리 업무의 체제를 구축한다.
  • 생산 기획 대비 현재 생산 상태를 파악하고 문제점을 도출하고 개선한다.

③ **품질 관리 및 공정 검사**
  • 원재료와 부재료의 구성 기준 및 적용 기준을 제정하여 재단 기술을 표준화하는 기술 지도를 실시한다.
  • 생산 시 작업 불량 문제점에 대한 개선 조치를 실시한다.
  • 생산 목표 대비 실적을 달성하기 위해 생산 관리 및 품질 관리 업무를 진행한다.
  • 품질 수준 평가를 위한 검사 기준 및 방법과 판정 기준을 정하여 완제품이 생산의뢰서와 동일한 방법으로 제작되었는지 검토·확인한다.
  • 대량 생산 라인에서 색상별, 사이즈별 문제점이 없는지 외관 검사 및 품질 검사 등으로 검토·확인한다.

4 | 봉제품 품질 검사

의류 제품의 품질 관리는 원·부자재와 중간 제품, 그리고 최종 완제품에 적용되는 일련의 검사를 통해서 이루어진다. 따라서 제품의 품질 향상을 위해서는 적절한 품질 검사 시스템의 활용이 요구된다. 품질 검사는 제품의 설계 내역을 정확히 파악하고 점검함으로써 기획한 제품이 차질 없이 생산될 수 있도록 하는 설계 내역 확인 기능과 각 단계별로 발생할 가능성이 있는 결점을 수정·보완하게 함으로써 최종 제품의 품질이 일정 수준에 이르도록 하는 기능을 갖는다. 의류 제품의 품질 기준은 한국산업규격(KS)에 준하여 실시된다. 의류 제품의 자재, 직물, 제품 부분, 완성품 등에 관한 실험 분석은 기업의 자체 실험실, 소비자단체의 실험실 이외에도 한국 의류 시험 연구원(KATRI), 한국 섬유 기술 연구소(KOTITI), 한국 원사 직물 시험검사소(FITI) 등의 기관에서 행해지기도 한다.

❶ **품질 검사의 종류**
  ① **원·부자재 검사(Raw Material Inspection)**: 부자재의 입고 시 의류 업체가 작업지시서 등을 통하여 제작을 지시한 제품과 동일한 것인지에 관하여 확인하고, 수량·사이즈, 결점 등을 검사한다.

복종에 따른 섬유 제품 품질 기준

시험법		외의류/중의류	스포츠의류	아동 및 유아복류	내의류
세탁 견뢰도	물세탁	변퇴색: 4급 이상 자체 이염: 4～5급 이상 오염: 3급 이상			
	드라이 클리닝	변퇴색: 4급 이상 자체 이염: 4～5급 이상 오염: 4급 이상			
치수 변화율	물세탁	직물: ±3% 이내 편성물: ±5% 이내			직물: ±3% 이내 편성물: ±5% 이내 리브편: −2%～+4%
	드라이 클리닝	직물: ±2% 이내 편성물: ±3% 이내			
마찰 견뢰도		건: 4급 이상 습: 3급 이상	건: 4급 이상 습: 3급 이상	건: 3～4급 이상 습: 3급 이상	건: 4급 이상 습: 3급 이상

자료: 한국 소비자 보호원

② **이화학 검사**: 의복의 기능적 품질을 객관적으로 판단하기 위해 원단, 부자재 등에 대한 이화학 분석, 섬유의 혼용률, 밀도, 폭, 실번수, 중량 등과 염색 견뢰도, 인장 강도, 세탁 견뢰도, 마찰 견뢰도 등이 있다.

③ **전수 검사**: 제작 업체가 납품한 모든 제품을 하나하나 검사한다.

④ **샘플링 검사**: 전수검사에 소요되는 시간, 비용 등을 절감하기 위하여 무작위 샘플링, 통계학적 샘플링 등에 의하여 품질검사를 실시한다.

⑤ **공정 중 품질 검사(In-line Inspection)**: 봉제 작업 공정 중에 시제품 검사, 중간 검사, 봉제완성 검사를 실시한다. 품질의 문제점을 가능한 한 낮은 단계에서 제거하여 완제품의 불량률을 낮추어 결과적으로 품질 관리 비용을 줄이는 것이 목적이다.

⑥ **최종 완제품 품질 검사(Final Inspection)**: 소비자 관점에서의 제품 검사로 제품의 사이즈, 형태, 착용감, 부자재의 성능, 오염 여부, 솔기의 상태 등 제품이 판매될 때의 상품 가치를 좌우할 수 있는 제품 불량을 제조 완성 단계에서 검사하는 것이다. 완제품의 전부 또는 샘플링한 일부 제품에 관하여 치수검사, 외관검사, 기능검사, 라벨검사, 세탁실험 등을 검사한다.

❷ **품질표시라벨**

판매를 목적으로 하는 모든 섬유 제품은 반드시 품질표시라벨을 부착하도록 하는 것이 전 세계적으로 각국의 법령에 의해 정해져 있다. 맞춤복을 제외하고, 모든 개별 제품에 품질경영 및 공산품안전관리법에 근거하여 안전품질표시를 하여야 한다. 안전품질표시를 하도록 법으로 강제하는 이유는 소비자의 이익과 안전을 도모하고 기업의 품질경쟁력을 강화하기 위함이다. 섬유 제품에 올바르게 세탁라벨(품질표시라벨)을 부착하라는 내용이다.

■ **표시사항 및 표시방법**

개별 제품에는 세탁을 하더라도 떨어지지 않도록 박음질 또는 그와 동등한 효과의 방법으로 섬유의 조성 또는 혼용률, 취급상 주의사항, 표시자의 주소 및 전화번호, 제조자명(국내품에 한함) 또는 수입자명(수입품에 한함) 및 제조국명을 표시하여야 한다. 다만, '표시자' 표시는 제품하자에 대해 책임을 지는 '제품 문의처', '소비자상담실', '제조자명(국산품에 한함)', '수입자명' 또는 '판매자명'으로 표시할 수 있다. 또한, 치수는 표시할 것을 권장한다.

개별 제품에는 제품의 추적이 가능한 제조연월, 최초 판매시즌, 로트 번호, 제품의 스타일 번호, 바코드 번호, QR코드 등의 어느 하나를 표시하여 동제품이 언제 만들어 졌는지 객관적으로 추적할 수 있도록 하여야 한다.

① **표시 방법**: 개별 섬유 제품에는 세탁을 하더라도 떨어지지 않도록 박음질 또는 그와 동등한 효과의 방법(흔히 알고 있는 품질표시라벨 또는 케어라벨, 세탁라벨)으로 표시하여야 한다.

② **표시 내용**: 섬유의 조성 또는 혼용률, 취급상 주의사항, 표시자의 주소 및 전화번호, 제조자명 또는 수입자명, 제조국 등 케어라벨의 특성상 각각의 섬유 제품마다 표시 내용을 달리 표시하여 제품에 부착하여야 한다.

표시에 사용하는 섬유의 명칭을 나타내는 문자에는 통일문자를 사용하여야 한다. 다만, 종류가 불명한 섬유에 대하여는 "불명섬유"라는 문자를 통일문자로 하여 사용하고 조성섬유 중 혼용률이 5% 미만인 섬유에 대하여는 "기타 섬유" 또는 "기타"라는 문자를 통일문자로 하여 사용할 수 있다. 취급상 주의사항은 아래 표에 따라 제품에 적합한 내용을 물세탁 또는 드라이클리닝 방법 등을 포함해 4종류 이상을 한글 또는 기호로 표시하여야 한다.

섬유 제품별 표시사항

섬유 제품	품질 표시사항
1. **의류** 　① 외의류 　② 중의류 　③ 내의류 　④ 유아용 및 아동용 의류 　⑤ 학생복 　⑥ 한복 등	1. **섬유의 조성 또는 혼용률** 　① 겉감 　② 안감 　③ 충전재(충전재 사용 제품) 　④ 다운 제품은 솜털(다운), 깃털(페더), 기타로 구분하여 %로 표기 2. **제조자명 또는 수입자명** 3. **제조국명** 4. **제조연월, 최초 판매시즌, 로트 번호 등의 어느 하나를 표시** 5. **치수** 6. **취급상 주의사항** 7. **표시자 주소 및 전화번호**
2. **의류 이외의 섬유 제품** 　① 이불 및 요 　② 모포 　③ 침낭 　④ 카페트 　⑤ 방석류 　⑥ 신발류 　⑦ 숄, 가방, 커튼 등	1. **섬유의 조성 또는 혼용률** 　① 겉감 　② 안감 　③ 충전재(충전재 사용 제품) 　④ 다운 제품은 솜털(다운), 깃털(페더), 기타로 구분하여 %로 표기 2. **제조자명 또는 수입자명** 3. **제조국명** 4. **제조연월, 최초 판매시즌, 로트 번호 등의 어느 하나를 표시** 5. **치수(숄, 가방, 커튼 등 일부 제품은 생략)** 6. **취급상 주의사항** 7. **표시자 주소 및 전화번호**

품질경영및공산품안전
관리법에의한품질표시

호칭:88-98-165

항 목	신체치수
가슴둘레	88cm
엉덩이둘레	98cm
신장	165cm

혼 용 율

겉감	폴리에스터	95%
	폴리우레탄	5%
안감	폴리에스터	93%
	울	7%

서울시 성수동 308-4
소비자상담실 1588-1607
제조자: 트로닉스
제조국: 한국
제조년월: 2014.11

TA1-SK001 NO 1

개별 제품에는 세탁을 하더라도 떨어지지 않도록 박음질 또는 그와 동등한 효과의 방법으로 섬유의 조성 또는 혼용률, 취급상 주의사항, 표시자의 주소 및 전화번호, 제조자명(국내품에 한함) 또는 수입자명(수입품에 한함) 및 제조국명을 표시하여야 한다.
다만 '표시자' 표시는 제품 하자에 대해 책임을 지는 '제품문의처', 소비자상담실', '제조자명', '수입지명' 또는 '판매자명'으로 표시할 수 있다.

치수는 표시할 것을 권장한다.

- 섬유의 조성 또는 혼용률 표시는 조성 섬유의 명칭을 표시하는 문자에 섬유의 조성 또는 혼용률을 백분율로 나타내는 치수를 병기한다.
- 안감을 사용하는 섬유 제품에 대해서는 그 안감을 분리하여 섬유 조성 또는 혼용률로 표기한다.
- 표시에 사용하는 섬유의 명칭을 나타내는 문자에는 통일문자를 사용하여야 한다.

취급상 주의사항은 제품에 적합한 내용을 물세탁 또는 드라이클리닝 방법 등을 포함해 4종류 이상을 한글 또는 기호로 표시하여야 한다.

그림 3-14 섬유 제품 표시사항
자료: 국가 기술 표준원

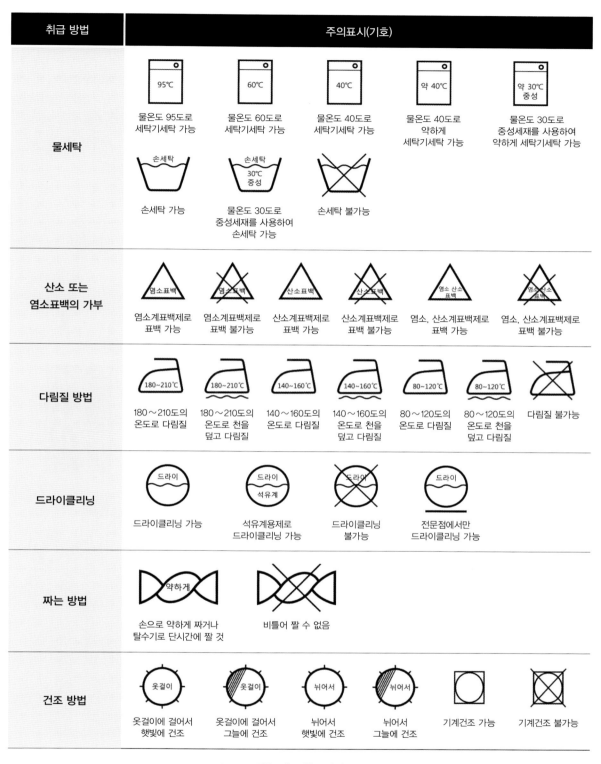

취급 방법	주의표시(기호)
물세탁	**95℃** 물온도 95도로 세탁기세탁 가능 / **60℃** 물온도 60도로 세탁기세탁 가능 / **40℃** 물온도 40도로 세탁기세탁 가능 / **약 40℃** 물온도 40도로 약하게 세탁기세탁 가능 / **약 30℃ 중성** 물온도 30도로 중성세재를 사용하여 약하게 세탁기세탁 가능 / **손세탁** 손세탁 가능 / **손세탁 30℃ 중성** 물온도 30도로 중성세재를 사용하여 손세탁 가능 / 손세탁 불가능
산소 또는 염소표백의 가부	염소표백 염소계표백제로 표백 가능 / 염소표백 염소계표백제로 표백 불가능 / 산소표백 산소계표백제로 표백 가능 / 산소표백 산소계표백제로 표백 불가능 / 염소 산소 표백 염소, 산소계표백제로 표백 가능 / 염소 산소 표백 염소, 산소계표백제로 표백 불가능
다림질 방법	180~210℃ 180∼210도의 온도로 다림질 / 180~210℃ 180∼210도의 온도로 천을 덮고 다림질 / 140~160℃ 140∼160도의 온도로 다림질 / 140~160℃ 140∼160도의 온도로 천을 덮고 다림질 / 80~120℃ 80∼120도의 온도로 다림질 / 80~120℃ 80∼120도의 온도로 천을 덮고 다림질 / 다림질 불가능
드라이클리닝	드라이 드라이클리닝 가능 / 드라이 석유계 석유계용제로 드라이클리닝 가능 / 드라이 드라이클리닝 불가능 / 드라이 전문점에서만 드라이클리닝 가능
짜는 방법	약하게 손으로 약하게 짜거나 탈수기로 단시간에 짤 것 / 비틀어 짤 수 없음
건조 방법	옷걸이 옷걸이에 걸어서 햇빛에 건조 / 옷걸이 옷걸이에 걸어서 그늘에 건조 / 뉘어서 뉘어서 햇빛에 건조 / 뉘어서 뉘어서 그늘에 건조 / 기계건조 가능 / 기계건조 불가능

그림 3-15 섬유 제품 취급 방법 표시 기호

품질표시라벨에는 위의 각 항목 중 그 제품에 적합한 내용의 주의표시를 3가지 이상 포함하는 것이 원칙이다.

3-3 테크니컬 플랫(Technical Flat)의 작성

1 | 테크니컬 플랫의 이해

테크니컬 플랫은 2차원적인 테크니컬 스케치(Technical Sketch)로 세부 묘사를 위해 비율에 맞게 정확하게 그려진 도식화이다. 테크니컬 플랫에 표현된 의복의 비율, 디자인 요소, 봉제 요소 등을 근거로 의류 생산용 패턴이 설계되며 이를 바탕으로 샘플과 완제품이 만들어지게 되므로 정확한 실루엣 표현뿐만이 아니라 봉제 방법과 스티치 등도 정확하게 포함하여 그려져야 한다. 또한 의복에 인체에 입혀지는 3차원적인 점을 반영하지 않고 의복이 테이블에 평평하게 놓여진 상태로 보이는 것처럼 그려야 하며 의복의 각 부위가 정확한 비율로 그려지는 것이 중요하다.

❶ 다양한 스케치의 종류

Inspiration Sketch (Personal Sketch)	디자이너들이 각자의 Inspiration 노트에 아이디어를 기록하는 거친 스케치	
Fashion illustration	인체 위에 그려지는 착장화로 스타일 특징, 타깃 소비자, 액세서리, 헤어스타일 등의 전체적인 느낌을 파악하기 위한 스케치로 주로 프리젠테이션을 위해 사용됨	
Fashion Float	인체가 순화된 스케치들을 의미한다. 움직임을 포함한 의복 스케치인 패션 일러스트레이션과 평평하게 놓여진 상태의 스케치인 플랫을 합쳐놓은 스케치로 주로 Line Sheet에 사용됨	
Technical Flat	2차원적인 Technical Sketch로 디자인과 디테일의 세부 묘사를 위해 비율에 맞게 정확하게 그려진 도식화이다. 플랫을 기본으로 의복이 만들어지므로 정확한 봉제 방법과 스케치를 기반으로 착장성을 고려하지 않은 상태로 그려야 하며, 테이블에 평평하게 놓여진 상태로 그려짐	

❷ 테크니컬 플랫의 작성 방법

① **테크니컬 플랫의 작성 비율**: 일반적으로 성인복은 1:8의 비율로 하고 아동복은 1:4의 비율로 작성한다.

② **테크니컬 플랫에서 반드시 명시해야 하는 사항**

- **상의**: 어깨넓이, 패드의 종류, 포켓(정확한 넓이와 위치), 칼라의 종류와 모양, 단추의 위치와 개수, 여밈 방법, 소매의 종류와 모양, 전체 기장, 커프스 폭 등
- **하의**: 전체 기장, 허리 밴드 높이, 트임 길이, 밑단 너비, 여밈 방법, 포켓 위치와 크기 등

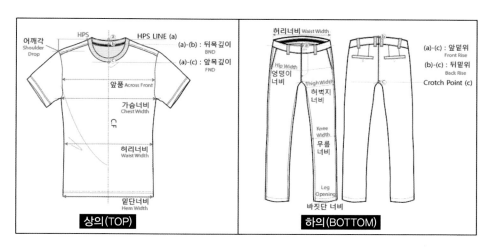

그림 3-16 상의와 하의의 테크니컬 플랫과 중요 부위의 표현

2 | 테크니컬 플랫의 표현

❶ TRIM & DETAILS

트림(Trim: 완성된 의복에 별도의 재료를 첨부하여 장식하는 것)과 디테일(Detail: 의복의 세부 장식)과 같은 설명이 필요한 세부 구조물의 경우 알기 쉽도록 크기, 위치, 구성 방법 등을 그림과 언어를 이용하여 자세하게 나타내야 한다.

■ **트림의 종류**

| 실(Thread) | 지퍼(Zipper) | 테이프(Tape) | 단추(Button) | 액세서리(Accessories) |

① **기능적인 목적의 트림 종류**: 실(Sewing thread), 단추(Button), 라벨(Label: Main label, Care label, Size label, Price label, Flag label, Compositions label), 지퍼(Zipper), 훅앤룹 또는 훅앤아이(Hook & Loop / Hook & Eye), 벨크로 테이프(Velcro), 심지(Interlining) – 접착(Fusible) 또는 비접착(Non-Fusible), 어깨 패드(Shoulder pad) 등

② **장식적인 목적의 트림 종류**: 레이스(Lace), 브레이드(Braid), 고무줄밴드(Elastic Band), 스팽글(Spangle), 비즈(Beads), 아플리케(Applique), 핫픽스(Hot fix), 와펜(Wappen), 트윌테이프(Twill tape) 등

■ 디테일 종류

넥라인(Neck Line)   칼라(Collar)   라펠(Lapel)   소매(Sleeve)

커프스(Cuffs)   앞여밈(Opening)   주머니(Pocket)   장식

① 의복 구성을 위한 구조적 디테일

Neck line	라운드넥(Round Neck), 크루넥(Crew Neck), 하이넥(High Neck), 터틀넥(Turtle Neck), U넥 (U-Neck), V넥(V-Neck), 스퀘어넥(Square Neck), 홀터넥(Halter Neck), 카울넥(Cowl Neck), 보트 넥(Boat Neck) 등
Collar	만다린칼라(Mandarin), 컨버터블칼라(Convertible), 테일러드칼라(Tailored), 윙칼라(Wing), 피터팬칼 라(Peterpan), 숄칼라(Shawl), 세일러칼라(Salior) 등
Lapel	Peak Standard Notch Shawl Wide peak Narrow notch Wide notch
Sleeve	셋인소매(Set-in), 퍼프소매(Puff), 캡소매(Cap), 비숍소매(Bishop), 래글런소매(Raglan), 벨소매(Bell), 레그오브머튼소매(Leg of mutton), 기모노소매(Kimono), 돌만소매(Dolman), 트럼펫소매(Trumpet) 등
Cuffs	Narrow Single Button Double Button Triple Button French Napoleon
Pocket	웰트포켓(Welt Pocket), 플랩포켓(Flap Pocket), 슬래시포켓(Slash Pocket), 캥거루포켓(Kangaroo Pocket), 셋인포켓(Set-in Pocket), 패치포켓(Patch Pocket) 등

② 장식을 위한 기교적 디테일: 프릴(Frill), 러플(Ruffle), 플라운스(Flounce), 턱(Tuck), 플리츠(Pleats), 셔링(Shirring), 스모킹 (Smocking), 개더(Gather), 파이핑(Piping), 바인딩(Binding), 퀼팅(Quilting) 등

■ 트림 및 디테일의 표현 방법

복잡한 트림 또는 디테일의 경우, 의복 구성 측면에서 문제가 없도록 기능적 설계를 뒷받침하여 구조물의 크기, 위치, 구성 방법 등을 알아보기 쉽도록 설명과 함께 작성하는 것이 가장 중요하다.

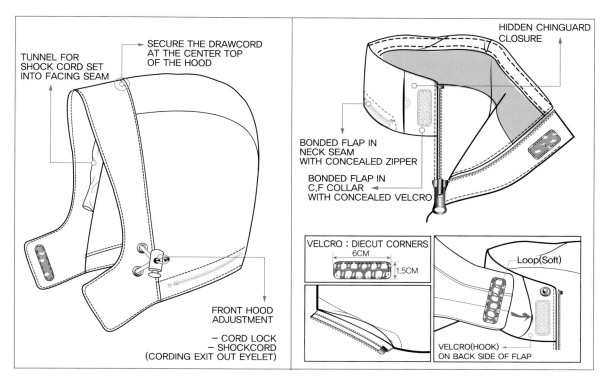

그림 3-17 후드의 디테일 표현

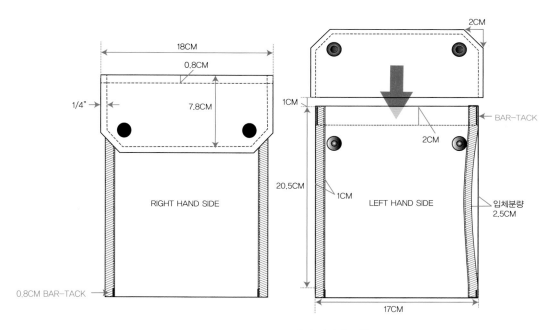

그림 3-18 포켓의 디테일 표현

- 봉제의 방법, 스티치, 솔기(바택, 탑스티칭 등), 디테일에 대한 자세한 정보를 제공해 주는 것
- 각 부분들을 실물에서 원하는 비율과 위치에 맞게 그려주는 것

아래의 그림과 같이 안쪽 면은 회색이나 투명으로 표시하거나, 여밈 방법 같은 경우 닫혔을 때와 펼쳐졌을 때를 함께 보여주면서 화살표 등으로 표시를 해줌으로써 보는 사람으로 하여금 구성 방법과 형태를 정확히 알 수 있도록 해주어야 한다.

또한 실제 의복 치수에 대해 테크니컬 플랫이 시각적으로 반영되므로 트림과 디테일의 비율과 위치를 정확하게 표현할 수 있도록 해야 한다.

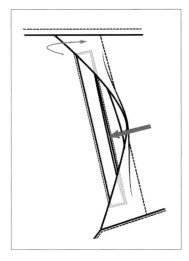 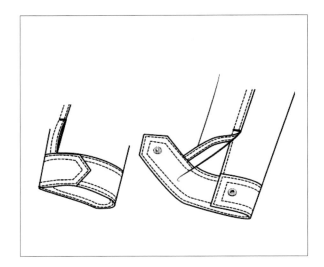

그림 3-19 트림과 디테일 표현 방법 예

❷ 봉제 사양 작성 방법

① **솔기와 스티치의 종류, SPI(Stich Per Inch), 세부 봉제 방법 등**: 테크니컬 플랫과 함께 명료한 설명을 표시하여야 한다. 정확한 이해를 위해 부분을 확대한 세부적인 그림 또는 글을 이용하여 작성한다.

② **의복의 안쪽 면**: 아이템에 따라 안감, 심지, 그 밖의 다양한 부속으로 이루어져 있어서 의복 생산 시 필요에 따라 별도의 설명이 요구되는데 라벨의 부착 방법, 안주머니 사양, 안감 봉제 사양, 안쪽 솔기 처리 방법 등이 이에 속한다.

봉제 사양을 작성할 때 무엇보다 중요한 것은 전체 요소들의 일관성 있는 내용의 전달이다.

각 회사의 표준화된 플랫을 그리는 가이드라인에 맞춰 솔기, 탑스티칭, 위치, 구성 방법 등의 다른 요소들을 보는 사람들로 하여금 쉽게 파악할 수 있도록 통일감을 주는 것이 가장 중요하다.

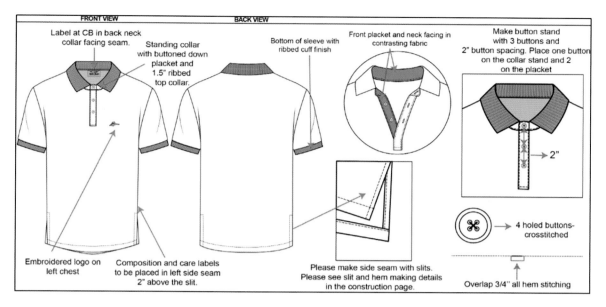

그림 3-20 봉제 사양 작성 방법

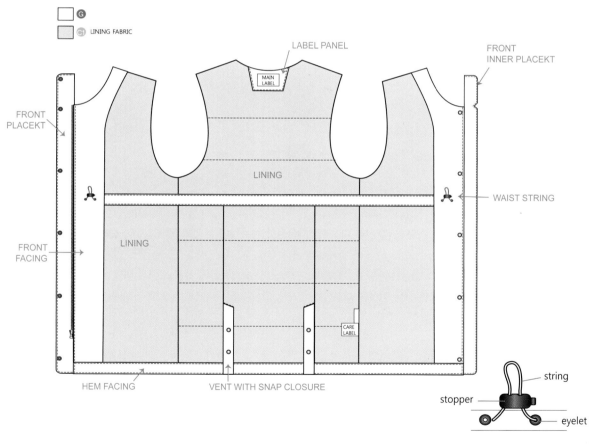

그림 3-21 안사양 작성 방법

- **폰트**: 테크니컬 플랫 또는 드로잉에서의 노트나 콜아웃(Call-Out)용 폰트는 간단하고 읽기가 쉬운 것들로 사용하여야 한다(Tahoma, Arial, 맑은 고딕, 신명조체와 같은 폰트들이 많이 사용된다).

  폰트의 크기는 9∼10포인트가 일반적이며 너무 작게 사용할 경우 읽기 힘드므로 주의해야 한다.
- **선 굵기**: 선의 굵기를 표준화 해서 보는 사람이 그림을 보며 의복에 대한 이해를 쉽게 할 수 있도록 한다.

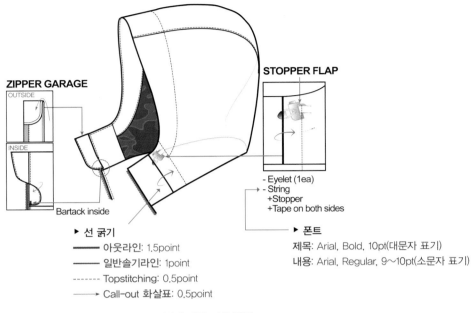

그림 3-22 봉제 사양 작성 방법

4 제조지시서(Technical Package)의 작성

의류 상품 개발 및 생산의 전 과정에 사용되는 문서가 바로 제조지시서이다.

작업지시서, Technical Package, Specification Package 등 다양한 이름으로도 불리고 있으며, 관련 부서가 각자 책임져야 할 부분을 명기하고 공유하는 스타일 명세서이다. 의류 제품을 상품화하는 과정에서 제조지시서를 만드는 것이 처음 단계이다.

테크니컬 디자이너는 제조지시서를 효율적으로 제작하고 관리하여, 제조자들이 제품의 생산 비용을 미리 계산하고 샘플을 정확하게 만들 수 있도록 필요한 모든 정보를 제공함과 동시에 생산 일정에 차질이 없도록 진행해야 한다. 제조지시서에

제조지시서 작성의 목표

1. 의복의 디자인 및 디테일 정보 전달
2. 봉제 공정 방법의 확인 및 검토
3. 직물과 부자재 사용의 정보 전달
4. 각 스타일의 정확한 색상 지시
5. 샘플의 치수(Spec)와 그레이딩 룰 제시
6. 트림 및 레이블과 행택 등의 정보 전달
7. 상품의 포장 방법 정보 전달

포함되는 항목을 살펴보면, 도식화(Technical Flat), 디자인 스케치, 제품의 부위별 크기, 사이즈 간 편차, 허용치수, 소재, 부자재, 트림(Trim: 지퍼, 심지, 안감 등), 라벨, 샘플 수정사항 등의 정보를 포함하고 있으며 이러한 제조지시서는 에이전트, 벤더회사 그리고 바이어인 의류회사 간 의사소통의 수단이며 계약이기도 하므로 모든 필수 구성 요소들은 명확하고 알기 쉽게 표기되어야 한다.

의류 제품 생산에 있어서 위와 같은 정보를 한 문서로 정확하게 전달할 수 있는 가장 중요한 요소인 '제조지시서 작성'은 테크니컬 디자이너의 주요 업무 중의 하나이며, 제조지시서를 정확하고 명백하게 작성하여 원활한 의사소통을 이루어야 의류 제품을 성공적으로 생산할 수 있다.

각 의류 업체들은 그들의 형식에 맞는 독특한 제조지시서를 사용하고 있으나 다음과 같은 구성 요소들을 공통적으로 포함하고 있다.

제조지시서 구성 요소

1. Cover Page: 테크니컬 플랫(앞면, 뒷면 그림)
2. Construction Page: 봉제 사양과 구성 방법(안사양, 봉제의 부분적 확대 그림 등)
3. BOM Page: 원·부자재 사용 내역
4. Graphic & Label Page: 상표와 포장, 패키지 등의 정보
5. Spec & Grading Page: 샘플의 치수 측정 지점, 치수 내역, 그레이딩 룰 제공

❶ 스타일 요약(Style Summary)

각 페이지의 가장 윗부분에는 스타일 요약이 들어간다. 이는 각 스타일을 구분해 주는 중요한 정보로서 상품 개발 단계를 보여주는 샘플 상태(Sample Status)와 스타일 번호, 제조지시서의 구성 페이지가 명기되어 있으며 브랜드명, 시즌, 아이템, 원단, 워싱 정보, 디자이너 이름, 테크니컬 디자이너 이름, 공장, 샘플 사이즈 정보, 디자인된 날짜, 스타일이 수정된 날짜, 메인에 투입된 날짜, 스타일 납기일 등이 포함된다. 이는 모든 제조지시서의 각 페이지에 동일하게 나타난다.

스타일 요약 – 제조지시서의 가장 윗부분

3 테크니컬 디자인 215

❷ 커버페이지(Cover Page)

제조지시서의 커버페이지에는 스타일 번호, 스타일의 테크니컬 플랫 스케치가 들어 있어야 한다. 원단 정보, 트림 정보, 그래픽의 위치, 디자인 디테일 등 의복에 대한 구체적인 주요 내용을 기록한다.

① 커버페이지에는 앞면과 뒷면의 그림이 정확한 비율로 들어가야 한다. 테크니컬 플랫은 트림, 디테일, 스티칭 등의 정확한 정보들을 모두 포함하고 있어야 한다. 디자인의 정확한 이해를 위하여 필요 시 측면의 그림이나 부분을 확대한 스케치를 첨가할 수 있다.

② 커버페이지에는 메인 원단(Ground Fabric)과 부원단 또는 배색원단(Combo Fabric or Constrast Fabric)의 사용 부위를 표시해준다.

③ 스케치만으로 이해하기 어려운 사항은 의사소통을 돕기 위해 노트, 해석 또는 제목을 첨가하기도 한다.

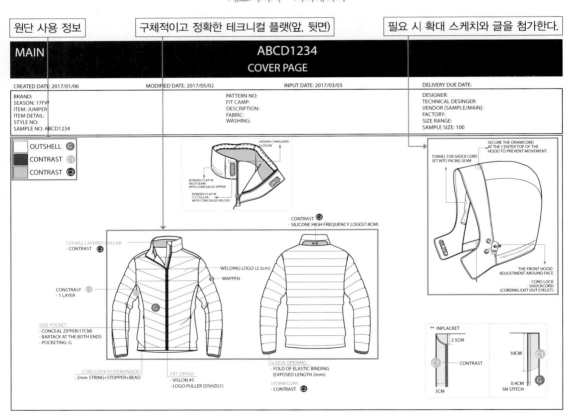

제조지시서 – 커버페이지

❸ 사양(Construction Page)

① **내부 사양(Inside Construction)**: 아우터, 재킷이나 바지 등의 스타일 내부 사양을 스케치와 함께 설명함으로써 정확한 봉제 방법을 생산자로 하여금 빠르게 인지시킬 수 있으며 업무의 단축을 가져 올 수 있다.

제조지시서 - ① 내부 사양

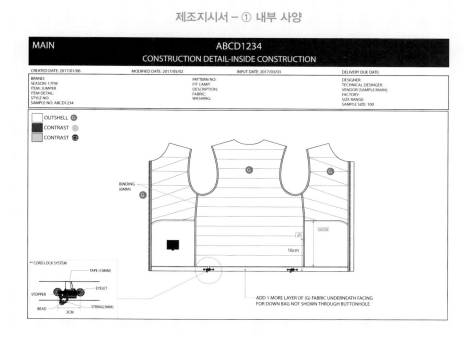

② **컬러 웨이(Color-way)**: 해당 스타일의 전체 진행 색상에 대해 한 눈에 볼 수 있도록 한다.

제조지시서 - ② 컬러 웨이

③ **봉제 사양(Detail):** 스케치와 사양에 대해 설명하고 봉제 방법, 디테일의 크기와 위치, 스티치의 종류와 폭 등을 기재하고 필요에 따라 디테일 스케치를 별도로 첨가한다.

- 필요한 봉제 방법, 디테일 사양(심지 부착 부자재의 위치와 부착 방법, 밑단처리 방법, 솔기처리 방법, 스티치 종류, 땀수(SPI), 부분 봉제 도식화, 봉제 주의사항) 등을 간결하고 명확하게 글과 그림으로 표기한다.
- 디테일의 치수, 달려야 할 장소. 측정 지점이 정확하게 제시 되어야 한다.
- 샘플링하는 과정에서 업데이트되는 정보나 디테일을 정확하게 표기하여 제조지시서 수정에 대한 기록을 제공한다.

제조지시서 – ③ 봉제 사양

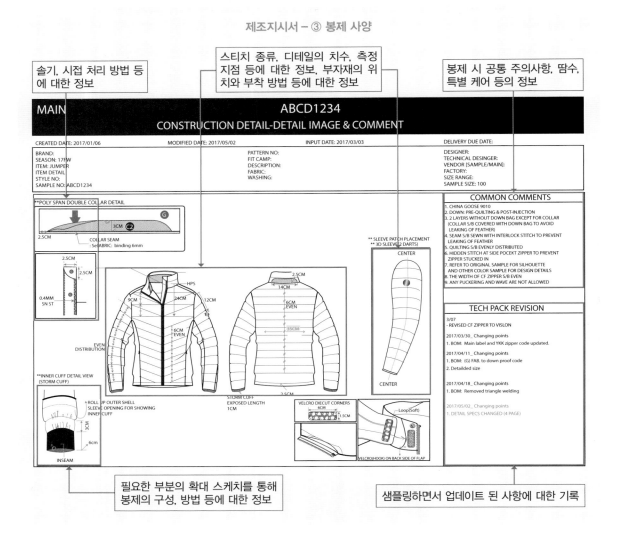

❹ 그래픽, 라벨 사양(Graphic Page / Label Page)

디자이너가 결정한 Artwork의 위치와 크기, 그래픽, 자수, 아플리케 등의 크기와 종류에 관하여 세부 위치를 명시한다. 또한 라벨, 메인, 케어 사이즈, 포인트 라벨 등의 옷에 들어가는 모든 라벨의 위치와 크기를 명시한다.

제조지시서 – 그래픽, 라벨 사양

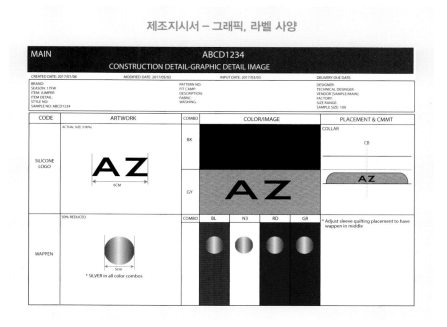

❺ BOM 페이지(Bill Of Material Page)

의복제작에 필요한 원단과 지퍼, 심지, 안감, 테이프 등의 부자재 정보를 포함하고 있다. 이 페이지를 통해 원·부자재 비용을 산정할 수 있으며 최종 샘플을 점검한다.

제조지시서 – BOM 페이지

MAIN ABCD1234 — BOM (BILL OF MATERIAL)

CREATED DATE: 2017/01/06   MODIFIED DATE: 2017/05/02   INPUT DATE: 2017/03/03   DELIVERY DUE DATE:

BRAND: / SEASON: 17FW / ITEM: JUMPER / ITEM DETAIL: / STYLE NO: / SAMPLE NO: ABCD1234
PATTERN NO: / FIT CAMP: / DESCRIPTION: / FABRIC: / WASHING:
DESIGNER: / TECHNICAL DESINGER: / VENDOR [SAMPLE/MAIN]: / FACTORY: / SIZE RANGE: / SAMPLE SIZE: 100

MATERIAL NAME	CODE	SUPPLIER	SIZE	Q'TY	PLACEMENT	COMPOSITION	BODY COLOR				REMARK
							BL	OW	RD	GR	
FABRIC/YARN											
OUTSHELL (G)	ADFD	ATEX					BLUE	O/WHITE	RED	GREEN	
CONTRAST (C1)	FTR	JERSEY					M/GREY	M/GREY	BLACK	BLACK	
CONTRAST (C2)	SPAN (4 WAY)	VENDOR TO SOURCE					M/GREY	M/GREY	BLACK	BLACK	
TRIMS											
THREAD	60 S/3	VENDOR TO SOURCE					DTM	DTM	DTM	DTM	
FILLER	CHINA GOOSE 9010	TAEPYUNGYANG		100G			GREY	PURE WHITE	GREY	GREY	
PADDING	TBD	VENDOR TO SOURCE									TBD
FRT ZIP ZIPPER	VISLON	YKK KOREA	#5	1	CF		BLACK #500	BLACK #500	BLACK #500	BLACK #500	
FRT ZIP PULLER	DSHZGI	YKK KOREA	#5	1	CF	METAL+BODY+LOGO	V3+BLACK+O/WHITE	V3+BLACK+O/WHITE	V3+BLACK+O/WHITE	V3+BLACK+O/WHITE	LOGO PULLER
PKT ZIP ZIPPER	DFYS76A	YKK KOREA	#3	2	SIDE POCKET	CONCEAL ZIPPER	BLACK #500	BLACK #500	BLACK #500	BLACK #500	
STRING		VENDOR TO SOURCE	2MM		BOTTOM HEM		BLUE	O/WHITE	RED	GREEN	
STOPPER	123	CVC		2	BOTTOM HEM		BLUE	O/WHITE	RED	GREEN	
BEAD	02	CVC		2	BOTTOM HEM		BLUE	O/WHITE	RED	GREEN	
EYELET	66	CVC		4	BOTTOM HEM		BLUE	O/WHITE	RED	GREEN	
TAPE	POLY TAPE	VENDOR TO SOURCE	10MM		BOTTOM HEM		BLUE	O/WHITE	RED	GREEN	
ELASTIC BINDING		VENDOR TO SOURCE	8MM		SLEEVE OPENING		DTM	DTM	DTM	DTM	
WAPPEN	BRUDKFN352			1	SLEEVE		BLACK	BLACK	BLACK	BLACK	
LOGO	WELDING	WWT	2.5CM	1	CHEST		D/SILVER HAIR	D/SILVER HAIR	D/SILVER HAIR	D/SILVER HAIR	
LOGO	SILICONE	VENDOR TO SOURCE		1	CB COLLAR		BLACK	BLACK	BLACK	BLACK	REFER TO SUBMITTED SMPL.
LABEL & HANG TAGS											
MAIN LABEL	001			1							Supplied
SIZE LABEL	007			1			D/NAVY	D/NAVY	D/NAVY	D/NAVY	Supplied
CARE LABEL				1							Supplied
DOWN POINT LABEL	0987643A			1			BLACK	BLACK	BLACK	BLACK	

❻ Spec 페이지와 부위별 측정 방법(Spec & Measurement Page)

기장, 가슴둘레, 허리둘레, 밑단둘레, 소매길이, 목너비 / 깊이 등의 스펙을 명기하고 샘플 치수를 나란히 기록하여 각 샘플에서 최종 확정 스펙까지 샘플 진행의 History를 한 눈에 볼 수 있도록 한다.

제조지시서 – Spec 페이지와 부위별 측정 방법

MAIN

ABCD1234
SPEC WORKSHEET - SAMPLE SPEC

CREATED DATE: 2017/01/06　　MODIFIED DATE: 2017/05/02　　INPUT DATE: 2017/03/03　　DELIVERY DUE DATE:

BRAND:	PATTERN NO:	DESIGNER:
SEASON: 17FW	FIT CAMP:	TECHNICAL DESINGER:
ITEM: JUMPER	DESCRIPTION:	VENDOR [SAMPLE/MAIN]:
ITEM DETAIL:	FABRIC:	FACTORY:
STYLE NO:	WASHING:	SIZE RANGE:
SAMPLE NO: ABCD1234		SAMPLE SIZE: 100

NO	POM DESCRIPTION (ENG)		POM DESCRIPTION (KOR)	TOL (+)	TOL (-)	1ST FIT TARGET SPEC	1ST FIT VENDOR MEAS.	1ST FIT MEAS.	1ST FIT DIFF	RE-1ST FIT TARGET SPEC	RE-1ST FIT VENDOR MEAS.	RE-1ST FIT MEAS.	RE-1ST FIT DIFF	2ND FIT TARGET SPEC	2ND FIT VENDOR MEAS.	2ND FIT MEAS.	2ND FIT DIFF	PPS TARGET SPEC	PPS VENDOR MEAS.	PPS MEAS.	PPS DIFF	FINAL SPEC
CBL	Center Back length @ CB NECK	뒷기장	뒷목중심에서 뒤밑단까지 측정	1	1	82.0	82.0	82.0	0.0	82.0	82.0	82.0	0.0	82.0	81.5	82.0	0.0	82.0	82.0	82.0	0.0	82.0
ASH	Across Shoulder	어깨너비	어깨점에서 어깨점까지 수평으로 측정	1	1	48.0	47.5	47.5	-0.5	48.0	48.0	48.0	0.0	48.0	48.0	48.0	0.0	48.0	48.0	48.0	0.0	48.0
SHSLP	Shoulder Slope	어깨각	옆목점에서 어깨점 수평선까지 수직으로 측정	0.3	0.3	5.0		6.0	1.0	5.0		5.0	0.0	5.0		5.0	0.0	5.0	5.0	5.0	0.0	5.0
SHSMFW	Shoulder seam forward	앞넘김	어깨중심선에서 앞넘김 분 선까지 거리 측정	0.3	0.3			1/2		1.5/2		1/1.8	-0.5/-0.2	1.5/2		2.3/2.5	+0.8/-0.5			1.5/2.3	0/+0.3	
AFC	Across Front _16cm blw FM HPS	앞품	(앞)옆목점에서 16cm내려와서 수평으로 측정	1	1	42.0		42.5	0.5	42.0	42.5	42.5	0.5	42.0	42.5	43.0	1.0	TBD		43.0		42.0
ABC	Across Back _16cm blw FM HPS	뒷품	(뒷)옆목점에서 16cm내려와서 수평으로 측정	1	1	46.0		46.0	0.0	46.0	46.0	46.0	0.0	46.0	46.5	46.5	0.5	TBD		47.0		46.5
CH	Chest _1cm blw AH (Circumference)	가슴둘레	언더암에서 1cm 내려와서 측정(둘레)	1	1	120.0	120.0	120.0	0.0	120.0	119.0	119.0	-1.0	120.0	120.0	121.0	1.0	120.0	120.0	120.0	0.0	120.0
WS	Waist _47cm down FM HPS	허리둘레	옆목점에서 47cm 내려와서 측정(둘레)	1	1	110.0	111.0	112.0	2.0	110.0	111.0	110.0	0.0	113.0	113.0	114.0	1.0	113.0	113.0	113.0	0.0	113.0
BTMW_RLX	Bttm Width @ Edge (Circum) _RELAXED	밑단둘레_자연상태	밑단 끝에서 끝까지 측정, 편안한 상태	1	1	120.0	121.0	124.0	2.0	120.0	119.5	119.0	-1.0	120.0	120.0	120.0	0.0	120.0	120.0	120.0	0.0	120.0
SLVL @SH	Sleeve Length FM shoulder seam	소매길이	어깨점에서 소매부리끝 측정	1	1	65.0	65.0	65.5	0.5	65.0	65.5	66.0	1.0	65.0	65.0	66.0	1.0	65.0	65.0	65.0	0.0	65.0
AHD	Armhole Depth	암홀길이	옆목점에서 언더암까지 수직 측정	0.5	0.5			29.0	29.0			29.5				30.0		TBD		29.5		
AHL	Armhole Length_Straight	암홀길이	어깨점에서 언더암까지 직선거리 측정	0.5	0.5	27.0	27.0	26/25	-1/-2	27.0	27.0	25.0	-2.0	27.0	28.0	26.5	-0.5	TBD		25.5		25.5
SLVCPH	Sleeve Cap Height	소매산	소매산 높이 측정	0.3	0.3			16.5	16.5			16.5				17.0				15.5		
MSL	Muscle 1cm blw AH (Circumference)	소매통	언더암에서 1cm 내려와서 측정(둘레)	0.5	0.5	45.0	45.0	45.0	0.0	45.0	45.0	45.0	0.0	44.5	44.0	44.0	-0.5	44.5	44.5	44.0	-0.5	44.5
FORMW	Forearm _22cm FM Slv opening	벨부리둘레	소매부리에서 22cm 올라와서 측정(둘레)	0.5	0.5	37.0	37.0	38.0	1.0	37.0	36.5	38.0	1.0	37.0	37.0	37.0	0.0	37.0	37.0	37.0	0.0	37.0
SLVOPN_RLX	Sleeve opening width_Relaxed	소매부리_자연상태	소매부리 (둘레)_편안한 상태	0.5	0.5	31.0	31.0	31.0	0.0	31.0	31.0	31.0	0.0	31.0	30.5	31.0	0.0	31.0	31.0	31.0	0.0	31.0
SLVOPN_EX	Sleeve opening width_RIB	소매부리_늘어난상태	RIB 소매부리 측정 (둘레)_당긴상태	0.5	0.5	21.0		20.0	-1.0	21.0	21.5	22.0	1.0	21.0	22.0	22.0	1.0	21.0	21.0	21.0	0.0	21.0

MAIN

ABCD1234
HOW TO MEASURE

CREATED DATE: 2017/01/06　　MODIFIED DATE: 2017/05/02　　INPUT DATE: 2017/03/03　　DELIVERY DUE DATE:

BRAND:	PATTERN NO:	DESIGNER:
SEASON: 17FW	FIT CAMP:	TECHNICAL DESINGER:
ITEM: JUMPER	DESCRIPTION:	VENDOR [SAMPLE/MAIN]:
ITEM DETAIL:	FABRIC:	FACTORY:
STYLE NO:	WASHING:	SIZE RANGE:
SAMPLE NO: ABCD1234		SAMPLE SIZE: 100

HOW TO MEASURE

** COLLAR

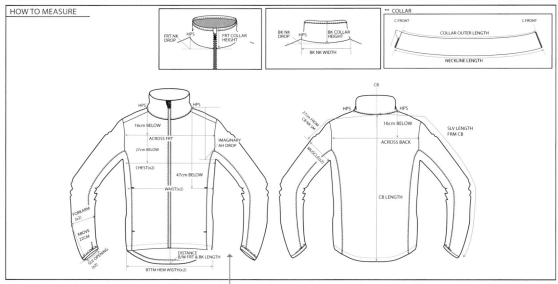

샘플의 치수 측정 지점(Point Of Measure "POM")

❼ 그레이딩 룰(Grading Page)

그레이딩 룰(Grading Rule)에 대한 페이지는 샘플의 크기가 각각의 사이즈에 따라 어떻게 이루어지는가를 보여주는 페이지이다. 각 회사는 자신의 타깃 소비자 층에 맞게 각각의 사이즈 범위와 그레이드 룰을 적용시킨다.

제조지시서 – 그레이딩 룰

MAIN						ABCD1234 SPEC WORKSHEET - GRADED SPEC								

CREATED DATE:　　　MODIFIED DATE:　　　INPUT DATE: 2017/08/17　　　DELIVERY DUE DATE:

BRAND:　　　　　　PATTERN NO:　　　　　DESIGNER:
SEASON:　　　　　 FIT CAMP :　　　　　 TECHNICAL DESIGNER:
ITEM:　　　　　　　DESCRIPTION:　　　　VENDOR(SAMPLE/MAIN):
ITEM DETAIL:　　　 FABRIC:　　　　　　 FACTORY
STYLE NO:　　　　　WASHING:　　　　　　SIZE RANGE:
SAMPLE NO:　　　　　　　　　　　　　　 SAMPLE SIZE:

	POM		TOLERANCE		GRADED SPEC							
CODE#	POM DESCRIPTION (ENG)	POM DESCRIPTION (KOR)	(+)	(-)	85	90	95	100	105	110	115	120
CBL	Center Back length @ CB NECK	뒷목중심에서 뒤밑단까지 측정	1	1			80.0	82.0	84.0	86.0	88.0	
ASH	Across Shoulder	어깨점에서 어깨점까지 수평으로 측정	1	1			46.0	48.0	50.0	52.0	54.0	
SHSLP	Shoulder Slope	옆목점에서 어깨점 수평선까지 수직으로 측정	0.3	0.3			<-------	5.0	--> GRADE PROPORTIONALLY			
AFC	Across Front _16cm blw FM HPS	(앞)옆목점에서 16cm내려와서 수평으로 측정	1	1			40.0	42.0	44.0	46.0	48.0	
ABC	Across Back _16cm blw FM HPS	(뒷)옆목점에서 16cm내려와서 수평으로 측정	1	1			44.5	46.5	48.5	50.5	52.5	
CH	Chest_ 1cm blw AH (Circumference)	언더암에서 1cm 내려와서 측정(둘레)	1	1			115.0	120.0	126.0	132.0	138.0	
WS	Waist : 47cm down FM HPS	옆목점에서 47cm내려와서 측정(둘레)	1	1			108.0	113.0	119.0	125.0	131.0	
BTMW_RLX	Bttm Width @ Edge (Circum) _RELAXED	밑단 끝에서 끝까지 측정_ 편안한 상태	1	1			115.0	120.0	126.0	132.0	138.0	
SLVL @SH	Sleeve Length FM shoulder seam	어깨점에서 소매부리까지 측정	1	1			64.0	65.0	66.0	67.0	68.0	
AHL	Armhole Length_Straight	어깨점에서 언더암까지 직선거리 측정	0.5	0.5			24.5	25.5	26.5	27.5	28.5	
MSL	Muscle 1cm blw AH (Circumference)	언더암에서 1cm 내려와서 측정(둘레)	0.6	0.6			42.5	44.5	46.5	48.5	50.5	
FOREARM	Forearm :22cm FM Slv opening	소매부리에서 22cm 올라와서 측정(둘레)	0.5	0.5			<-------	37.0	--> GRADE PROPORTIONALLY			
SLVOPN_RLX	Sleeve opening width_Relaxed	소매부리 측정 (둘레) _편안한 상태	0.5	0.5			30.0	31.0	32.0	33.0	34.0	
SLVOPN_RLX	Sleeve RIB opening width_Relaxed	RIB 소매부리 측정 (둘레) _편안한 상태	0.5	0.5			20.0	21.0	22.0	23.0	24.0	
BNW	Back Neck width	뒷옆목점에서 옆목점까지 넓이 측정	0.3	0.3			18.9	19.5	20.1	20.7	21.3	
FND	Front Neck Drop fm HPS	(앞) 옆목점에서 앞목깊이 까지 측정	0.3	0.3			10.6	11.0	11.4	11.8	12.2	
BND	Back Neck Drop fm HPS	(뒤) 옆목점에서 뒷목깊이 까지 측정	0.2	0.2			<-------	1.8	--> GRADE PROPORTIONALLY			
NKCIRCUM	Neck Circumference	목둘레 측정	1	1			52.0	53.5	55.0	56.5	58.0	
CLROUTL	Collar opening edge circumference	윗에리 둘레 측정	0.7	0.7			51.0	52.5	54.0	55.5	57.0	
FNCNH	Front neck chin height	앞에리 높이	0.2	0			8.0	8.0	8.0	8.0	8.0	
BNH	Cent Back neck height	뒷에리 높이	0.2	0			8.0	8.0	8.0	8.0	8.0	
PKT POS_HPS	Pocket postion FM HPS	포켓 위치_옆목점에서	0.5	0.5			49.5	50.0	50.5	51.0	51.5	

그레이딩 룰은 승인된 샘플의 크기가 호칭마다 각각 어떻게 달라지는지를 보여주는 것이며 기준 치수와 허용 오차 치수 (Tolerance) 그리고 전체 호칭별 그레이딩 편차가 기록된다. 오차 허용치는 기본적으로 둘레 항목의 그레이딩 치수에 대해 중간 값을 기본으로 하고 부위별로 디테일하게 설정해야 한다. 작은 부위의 허용 오차는 0~1cm(0~1/2") 이내로 정하는 것이 일반적이다.

모든 부위를 그레이딩 하는 것은 아니며 균형있는 비율에 맞춰 둘레와 길이를 위도 하기 위해 그레이딩 하지 않는 부위를 설정하기도 한다[예 높이 편차(키)를 묶는 다면 바지길이의 경우 편차가 0이 되며 그레이딩 하지 않는 경우도 있다]. 또한 부속품(지퍼, 주머니 등)과 같은 작은 부자재들은 지나치게 다양화 할 경우 생산성이 떨어질 수 있으므로 점프하면서 그레이딩 하는 경우가 일반적이다.

5 핏 코멘트(Fit Comment)의 작성

피팅 시 코멘트(Comment)를 기록하여 생산자 및 패턴사가 보고 따라 수정 작업을 진행할 수 있도록 하는 수정 내역 지시서이다. 핏 코멘트의 목적은 최대한 봉제 방법이 쉽고 빠르면서 디자인과 생산 일정, 단가에 영향이 가지 않는 봉제 방법을 제시하는 것에 집중되어야 한다. 또한 명확하고 간결하게 코멘트를 전달해야 할 것이다.

테크니컬 디자이너(TD: Technical Designer)를 핏 테크니컬 디자이너(Fit Technical Designer), 핏 엔지니어(FE: Fit Engineer)라고도 부를 정도로 핏 관련 업무는 테크니컬 디자이너의 가장 중요한 업무이다. 테크니컬 디자이너는 바이어에게 Tech Pack을 받아 샘플을 진행하고 더 나은 봉제 방법과 스펙 치수를 제안하여 제품의 생산성, 마진을 높이는 데 기여한다. 테크니컬 디자이너는 디자인 의도를 해치지 않는 범위 내에서 원가와 생산성을 고려한 핏 수정 방법을 제안한다. 핏 수정에 관련된 코멘트(Fit Comment)는 정확하게 작성하여 패턴실에 전달되어야 하며 피팅 이슈가 있는 부분을 촬영한 사진과 함께 정확하게 작성되어야 패턴실에 전달되어야 한다. 핏 수정사항에 대한 의사소통(Communication)은 화상회의, 직접미팅, 이메일 등을 통해 하게 된다.

핏과 관련된 용어(Fitting Terminology)

용어	설명	
Drag line	옷감이 인체의 사이즈에 비해 충분하지 않거나 옷감이 지나치게 많이 남는 부분에 생기는 것으로 보기에 좋지 않은 방향으로 당겨져서 발생하는 선	
Gapping	착장 시 특정 부위(주로 Armhole)에 남는 천으로 인해서 부풀어 오르고 남는 현상	gaping front armhole
Swing out / Hiking	착장 시 옷의 밑단이 바닥과 평행하지 않고 앞이나 뒤로 끌려 올라가는 현상	
Shirring	특정 부위에 의도적으로 잡아서 만드는 주름	
Balance	전체적인 균형	
Puckering	옷이 봉제 되면서 너무 당겨지거나 줄어들면서 착장 시 생기는 잔주름	
Skew / Torque	착장 시 옷이 비뚤어지면서 돌아가는 현상	
Return to Spec	샘플 스펙이 주어진 스펙과 다르게 나왔을 때 다시 맞춰서 샘플링 하라고 지시할 때 줄여서 RTS라고 사용한다.	

* Neck line 또는 Point를 올리거나 내릴 때: Raise(올리다) / Drop(내리다)

* 특정 분량을 늘리거나 줄일 때: Increase(늘리다) / Reduce(줄이다)

핏 코멘트 페이지(Fit Comment Sheet)의 구성은 다음과 같다.

❶ 스타일 요약

제조지시서와 마찬가지로 핏 코멘트 페이지의 가장 윗부분에는 스타일 요약(Style Summary)이 들어간다.

스타일 번호, 시즌, 아이템, 원단, 워싱 정보, 디자이너 이름, 테크니컬 디자이너 이름, 공장, 샘플 사이즈 정보, 디자인된 날짜, 스타일이 수정된 날짜, 메인에 투입된 날짜, 스타일 납기일 등의 기본 정보가 포함된다. 특히 상품 개발 단계를 보여주는 샘플 상태와 핏 단계는 핏 코멘트 페이지에 반드시 명기되어야 한다.

핏 코멘트 페이지 – Style summary

개발단계: Proto, SMS, 1st Fit, PP, MAIN

핏단계: Rejected, Confirmed, Approved

기본 정보: 스타일넘버, 브랜드, 시즌, 아이템, 날짜 원단, 벤더, 워싱, 디자이너, TD, 사이즈 등

❷ 스펙(Size Specification)

상품 기획·개발·생산 과정에서 관련 실무자들이 디자인, 원단, 비율, 여유량, 착탈의 조건 등을 고려하여 정한 의복의 부위별 수 목록인 의류 제품 치수가 핏 코멘트 페이지에 포함된다.

의류 제품 치수 차트에는 각 부위별 측정 위치(POM: Point of Measurement), 각 부위별 오차 허용 범위(Tolerance), 각 부위별 스펙(제시 스펙, 샘플 측정 스펙, 제시와 샘플 스펙의 차이, 최종 확정 스펙), 샘플 단계 등을 명기한다.

핏 코멘트 페이지 – Specification

각 부위별 측정 위치 | 각 부위별 오차 허용 범위 | 제시스펙, 샘플스펙, 차이스펙 | 샘플 단계 | 확정스펙

NO	POM DESCRIPTION (ENG)	POM DESCRIPTION (KOR)	(+)	(-)	PROTO (NAVY) TARGET SPEC	VENDOR MEAS.	MEAS.	DIFF	1ST FIT TARGET SPEC	VENDOR MEAS.	MEAS.	DIFF	PPS TARGET SPEC	VENDOR MEAS.	MEAS.	DIFF	FINAL SPEC
OUTSML	Outseam Length (Including W/band)	허리 TOP 라인에서 부터 바지 부리까지 길이 측정	0.5	0.5	98		98	0	98		99.5	1.5	96		95	-1	96
WS RLX	Waist Circuference @ waist top	허리 윗둘레 사이즈 측정	0.7	0.7	76		74	-2	75		75	0	75		75	0	73
HIP	Hip Circum_3 Point Meas. 16/14/16cm from top of WB	엉덩이 둘레_Top에서 16/14/16cm내려온 지점에서 "V"측정	0.7	0.7	94		92	-2	93		92.5	-0.5	93		92	-1	93
TH	Thigh Circum_ inseam 2.5cm below rise seam	허벅지 둘레_시리심에서 2.5cm 내려와서 측정	0.7	0.7	56		54.5	-1.5	55.5		56	0.5	56		55	-1	56
KN	Knee Circum_ inseam 29cm below rise seam	무릎둘레_시리심에서 29cm 내려와서 측정	0.7	0.7	38		37	-1	38		38	0	38		37	-1	38
LGOPN	Leg opening	밑단둘레	0.7	0.7	30		29	-1	30		30.5	0.5	30		30	0	30
FR	Front rise along the seam (Including W/band)	앞밑위(허리밴드 포함)	0.5	0.5	21		21.5	0.5	21.5		21.5	0	21.5		21.5	0	22
BR	Back rise along the seam (Including W/band)	뒤밑위(허리밴드 포함)	0.5	0.5	36		36	0	37		37	0	37.5		37	-0.5	38
WSBNH	Waist band Height	허리밴드 높이 측정	0	0	3.8		3.8	0	3.8		3.8	0	3.8		3.8	0	3.8
FLYW	"J" stitch width	앞댕고 스티치 너비	0	0	2.8		2.8	0	2.8		2.8	0	2.8		2.8	0	2.8
FLYL	"J" stitch length (under W/band)	앞댕고 스티치 길이(허리밴드 아래부터)	0	0	10		10	0	10		10.2	0.2	10		10	0	10

❸ 핏 샘플 이미지(Fitted Sample Image)

이상적인 핏 형성과 문제 해결을 위해 단계별 샘플을 브랜드의 타깃 연령군의 기준 사이즈 바디폼(Body Form) 또는 피팅 모델에게 착용시킨 후 핏을 점검하고 수정한다. 샘플 착장 피팅 시 각 샘플의 착장 상태 기록 및 핏 코멘트의 정확한 의사소통을 위해 사진 촬영을 한다. 필요 시 피팅 이슈가 있는 부분은 사진 위에 코멘트를 삽입하여 전달한다. 사진은 앞, 옆, 뒤를 촬영하며 전체적인 밸런스를 맞춰서 사진 촬영을 하여 동일한 선 상에 위치하도록 한다.

핏 코멘트 페이지 – 핏 샘플 이미지

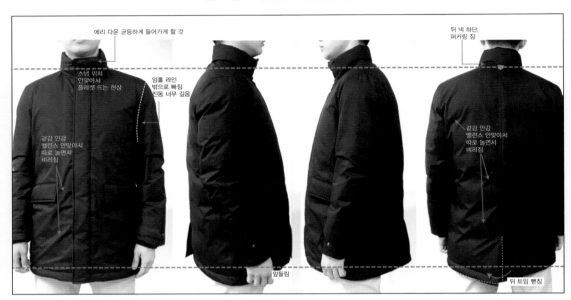

❹ 핏 코멘트(Fit Comment)

핏 샘플 리뷰 시 테크니컬 디자이너는 샘플의 스펙과 밸런스, 사양(Construction) 등을 체크하고 브랜드의 콘셉트와 이미지에 부합하는 좋은 핏을 찾기 위해 수정한다. 테크니컬 패키지에 충실하면서 작업성과 생산성을 고려하여 원가 절감에 기여할 수 있는 사양을 제안해야 한다. 또한 디자인과 패턴, 원·부자재의 특성과 축율 관계, 샘플의 재단, 봉제 상태(Workmanship), 다림질 방법 등에 따라 달라지는 특성을 파악하여 개선된 샘플이 나올 수 있도록 효율적인 개선 방법이 포함된 코멘트를 전달해야 한다. 패턴 수정 시 크게 눈에 띄는 문제 발생 부위를 수정할 경우 그에 따른 또 다른 문제가 생기지는 않는지 주의 깊게 살펴보아야 하며 핏과 실루엣의 수정에 관련된 코멘트는 필요 시 그 부위의 확대 사진에 보충 설명을 삽입하는 등의 활용을 통한 정확하고 효율적인 작성과 전달이 중요하다.

핏 코멘트 페이지 – 봉제, 사양 관련

FIT COMMENT

1 SPEC

a. 스펙 시트에 Yellow Highlight된 스펙 주의해 주세요.

b. 스펙 시트에 빨간 글씨로 강조되어 있는 수정 스펙 반드시 준수해 주세요.
- 수정 스펙에 맞추어 패턴 수정해 주시기 바랍니다.
- 소매통, 허리둘레, 목둘레, 위 칼라 둘레 스펙 변경 되었으니 준수 바랍니다.

c. 스펙 변경 부분 많습니다. SPEC SHEET 상 YELLOW HIGHLIGHT 부위 참고하여 진행요망.
특히, 금일자로 스펙 변경된 부분(소매통, 목둘레) 있으니, 확인 후 적용하여 진행요망.

2 FIT

a. 소매 활동분량 더 주실 것.
- 현샘플 소매산이 높고, 언더암 포인트가 많이 쳐져 있음.
→ 암홀깊이 높여주시고, 소매통 줄여주실 것.

b. 뒤 허리 ~ 밑단 :
- 뒤 허리 위 남는 분량 잡아주실 것.
- 밑단이 많이 퍼져있으므로 좌/우 절개선에서 잡아주실 것.

FABRIC & TRIMS COMMENTS

1 샘플 사용 원.부자재 : 전달 누락

→ 1ST FIT SAMPLE 접수시 사용 원/부자재 내역 함께 전달부탁드립니다.

2 샘플 사용 심지 :

a. 에리 : 두꺼움
→ MD-300 1겹 진행해주실 것.

부위	품평 샘플	제시
	INTERLINING	INTERLINING
모자 입구	MD-300	MD-300
모자 밑단	MD-300	MD-300
모자 탈부착 스냅 쫄대 (뒷목 중심)	MD-300	MD-300
에리	MD-300 2겹	MD-300 1겹
인 플라켓	MD-300	MD-300

DETAIL & CONSTRUCTION COMMENT

1 후드

a. 후드 조임 스트링 사양 :
- 겉에서 노출되지 않도록 스트링은 후드 챙 속으로 진행요망.
→ 후드 중앙판넬에서 찌까대로 연결하여 스트링 작업요망.
- 스트링 시작 위치 : 찌까대로 연결하여 스트링 작업요망.
현샘플 스냅과 스트링이 걸려서 꿀렁임 심함
b. 후드 챙 끝 와이어 넣어 진행요망. (중앙 판넬만 진행할 것)
c. 후드 중앙 좌/우 절개선 꿀렁이지 않도록 개선요망.
d. 후드 뒤 스트링 조절 장치 삭제.

3 절개 라인 수정 :

a. 앞 프린세스라인 상단 각 살려서 CF쪽으로 이동요망.
→ 샘플상 표시한 가이드라인 참고요망.
b. 앞 하단 가로 절개선 : 현샘플에서 1cm 내림.
c. 뒤 중앙 허리 절개선 모두 삭제

4 소매 :

a. DESIGN SHEET 준수하여 프린트 및 와펜 진행요망.

5 HAND PKT

a. PKT 위치 높음 → 상단 절개선/PKT 구찌 1CM 씩 내려주실 것.
b. 레이저컷+핫멜팅 부위 본드 하얗게 올라와 지저분합니다.
→ 구찌절개 후 끝스티치 진행하는 일반 봉제로 변경합니다.

7 안사양 :

a. 칼라 안 : 좌/우 기모핫멜트 삭제
b. 안 시접처리 : 심실링 + 바인딩 으로 함께 진행요망. 현샘플 전체 심실링 진행됨.
c. 라벨판 + 메인라벨 :
- 라벨판 모양 변경되었으니, DESIGN SHEET 준수하여 진행요망.
- 메인라벨 누락되지 않도록 주의요망.
d. 행거루프라벨 :
- 위치 넥심으로 이동요망. 현샘플 라벨판 위에 부착됨.
- 핫멜트 삭제요망.
e. 언더암 부위 제원단 핫멜트+ 3M TAPE 디테일 삭제.

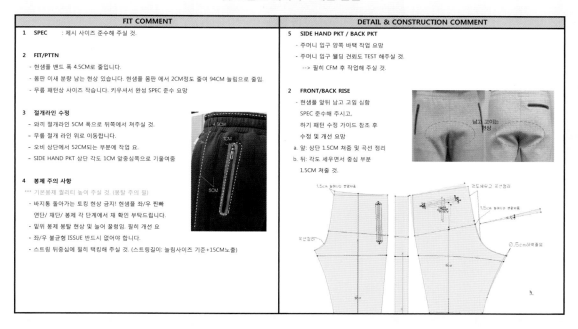

핏 코멘트 페이지 – 패턴 관련

FIT COMMENT

1 SPEC : 제시 사이즈 준수해 주실 것.

2 FIT/PTTN

- 현샘플 밴드 폭 4.5CM로 줄입니다.
- 몸판 이새 분량 남는 현상 있습니다. 현샘플 몸판 에서 2CM정도 줄여 94CM 늘림으로 줄임.
- 무릎 패턴상 사이즈 작습니다. 키우셔서 완성 SPEC 준수 요망

3 절개라인 수정

- 와끼 절개라인 5CM 폭으로 뒤쪽에서 쳐주실 것.
- 무릎 절개 라인 위로 이동합니다.
- 오비 상단에서 52CM되는 부분에 작업 요.
- SIDE HAND PKT 상단 각 각 1CM 앞중심쪽으로 기울여줌

4 봉제 주의 사항

*** 기본봉제 퀄리티 높여 주실 것. (봉탈 주의 밀)
- 바지통 돌아가는 토킹 현상 금지! 현샘플 좌/우 찐빠
연단/ 재단/ 봉제 각 단계에서 재 확인 부탁드립니다.
- 밑위 봉제 봉탈 현상 및 늘어 꿀렁임. 필히 개선 요
- 좌/우 불균형 ISSUE 반드시 없어야 합니다.
- 스트링 뒤중심에 필히 택킹해 주실 것. (스트링길이: 늘림사이즈 기준+15CM노출)

DETAIL & CONSTRUCTION COMMENT

5 SIDE HAND PKT / BACK PKT

- 주머니 입구 양쪽 바택 작업 요망
- 주머니 입구 웰딩 견뢰도 TEST 해주실 것.
→ 필히 CFM 후 작업해 주실 것.

2 FRONT/BACK RISE

- 현샘플 앞뒤 남고 고임 심함
SPEC 준수해 주시고,
하기 패턴 수정 가이드 참조 후
수정 및 개선 요망
a. 앞: 상단 1.5CM 쳐줌 및 곡선 정리
b. 뒤: 각도 세우면서 중심 부분
1.5CM 쳐줄 것.

핏 코멘트 작성의 방법

1. 코멘트의 내용
- 코멘트는 짧고 명확하게 기재해야 하며, 중복되거나 불필요한 내용은 적지 않아야 한다.
- 잘 알려진 약자(CF, CB, HPS, POM 등)를 제외하고는 약자의 사용을 자제하며 정확한 용어를 써야 한다.
- 의복 전체에 대해 코멘트를 할 경우, 부위별로 묶어서 코멘트 내용을 전달할 경우 더 알아보기 쉽다.
- 샘플을 검토한 후 평가 내용에 대하여 문제점과 해결책 열로 나누어 알아보기 쉽게 적는다.
- 밑줄, 굵은체, 대문자, 느낌표 등은 심각한 부분이 아니면 사용하지 않는다.

2. 샘플 수정 방법 제시
- 수정 해결 방안에 관하여 요구하는 결론과 행동에 대해 직접적인 표현으로 명확하게 적어야 하며, 유사한 문제점에 대해서는 일관된 문구를 사용하는 것이 좋다.
- 문제점에 관해 대안, 접근법 등의 제시 없이 문제점만 적을 경우 빠른 컨펌을 얻어내기 어렵다.
- 샘플 수정에 관해 우려되는 부분이 있을 경우 이메일을 통해서도 결과를 알려달라고 코멘트한다.
- 글로만 적는 것보다 확대된 스케치나 패턴 수정 예시를 통해 수정 방법을 제시할 경우 더 알아보기 쉽다.

핏 코멘트 작성의 기본

먼저 FIT에 영향을 끼치는 요인들을 정확히 파악할 것
스펙, 패턴, 봉제, 디자인, 사양, 원·부자재 등의 전체적인 분석 후에 리뷰를 진행해야 한다.

① 핏 코멘트를 작성할 때는 전체적인 밸런스를 먼저 작성하고 점차 디테일 핏 이슈에 대해 쓴다.
② 알아보기 쉽게 각 부분에 제목을 달거나 중요한 부분은 하이라이트를 하는 것도 요령이다.
　(스펙 관련, 봉제 관련, 패턴 관련, 디자인 관련으로 나누어서 적어주면 공장에서 이해하기 쉽다.)
③ 핏 이슈가 있는 부분은 사진에 직접 코멘트를 삽입하여 전달하는 것이 가장 효과적이다.
④ 스펙이 오차 허용 범위를 넘을 경우 피팅 단계 없이 바로 리젝 되기도 하므로 수정된 스펙 페이지를 따로 전달하더라도 코멘트 부분에 다시 변경 스펙을 명시해주는 것이 좋다.
⑤ 디자인 변경 사항을 제조지시서에 업데이트 하였더라도 코멘트 부분에 다시 명시해주는 것이 좋다.

코멘트 페이지에 사진과 패턴의 활용 예시

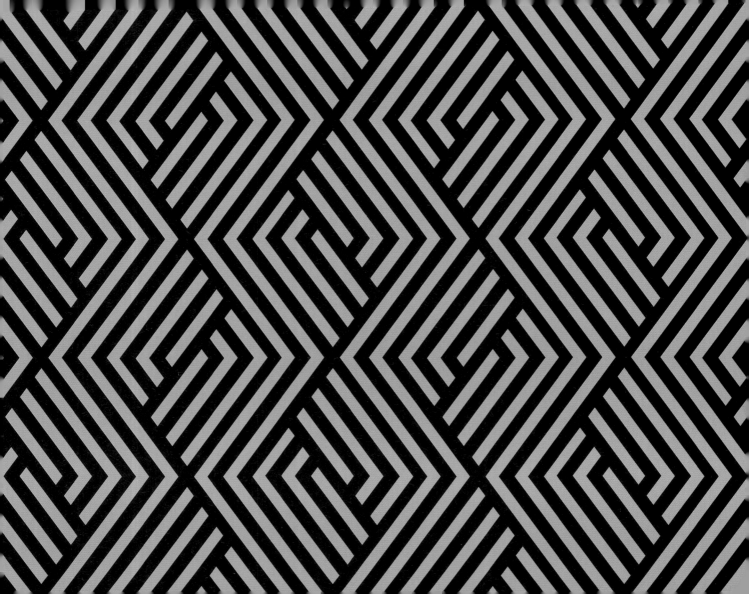

핏과 피팅 4

FIT &
FITTING

1 핏과 피팅의 요소

핏(Fit)이란 의복이 3차원인 인체에 얼마나 잘 맞는가를 보여주는 것이다. 좋은 핏과 실루엣의 의복은 디자인, 원·부자재, 봉제 방법 및 패턴 등의 구성 요소가 모두 잘 어우러져야 한다. 의복의 핏에는 여러 가지 다양한 개인적인 요소들이 작용하기 때문에 모든 고객층의 다양한 체형과 인체 사이즈를 모두 만족시킬 수 없지만, 구입한 의복의 핏에 만족한 고객들의 브랜드 충성도가 높아지므로 트렌드, 문화, 나이, 성별, 체형, 라이프 스타일 등의 소비자 기대치를 잘 파악해 일관성 있는 핏의 의류 제품을 생산해 판매하는 것은 매우 중요하다.

핏 개발과 실루엣 분석을 위해 단계별 샘플 의복을 바디폼(Body Form) 또는 핏 라이브 모델에게 착의시켜 결 방향(Grain line), 맞음새, 균형, 여유량 등을 점검하고 분석하는 작업을 피팅(Fitting)이라고 하며 모든 샘플은 피팅 후 수정, 발송 결정, 승인/미승인 여부가 결정된다. 피팅 시에 브랜드의 타깃층에 맞는 디자인, 작업성, 생산성, 완성도, 품질 등이 모두 극대화된 샘플을 만들어 내기 위해서는 유관 부서들의 긴밀한 협업이 필요하다.

1 | 기본 원형 패턴(Block Pattern / Sloper)

기본 원형 패턴은 블록 패턴, 기본 패턴, 슬로퍼(Sloper) 혹은 파운데이션 패턴이라고도 한다. 회사에서 사용하기 위한 평균 체형의 핏을 위해 개발된 패턴으로 디테일이 포함된 스타일 패턴이 아닌 기본적 여유량을 가진 변형 가능한 원형 패턴이다. 표준화된 착용감을 설정하는 가장 효과적인 방법은 기준이 되는 표준 바디로부터 설정된 아이템별 기본원형의 활용이라 할 수 있다. 많은 소비자들의 치수를 합해 평균적으로 계산한 평균 치수로 되어 있어 핏모델이 바뀌어도 버스트 포인트, 허리, 진동 등 위치가 변하지 않아 핏의 변형이 거의 생기지 않고 일률적인 핏을 유지할 수 있다. 의복 원형이 완벽하면 피팅을 하는 시간과 샘플을 개발하는 시간을 단축시킬 수 있고 패턴을 완벽하게 만들 수 있어 패턴의 정확도를 높일 수 있으므로 기본 원형 패턴은 주로 각 아이템별로 개발하고 시즌별 업데이트를 한다. 현재는 주로 벤더 업체에서 기본 사이즈의 패턴을 하나 설계하여 해외 공장에서 그레이딩 하거나 전 시즌의 가장 유사한 패턴의 원형에서 수정을 가하거나 보완하여 제작하기도 한다.

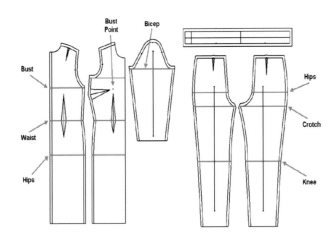

그림 4-1 기본 원형 패턴 예: 드레스, 소매, 바지

2 | 바디폼(Body Form)

바디폼(Body Form)은 드레스폼(Dress Form), 마네킹(Mannequins), 더미(Dummy), 바디 스탠드(Body Stand)라고도 불리며 직접적인 피팅 뿐 아니라 패턴을 제작하는 과정, 핏의 문제점의 연구 및 검토 등에도 중요한 도구이다. 바디폼은 인체의 실제 형태 및 비율을 그대로 적용하되 인체의 예민한 굴곡을 완화하여 의복 패턴 제작이 용이하도록 다듬어져 있는 형태로

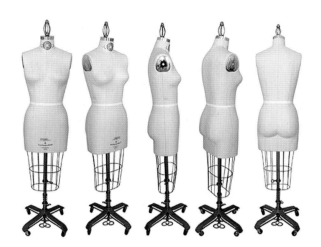

그림 4-2 Alvanon Body Form

만들어져 있다. 바디폼은 좌우 대칭형이고 자세에 따른 변화가 없기 때문에 의복의 균형을 확인하기에 좋은 도구다. 또한 바디폼은 핀을 꽂기 쉬운 소재로 되어 있어서 피팅 시 유용하다.

바디폼의 용도는 패턴 제작용, 피팅용, 검품용, 디스플레이용으로 나눌 수 있으며 패턴 제작용 바디로는 주로 마 또는 면 원단으로 둘러싼 바디로서 입체재단과 핀을 꽂을 수 있도록 제작되어 있다. 알바논(Alvanon)의 바디폼은 전세계적으로 바이어, 에이전트, 벤더들이 가장 많이 사용하고 있다.

3 | 피팅 모델(Fit Model)

피팅 모델은 핏 모델(Fit Model), 라이브 모델(Live Model)이라고 하며 바디폼이 할 수 없는 객관적인 느낌의 제시와 정확하고 유용한 피드백을 줄 수 있다. 피팅 모델을 통해 실제 착용감을 알 수 있고, 팔 다리의 운동에 따른 착장 변화 및 여유 분량을 체크하는 것이 가능하며, 실제 입고 벗을 때의 목둘레의 적정성, 엘라스틱 밴드의 조임 정도의 느낌, 걷는 동작에서의 스커트의 폭, 트임의 길이, 앉고 서는 동작에서의 팬츠의 당김과 허리선의 처짐과 같은 활동성 등을 파악하는 데 용이하다.

소비자들을 잘 이해하는 회사들은 소비자의 기대치와 원하는 것을 잘 파악해 소비자가 원하는 핏을 제공하기 위하여 각 브랜드의 타깃층에 맞는 연령대, 체형의 피팅 모델과의 피팅을 통해 다양한 요소들을 검토하고 문제점들에 대해 함께 논의하며 그러한 문제점들을 해결할 수 있는 방안을 찾기 위해 비판적인 사고를 적용하여 소비자들의 충성도를 형성하기 위해 노력한다.

2 피팅의 진행(Fitting Process)

피팅은 기성복을 체형 그대로 옷을 맞추는 것이 아니라 아름다운 비율의 옷으로 체형을 커버하는 것이며 심미성, 제품의 생산성, 기술적 문제를 창의적으로 해결하면서 제품의 완성도를 끌어올리는 과정이다. 이러한 피팅 및 핏 검토 과정을 QC(Quality Control)라고도 한다.

1 | 피팅의 준비 과정 – 제품 치수 측정(Garment Measure)

의류 제품 치수(Size specification)란 디자인, 패턴 개발, 그레이딩, 검사 등 상품 기획·개발·생산 과정에서 관련 실무자들이 공유하는 정량화된 의사소통 자료로서 디자인, 비율, 여유량, 착탈의 조건 등을 고려하여 전체와 부위별 치수가 정해진 의복의 치수목록이다. 사이즈 측정은 테크니컬 디자이너, 바이어, MD, MR, 공장 담당자 등에게 가장 기본이 되는 업무이다.

브랜드마다 표준화된 측정 매뉴얼인 HTM(how to measure), 테크니컬 패키지의 POM(point of measure)를 갖추어 놓고 스타일에 따라 상세하게 측정하는 방법을 가이드하고 있다. 제품의 치수는 디자인, 의복의 이즈(여유분)에 따라 부위별로 스펙이 결정되며 잘 설정된 제품의 치수는 비례와 균형이 잘 계획된 제품을 만들어 내므로 매우 중요하다.

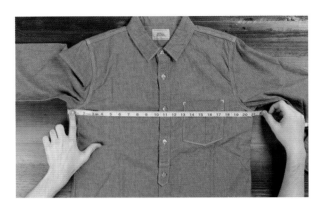

그림 4-3 의류 제품 치수 측정 방법

의류 제품 치수 측정 방법 및 주의사항

• 제품 치수 측정은 피팅의 준비 단계로서 샘플의 앞중심을 여민 채로 평평한 테이블 위에 주름이나 젖힘을 제거하여 편안하게 펼쳐놓은 상태로 측정한다. 옷의 어느 부위도 접히거나 걸쳐지는 곳이 없도록 한다.
• 측정 지점(POM)과 측정 방법의 기준을 확실하게 하여 명확하게 모두에게 전달되어야 한다.
• 측정 단위는 센티미터를 사용하고, 소수점 첫째 자리까지 읽어 측정한다. (미국과 거래하는 무역업체들은 Inch를 사용)
• 의류용 줄자를 사용하고 줄자는 눕혀서 측정하며 곡선의 봉제선이나 외곽선을 측정할 때에만 곡선 둘레를 따라 줄자를 세워서 측정한다.
• 자연스러운 상태에서 측정하며 디자인상 특별한 지시가 없는 한 당겨지거나 늘어나는 곳이 없어야 한다. 다만 플레어, 플리츠 디자인의 경우는 필요하다면 플리츠 가장자리를 핀으로 고정시키거나 부드럽게 접어둘 수 있다.
• 가장자리에 두꺼운 봉제선이 놓일 경우에는 봉제선 부위에 접힘으로 치수가 정확하지 않을 수 있어 가장자리에 오지 않도록 평평하게 놓고 측정한다.
• 허리둘레, 바지부리, 소매 커프스 등에 고무 밴드, 스트링 등의 엘라스틱(스트레치) 소재를 사용한 경우에는 자연스러운 상태와 늘린 상태를 모두 측정한다.
• 옷의 앞면을 먼저 측정하고 뒷면을 측정하며, 탈부착 가능한 것은 (칼라, 후드, 벨트) 가장 마지막에 측정한다.
• 직각으로 깊이를 재는 부위는 (진동 깊이, 어깨처짐 분량) 직각자를 보조적으로 사용한다.

2 | 피팅 – 맞음새 평가에 대한 이해와 기술

맞음새 평가(Sample review, Sample evaluation)는 샘플을 바디나 모델에 샘플을 입히고 디자인 스케치와 원·부자재가 잘 준수되었는지 확인한 후 부위별 문제와 입체화 구현 목표를 점검한다. 전체적인 맞음새, 좌우대칭과 균형, 여유량 등을 살펴보고 의복 구성요소의 위치, 봉제 상태 등을 관찰한다. 솔기가 있다면 단순한 절개라인인지 요크나 무와 같이 숨은 다트 등의 쉐이핑 기능이 있는지 구별해야 하며, 봉제선의 길이가 같지 않고 늘임이나 줄임이 있는지도 판단해야 한다(윤미경, 2016). 의복에 핀을 꽂으면서 수정표시하고 마스킹 테이프에 메모하여 부착하기도 한다. 분량 어림 값(1cm, 3cm, 5cm, 1/4″, 1/2″, 1″)을 사용하며 옷핀이나 실크 시침 핀을 사용하여 여유량을 추가하기도 한다.

피팅 – 맞음새 평가의 주요 이슈는 식서 방향(Grain line), 맞음새와 실루엣(Silhouette), 균형(Balance), 라인(Line), 이즈(Ease)가 있다.

❶ 식서 방향(Grain line)

직조된 원단의 경우 단단하고 직선적인 식서 방향과 탄력 있는 푸서 방향, 그리고 자유로운 곡선표현과 복원력, 다트 없이 허리를 피트 시키거나 부드러운 드레이프가 가능한 자연스러운 바이어스결의 특성을 이해해야 한다. 국내 벤더에서 다루는 주요 소재는 환편 니트로서 재단과 봉제를 통해 완제품을 만드는 컷 앤 쏘우(cut & sew) 니트 제품이 84.6%로 대부분이므로 니트에 대한 특성을 파악해야 한다.

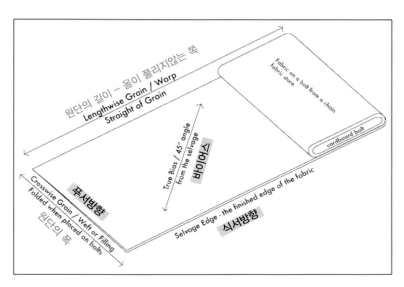

그림 4-4 원단에서의 식서 방향

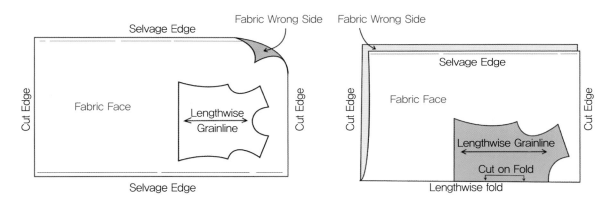

그림 4-5 재단 작업에서의 식서 방향

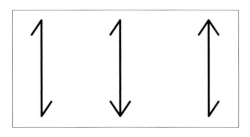

그림 4-6 식서 방향 표시의 종류

① 상하 방향 없이 세로-경사 방향 표시
② 순모재단(경사 방향을 맞추면서 원단 표면의 기모가 아래쪽을 향하도록 하는 것)
③ 역모재단(경사 방향을 맞추면서 원단 표면의 기모가 위쪽을 향하도록 하는 것)

그림 4-7 식서 방향이 맞지 않게 재단되었을 때의 예

✚ 식서(Selvage)는 두껍고 무거운 실로 만들어져서 텐터 프레임(Tenter frame) 등에서 핀으로 셀비지를 고정하는데 이런 과정에서 직물의 외부에서 안쪽으로 구멍이 뚫려 있다. 이런 텐터링 과정(Tentering process)은 직물이 늘어지는 것을 방지하고 올을 바르게 하기 위한 과정이다. 이런 공정이 제대로 이루어지지 않을 경우, Skewing / Torqueing(직물에서 옷의 올이 바르지 않고 휘는 현상)의 문제점이 생기게 된다.

✚ 의복의 올이 잘 맞지 않은 상태에서 재단이 이루어지면(Off-grain) 인심이나 아웃심이 꼬이게 되거나 양쪽의 균형이 맞지 않는 문제점들이 생기게 된다.

❷ 맞음새와 의복 균형(Balance)

맞음새 평가는 의복이 식서 방향(Grain line)과 구조적인 선들에 맞춰 균형 있게 생산되었는지 확인 및 검토하는 작업이다. 의복의 균형을 확인하기 위해서는 옷을 모델 또는 바디에 입혀서 곡선 부위뿐만 아니라 착용감과 동작의 범위까지 전체적으로 검토해야 한다.

평가 내용

• 패턴과 직물의 식서 방향이 잘 맞았는가
  (세로 방향의 식서는 몸의 길이와 평행이 될 것 / 앞중심과 뒤중심 길이가 평행이 될 것 / 소매 패턴에서 어깨~팔꿈치까지의 길이가 팔의 중심에 올 것 / 두 다리는 각각 앞중심 수직 방향으로 올 것 / 가로올 방향은 가슴과 엉덩이의 식서 라인에 직각이 될 것)
• 솔기가 인체를 잘 따르는가
• 옷의 옆선이 바디의 옆선과 평행한가
• 어깨선이 올바른 위치에 놓였는가
• 밑단이 바닥과 수평이 유지되는가
• 어깨 앞쪽으로 넘어온 분량이 적당한가
• 앞중심이나 뒤중심선이 들이거나 겹쳐지지 않고 편안히 놓이는가
• 앞, 뒤, 옆에 사선으로 꼬이거나 당기는 drag-line이 있는가
• 소매는 약간 앞쪽으로 기울면서 편안하게 달려 있는가
• 어깨의 경사가 스타일과 체형에 적당한가

맞음새 평가 시 옷의 옆선이 잘못 놓여 있는 예
✚ 옷의 옆선이 바디 옆선과 평행하지 않게 놓였을 경우 옷의 밑단(Sweep)이 들리는 현상(Hiking)이 생긴다.

❸ 실루엣(Silhouette)

의복 전체의 형태와 실루엣은 시각적인 이미지를 결정하는 중요한 요소이다. 즉 의복의 각 부분에서 어느 곳이 더 맞고 어느 곳이 느슨한가를 나타내는 것, 즉 신체의 어느 부분이 더 감싸지고 어느 부분이 드러나는 지를 나타내는 것이다. 직선과

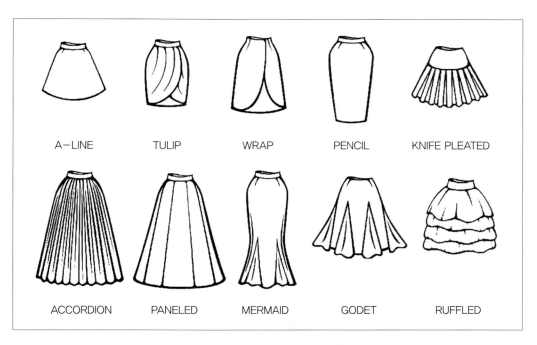

그림 4-8 스커트의 다양한 실루엣

| EMPIRE WAIST
가슴 바로 아래 허리선 | A-LINE
실제 허리선에 위치 | DROP WAIST
upper hip에 허리선 |

✚ 허리선은 여성복에서 실루엣 변화의 가장 중점이며 허리선의 위치에 따라 형태가 다양하게 변화한다.

그림 4-9 허리선 위치에 따른 드레스 실루엣

곡선, 단단함과 부드러움, 원단의 드레이프성과 스트레치성에 따라 실루엣 표현이 달라진다. 또한 인체는 입체 형태이며 패턴은 평면적이므로 인체의 곡선과 패턴의 곡선의 변곡 정도가 다르고 원단의 종류나 결에 따라 다르게 표현되므로 실루엣을 분석하기 위해서는 섬세한 감각이 요구된다. 피팅 진행 시 실루엣에 영향을 주는 디자인 디테일과 형태 등을 파악하여 기획 의도와 브랜드의 타깃층에 맞는 실루엣을 이끌어내야 할 것이다.

❹ 여유 분량(Ease, 이즈)

의복은 입체를 위한 것이므로 패턴을 분석할 때에 소매산과 같이 볼록한 형태의 입체화를 위한 여유 분량, 볼륨을 과장하기 위한 개더(Gather)와 같은 여유 분량을 이해해야 한다.

• 풍성함을 위한 개더와 같은 디자인 여유 분량 볼륨은 전체적인 비례, 동시에 좌우대칭과 앞뒤의 균형을 확인해야 한다.

- 의복의 용도와 운동량, 활동량을 파악하여 여유 분량의 적절성을 체크한다.
- 목둘레는 입고 벗기에 적당한 크기인가, 진동둘레는 뜨지 않고 잘 맞고 깊이는 적당한가, 다트 양이 부족하여 방사형의 주름이나 남는 주름이 생기지 않는가 등을 평가한다.

이러한 이즈 분량에 따라 착용자가 편안하게 몸을 움직일 수 있는지, 의복이 부드럽게 착용자에게 잘 맞는지의 여부가 결정된다.

✦ 일상적인 움직임을 위해 반드시 필요한 여유 분량인 핏 이즈와 특정한 의복의 실루엣을 만들기 위해 추가하거나 줄여주는 여유 분량인 스타일 이즈를 이해하는 것이 매우 중요하며, 특히 기획 의도에 맞는 핏과 실루엣을 만들수 있도록 하기 위해서는 각 부분마다 적절한 이즈 분량이 포함된 치수를 정하는 것이 매우 중요하다.

암홀에 포함된 여유 분량이 소매 봉제 시 고르게 분배되지 않는 경우 그림과 같이 의복에 퍼커링이 생긴다.

그림 4-10 암홀 여유 분량의 봉제 불량 사례

직물의 두께와 특징은 각 부분마다 여유 분량을 얼마나 추가할 것인지를 결정하는 데에 큰 영향을 미친다.
두꺼운 아우터의 플랩이나 밑단의 벤트(Vent)에 이즈가 부족할 경우, 착장 시 자연스럽게 내려오지 않고 뻗치게 된다.

그림 4-11 아우터의 여유 분량이 부족한 사례

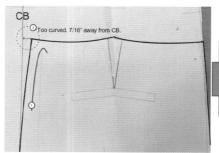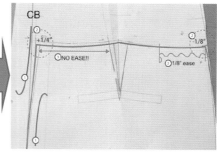

패턴에서 들어가지 않을 부분에 여유 분량을 넣어주면 그 부위에 퍼커링이 생기므로, 필요 시 패턴 분석을 통해 수정 방안을 제시하기도 한다.

그림 4-12 이즈의 패턴 수정 사례

❺ 디자인 의도

견본 스케치나 참고사진과 유사한 핏이 나왔는가, 구성요소의 위치가 적당한가, 디자인 의도와 맞게 원단이 적절히 사용되었는가, 칼라나 라펠의 경사는 적당한가, 단추 구멍 간격이 적당한가 등을 판단한다.

• 피팅 진행 후, 디자인 의도에 맞춰서 부속품의 크기나 위치를 조정하기도 하고 의복의 절개 라인을 수정하기도 한다.
• 핏 코멘트 작성 시 사진에 직접 표시해주어 알아보기 쉽게 해주면 더 원활하게 피팅을 진행시키고 빠른 컨펌을 유도할 수 있다.

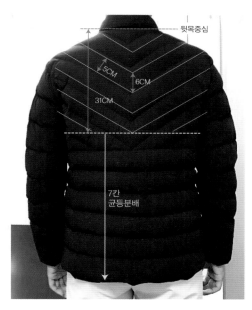

그림 4-13 디자인 의도에 따른 수정 사례

❻ 착장성

동일한 아이템이라도 여유 분량이나 디자인, 실루엣, 원단 또는 허리 위치 등에 따라 다양한 느낌으로 표현될 수 있다.
특히 착장하였을 때 의복이 인체의 곡선에 맞게 편안하게 놓이는가, 겹쳐지는 부분이 들뜨지 않는가 등을 판단하여 문제점이 생기는 부분들에 대해 해결책을 제시할 수 있어야 한다.

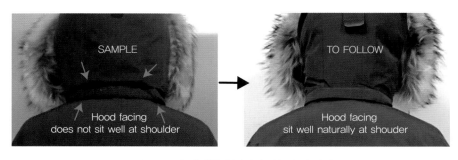

Hood facing의 둘레가 짧을 경우 착장하였을 때 자연스럽게 놓이지 않고 당기는 현상이 생길 수 있다.

그림 4-14 좋지 않은 착장성에 따른 수정 사례

1. FIT 모델에게 옷을 입힐 경우 반드시 자연스럽고 편하게 입힐 것

2. 전체적인 FIT BALANCE를 체크할 것

　옆선, 소매가 돌아가지는 않는가, 옷이 들리지는 않는가?

3. 디테일을 체크할 것

① 제조지시서 스케치와 샘플을 일대일 비교 체크한다.

② 제시 스펙과 샘플 스펙 측정값을 비교 체크한다.

　　✚ 만약 샘플 스펙 측정값이 제시 스펙에 맞지 않더라도 샘플의 외관과 핏이 좋을 경우 스펙은 충분히 조정할 수 있다.

③ 봉제 디테일 및 사양이 제대로 반영되었는지 체크한다.

　　✚ 안사양도 꼼꼼하게 체크하는 것을 반드시 잊지 말 것

QC(Quality Control) 진행

옷의 품질 관리를 위하여 샘플 단계에서 피팅을 통해 아이템 담당자(MD, DS, PTTN, TD, MR)들이 함께 옷을 검품하는 과정이다. QC 진행 시 점검해야 하는 사항들은 아래와 같다.

A. 실루엣, 맞음새 평가 및 점검(피팅 모델 착용 상태 점검 원칙)

① 앞목 놓임, 칼라 놓임, 앞뒤판 놓임, 어깨 놓임, 단추 위치, 주머니 위치, 프린세스 라인 균형, 자수 및 와펜 위치, 허리라인 위치, 앞뒤품 밸런스, 착용 시 소매놓임과 활동성, 바지허리선, 바지 밑위 놓임 등

② 지시 사이즈(SIZE)와의 차이점 확인 및 필요 시 스펙 수정 보완

③ 소매 달림 상태(앞뒤 돌아감, 암홀 겨드랑이 위치, 소매산 이즈 상태, 착용 시 활동성, 무늬맞춤 기준 설정)

④ 원단 소재별 작업 방법(임의 퍼커링 효과, 짙은 색상의 번들거림 방지, 바지류 주름 작업 방법, 셔츠류 주름 작업 방법) 등 주의사항 확인 및 점검

B. 작업지시서 내용과의 차이점 점검

① 배색사용부위 구분 확인

② 자수 위치 및 색상

③ 장식(액세서리) 및 포인트 라벨, 스냅 두께 및 부착 방법 등

④ 안감 색상 및 QUALITY

⑤ 봉사의 굵기 및 스티치 상태(땀수, 밑실조시 등), 색상, 간격

⑥ 단추달이 및 뿌리 감기 방법 표준화 관리

⑦ 단추구멍크기, 구멍벌어짐상태, QQ사굵기 및 땀수, 색상 점검

⑧ 완성작업(아이롱작업 방법, 팩킹작업 방법기준, 잔사제거상태) 점검

C. 소재별 작업 특성 분석

① 원단 미어짐(시접 합봉 부위를 당겨봄), 무늬 간 격차, 코팅 소재 바늘 자국 발생 유무, 바늘 땀수 확인

② 올 휨 현상, 원단결 돌아감, 이색, 워싱 작업 시 수축 현상, 스트레치 정도 확인

③ 필요 시 소재 특성에 따라 스펙/패턴/디자인 조정 → 원단결에 의한 보풀 현상, 코듀로이 벨벳같이 결 방향이 뚜렷한 경우 작업 결 방향 결정, 원단 두께에 따른 부위별 심지, 스냅 사용 지정(원단이 얇으면 심지의 도트비침 및 삼출현상이 일어날 수 있다)

④ 난접착성 코팅소재 테스트, 스냅 또는 아일렛 빠짐 확인

바이어와 에이전트 벤더, 공장이 소통해야 하는 글로벌 의류생산 체계에서는 문서를 통한 정확한 의사소통이 반드시 필요하다. 핏 평가를 위해 치수 허용 범위 부적합, 패턴 문제, 핏 문제, 디자인 변경, 원단 돌아감, 소재, 의복생산성, 봉제 문제를 확인 및 분석하여 코멘트를 적어 전달한다. 많은 샘플과 샘플단계를 효과적으로 관리하기 위한 워크로드 또한 작성해야 한다.

용어는 바이어와는 영어로 소통하지만 벤더나 공장과 협의를 위해서는 현장 용어에 대한 이해가 필요하다. 모호한 표현을 지양하고 자세히 명확하게 제시한다. 직접적이고 정량적인 표현, 바른 용어를 사용하는 것이 좋고 용어는 표준용어, 영어용어, 약자, 현장 용어를 바르게 익히고 사용해야 한다.

디자이너, 테크니컬 디자이너, 모델리스트 등은 피팅을 통해 샘플을 분석하고 원·부자재 적합성, 제품으로서 생산성, 효율성, 구성과 봉제의 적절성 등을 고려하여 품질을 관리하며 패턴, 소재, 봉제의 기술적인 문제를 발견하여 개선 사항을 제안하거나 수정 및 해결해 나가면서 제품의 품질을 끌어올리는 역할을 수행하고 있다. 피팅, 리뷰과정을 통해 디자인 아이디어 구현, 창의적인 제안, 스탠다드 설정에 점차 관여하는 폭이 확장되고 있으며, 제조지시서, 매뉴얼 등의 표준관리, 바디폼과 블록 패턴과 같은 도구들의 개선과, 합리적인 그레이딩 계획과 품질 관리 등, 패션제품에서 피팅을 중심으로 하는 과정의 변화가 요구되고 있다. 현장과 함께 연구와 양성 교육과정에서도 패턴, 봉제, 기술을 창조적으로 지식화하고 실제적으로 교육함으로써 업그레이드된 피팅 과정을 통해 고부가가치 의류 제품 개발에 기여해 나가야 할 것이다.

❶ 상품 개발 단계(Development Process)

제작 품평 후 메인이 결정되면 원·부자재를 발주하면서 공장에서 시제품을 만들어오고 디자이너와 모델리스트, TD, 품질관리부 등 유관 부서와 함께 QC(Quality Control) 회의를 거쳐 완성도를 점검한 후 메인 생산에 투입된다. 바이어의 테크니컬 패키지가 의류수출업체인 벤더로 전달된 후 벤더에서는 바이어의 스케치를 근거로 한 개의 모델 패턴(develop sample)을 제작한다. 사이즈 스펙은 바이어의 디자인 스케치를 기준으로 개발 샘플의 사이즈 스펙을 만들거나 기존의 스펙을 보완한다.

❷ 상품 메인 단계(Main Process)

1차 샘플부터는 바이어의 코멘트를 참조하여 피팅을 검토하고 수정 부위를 의뢰하며, 핏 샘플에 대한 평가를 바이어에게 e-mail이나 온라인으로 구축된 웹 시스템을 통해 코멘트한다. 벤더 테크니컬 디자이너는 바이어와 동일한 드레스폼을 사용하여 피팅한다. 수정·보완된 샘플을 바이어에게 발송하면 바이어 테크니컬 디자이너는 드레스폼이나 핏모델을 사용하여 피팅을 한다. 1차 샘플이 리젝 되었을 경우 2차 핏 샘플을 다시 발송해야 하며 발송 샘플이 승인(approved)받을 때까지 이 과정은 계속된다. 샘플의 횟수는 아이템 구성이 복잡하지 않으면 1, 2차 피팅에서 끝내는 경우가 있고 샘플의 종류에 따라 3~4차까지 수 차례 반복되는 과정을 거치기도 한다. 또한 옷을 완전하게 만들지 않고 부분적으로 혹은 전체를 겉감으로만 만든 목업(mock up) 샘플을 만들기도 한다. 승인을 받은 후에는 코멘트를 참조하여 본 생산에 들어갈 패턴 수정을 의뢰한다. 핏 샘플 승인에 소요되는 시간은 2회의 재 샘플을 기준으로 약 45일로 한다.

❸ 상품 생산 단계(Production Process)

피팅 결과에 근거하여 벤더에서는 패턴을 수정하고 프로덕션(production) 패턴을 제작하여 공장에서 생산에 들어가게 된다. 테크니컬 패키지의 그레이딩 편차에 근거하여 그레이딩을 한 후 중심(core)사이즈로 샘플 제작한다. 또한 본 생산에서 제작되는 사이즈 전구간의 그레이딩 값을 검토하고 경우에 따라 점프(jump)사이즈나 모든 사이즈의 PP(pre-production) 샘플을 검토한다. Bulk 샘플은 실제 양산용 원·부자재와 디자인 디테일이 그대로 적용된 샘플을 말하며 벤더 테크니컬 디자이너는 공장의 양산에 들어갈 생산샘플인 FPP(factory pre-production), TOP(top of production) 샘플을 확인한다. 핏 일관성을 위한 도구들의 품질의 관리를 위해서는 실제 인체 비율이 적용된 도식화 템플릿을 활용하여 비율이 반영된 도식화, 인체 형태, 비례, 자세가 고려된 대표체형 표준으로부터 출발하여, 바디폼, 피팅 모델, 패턴, 사이즈, 스펙, 그레이딩 등의 요소들이 일관되게 계획되어야 한다.

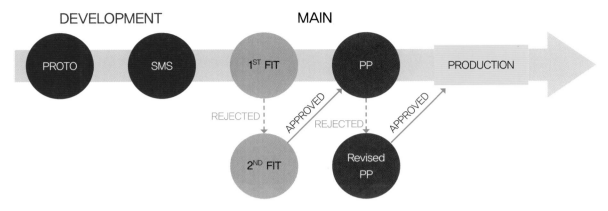

DEVELOPMENT   MAIN

PROTO SMS 1ST FIT PP PRODUCTION

REJECTED APPROVED REJECTED APPROVED

2ND FIT   Revised PP

그림 4-15 피팅 프로세스에서의 샘플 제작 단계

3 주요 핏 이슈(Fit issue)와 대처 방안(Solutions)

피팅(Fitting) 진행 시 샘플의 스펙과 전체적인 밸런스, 사양 등을 기본적으로 리뷰해야 하며 샘플이 상태에 따라 브랜드의 콘셉트와 이미지에 부합하는 좋은 핏을 찾기 위해 수정해야 한다. 핏 수정 코멘트에는 정확한 정답이 있을 수는 없지만 디자인과 패턴, 원·부자재의 특성과 축율 관계, 샘플의 재단, 봉제 상태, 사후 관리 등에 따라 핏은 달라질 수 있다. 이러한 전체적인 요소를 파악하고 수정 방안을 제시하여 개선된 샘플이 나올 수 있도록 해야 한다. 샘플에서 발생한 문제가 어디에서 비롯된 것인지 제대로 파악해 내기 위해서는 많은 샘플을 리뷰 해본 경력과 노하우(Know-how)가 중요하다. 자주 발생하는 이슈와 사고, 개선 방법 등의 논의와 학습을 통해 브랜드만의 이상적인 핏을 찾기 위해 노력하는 것은 테크니컬 디자이너, 모델리스트, 디자이너, 바이어 등 모든 유관 부서들에게 반드시 필요할 것이다. 일반적으로 샘플 리뷰 시 생기는 부위별 핏 이슈(Fit issue)와 이를 수정하는 개선 방안의 사례들에 대해 살펴보면 다음과 같다.

1 | 일반적인 핏 이슈(Fit Issue)의 이해

❶ 상의(TOP)

▪ 암홀 & 소매(Armhole & Sleeve)
  ① 암홀: 암홀(AH)의 겨드랑이점(Underarm point)이 올바른 위치에 있는지, 암홀의 높이가 적절한지, 암홀 주위에 개핑은 생기지 않는지의 여부를 판단하여야 한다.

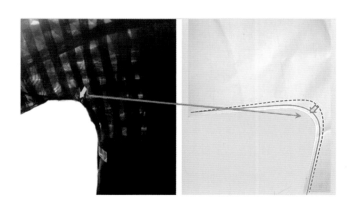

Dolman sleeve의 경우, 겨드랑이점이 높으면 여유 분량이 부족하여 팔을 움직이기 불편해지므로 진동의 위치를 적절하게 하는 것은 매우 중요하다.

② **소매:** 팔을 들기에 소매산의 높이가 적절한지, 소매가 뒤로 달리지는 않았는지, 소매산 길이와 너비(Cap length & width)가 적절하여 팔이 움직이기 편한지, 소매길이가 적절한지, 소매 밑단이 평행한지, 소매 밑단 너비(Sleeve opening)가 충분히 늘어나서 손이 들어가기 적절한지의 여부를 판단하여야 한다.

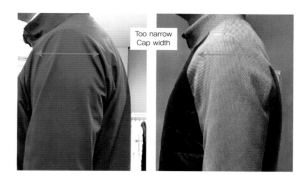

소매산의 너비가 작을 경우, 착장 시 어깨 끝 쪽이 당기면서 Drag line이 생긴다.

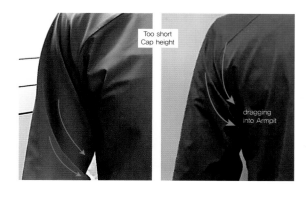

소매산의 높이가 짧을 경우 착장 시 암홀이 안으로 말려들어 가게 된다.

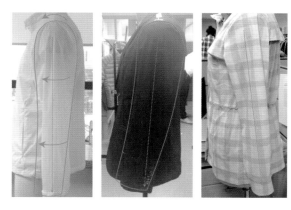

봉제할 때 소매 중심이 뒤로 달리면 완성 후 소매가 뒤쪽으로 넘어가는 현상이 생기므로 주의해야 한다.

암홀 봉제 시 여유 분량이 한쪽으로 몰리면서 퍼커링이 생기지 않도록 주의해야 한다.

■ 넥라인 & 칼라(Neck line & Collar)

① **넥라인**: 넥라인과 목너비(Neck width), 목깊이(Neck drop)의 사이즈가 제대로 되었는지, 안단(Facing)과 인셋(Inset)이 있는 경우 길이가 길어지거나 곡선이 심하여 뒤집어지거나 평행하지 않게 봉제되지 않았는지, 넥 둘레가 늘렸을 때 머리가 들어갈 정도로 충분히 늘어나는지, 넥라인에 개핑이나 퍼커링이 생기지는 않았는지의 여부를 판단하여야 한다.

넥라인 주변의 봉제가 잘못되었을 경우 넥 밸런스가 무너지면서 Drag line이 생긴다. 또한 앞목 깊이가 너무 짧을 경우 착장 시에 넥라인이 U자 모양이 되면서 앞목이 닿고 옷이 뒤로 넘어가게 된다.

② **칼라**: 칼라와 칼라 스탠드(Collar stand)가 개핑이나 퍼커링 없이 봉제되었는지, 칼라의 밖 가장 자리의 스펙(Outer edge)이 커서 남거나 작아서 당기지는 않는지, 칼라의 모양이 좌우 대칭인지의 여부를 판단하여야 한다.

칼라 봉제가 잘못되었을 경우 착장 시에 옆목에 닿고 칼라가 제대로 서지 않게 된다.

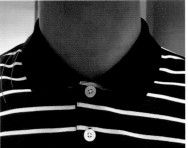

칼라의 앞을 여미었을 때 앞중심이 기준보다 너무 벌어지거나 겹쳐지지 않도록 해야 한다.
특히 칼라가 균형에 맞지 않게 작게 제작되었을 경우 목에 타이트하게 닿이면서 넥라인 주변으로 Drag line이 생긴다.

■ 어깨(Shoulder)

어깨의 양끝이 나란하고 대칭적인지, 어깨 너비가 너무 좁거나 넓지 않고 적절한지, 어깨각(Shoulder slope)이 높거나 낮지 않고 적절한지, 어깨에 Pad가 있는 경우 달린 위치와 높이가 적절한지 여부를 판단하여야 한다.

어깨너비나 어깨각이 적절하지 않을 경우 양쪽으로 당기면서 Drag line이 생기게 된다.

■ 디테일(Detail) 사양

포켓의 위치와 크기가 손을 넣기 적절한지, 다트의 위치가 적절하고 끝이 뾰족하진 않은지, 주름이 생기지 않는지, 원단 무늬가 나란하고 대칭적인지, Vent / Pleats / Slit이 직선으로 달렸고 잘 놓여지는지, 후드의 크기가 착장 시 적절한지 여부를 판단하여야 한다.

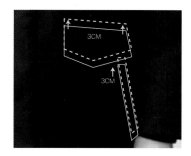 

피팅 시 포켓에 손을 넣어 보아야 하며 포켓의 위치가 손을 넣기에 적절하지 않고 너무 높거나 낮을 경우 포켓의 위치를 변경해야 한다.

피팅 시 후드를 써 보아야 하며 후드의 너비와 길이가 적절한지 확인해 보아야 한다. 특정 디자인을 제외하고는 앞으로 너무 처지지 않도록 한다.

무늬가 있는 원단의 경우는 앞중심에서 수평이 되어야 하며, 체크무늬가 한쪽으로 기울어지지 않게 해야 한다.

■ 밸런스(Balance)

전체적인 밸런스를 보기 위해 CF나 CB에서 옷을 열었을 때 직선으로 떨어지는지, 옷을 닫은 상태에서 플라켓이 제대로 겹쳐지는지, 옆선이 휘지 않고 제대로 떨어지는지, 필요한 여유 분량이 적절하게 있는지, 밑단이 바닥과 평행하고 앞뒤에서 밑단이 들리거나(Hiking 현상) 옆선에서 뻗치지 않는지(Swing out 현상), 격자 무늬나 스트라이프 무늬일 경우 옆선에서 서로 매칭되는지, 밑단이 수평하게 직선 재단 되었는지, 암홀이 접히는 현상이 생기지는 않는지(Gapping 현상), 무너지는 현상(Collapsing 현상)이 나타나지는 않는지 여부에 대해 살펴보아야 한다.

밸런스가 맞지 않아서 옆선이 앞으로 당길 경우 밑단이 들리게 된다. (Hiking 현상)

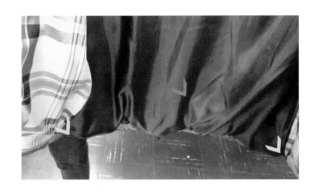

안감에 겉감과 연결하는 택킹작업이 적절하게 되지 않아 착장 시 안감이 아래로 처지게 된다.

앞중심이 밸런스가 맞지 않게 봉제될 경우 착장 시 앞중심으로 당기면서 Drag line이 생기게 된다. 또한 Grain line이 돌아가는 경우가 생길 수 있다.

❷ 하의(BOTTOM)

■ 밸런스(Balance)

옆선이 허리에서 밑단까지 직선으로 떨어지는지, 바지의 Inseam과 Outseam이 직선으로 떨어지고 기울어지지 않았는지, 바지 밑단이 바닥과 수평을 유지하는 여부에 대해 판단하여야 한다.

■ 허리밴드, 허리, 엉덩이(Waistband, Waist, Hip)

허리가 엉덩이가 들어갈 수 있게 충분한 여유가 있는지, 허리 라인이 CB이나 옆선에서 처지지 않고 적절하게 곡이 졌는지, 엉덩이에 여유가 적절하고 앉기에 너무 타이트하지 않은지, 허리와 엉덩이가 주름은 없는지 여부에 대해 판단하여야 한다.

■ 밑위(Rise)

밑위 길이가 너무 짧거나 길지 않고 적절한지, 밑위의 각도가 적절한지, 고양이 수염 모양의 주름이 생기지 않는지 여부에 대해 판단하여야 한다.

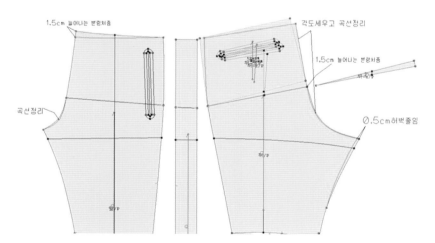

밑위에 고양이 수염(Drag line)이 생기거나 남고 고이는 현상이 생기면 패턴으로 밑위를 조정하여 수정해야 한다.

■ 허벅지, 밑단(Thigh, Leg opening)

허벅지 둘레의 여유량이 너무 적거나 많지 않고 적절한지, Inseam & Outseam에 당기는 현상은 없는지, 밑단 둘레가 발이 들어가기에 충분히 늘어나는지 여부에 대해 판단하여야 한다.

■ **디테일(Detail)**

다트의 위치가 적절하고 끝이 뾰족하진 않은지, 주름이 생기지 않는지, 포켓의 위치와 크기가 손을 넣기 적절한지, 다트의 위치가 적절하고 끝이 뾰족하진 않은지, 주름이 생기지 않는지, 원단 무늬가 나란하고 대칭적인지, Vent / Pleats / Slit이 직선으로 달렸고 잘 놓여지는지 여부를 판단하여야 한다.

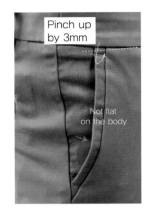

착장 시 포켓이 벌어지는 현상이 생길 경우 포켓 입구 길이를 살짝 줄여 (pinch) 수정하기도 한다.

2 | 사양 분석(Construction)에 대한 이해와 개선 사례

피팅 진행 후 실루엣, 디자인의 향상을 위해 필요 시 소재 특성과 착장성에 맞는 사양 변경을 통해 개선을 하기도 한다.

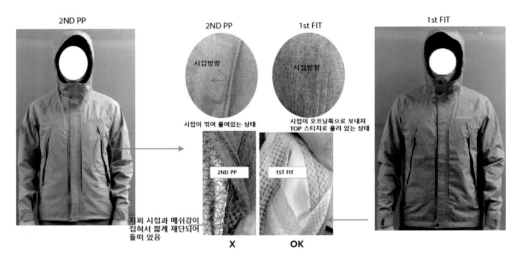

그림 4-16 주머니 착장성의 개선을 위해 봉제 방법을 변경하여 개선한 사례

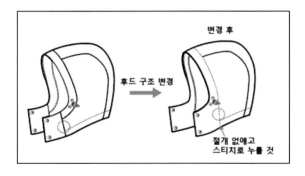

그림 4-17 후드 봉제 사양 변경 사례

그림 4-18 허리 밴드 봉제 사양 변경 사례

✚ 입구에 지퍼가 있거나, 두꺼운 원단끼리 겹쳐지는 부분의 경우는 특히 시접 처리 방법에 따라 두께와 그에 따른 착장성이 달라진다. 이러한 착장성의 개선을 위해 피팅 진행 후 자연스럽게 놓이는 데에 도움이 될 수 있도록 봉제 방법을 변경해주는 것이 좋으며, 이미지와 자세한 설명을 함께 해주면 원활한 의사소통에 도움이 된다.

피팅 진행 후 실루엣, 디자인의 향상을 위해 필요 시 소재 특성과 착장성에 맞는 패턴 수정 보완을 통해 개선을 하기도 한다.

착장 시 패턴, 봉제 문제점 요인 분석

문제 현상	요인 분석	
앞 들림 현상 (앞 쌓임)	① 앞어깨각(진동높이) 낮음 현상 ② 개인체형에 의한 현상 ③ 앞지퍼 부착 시 이즈 넣음에 의한 오그라듦 현상	* 체형상의 문제 점검 * 옆목너비 치수 점검
뒤 들림 현상	① 뒤어깨각(진동높이) 낮음 현상 ② 뒤중심 봉제선 오그라듦 현상 ③ 밑단 늘어남	* 체형상의 문제 점검 * 재봉사 품질 또는 스티치 텐션에 의한 퍼커링 여부
소매 들림 현상	① 소매 진동 높이 낮음 현상 ② 소매 Inseam 봉제 시 늘어남	
앞 어깨 주름 현상 (Drag line)	① 어깨선 경사도 문제 ② 개인체형에 의한 현상 ③ 칼라 봉제 불량 ④ 패드 두께에 의한 당김	* 옆목너비 치수 점검 * 앞뒤판 옆목 위치 균형점검
뒤 어깨 (목 하단 남는 현상)	① 어깨선 경사도 문제 ② 개인체형에 의한 현상 ③ 칼라 봉제 불량 ④ 패드 두께에 의한 당김	
소매 꼬임 / 돌아감 현상	① 소매산 높이와 몸판 암홀선의 균형이 맞지 않을 때 ② 밑소매, 윗소매 균형이 맞지 않을 때 ③ 원단 결이 틀어졌을 때	
칼라 앞들림, 뒤들림	① 칼라 제작 시 윗에리 여유 부족 현상 ② 칼라의 둘레가 크거나 적을 때 ③ 칼라 봉제 시 가장자리 늘어남 ④ 심지 결 사용 불량	
밑단 굴곡	① 밑단 꺾음 작업 시 (Rolled hem) 늘어남 ② 봉제 불량(재단, 시접 처리 부정확)	* 소재 특성 점검
좌우 비대칭 (주머니 위치, 장식, 체크무늬, 줄무늬)	① 재단 부정확, 패턴상 표시 작업 부실	

❖ 패턴 수정을 통한 개선 사례

1 | 상의(Top)

❶ 어깨에 주름이 생기는 현상

[원인]

① 앞 진동 깊이가 짧아서 앞옆목 부위 쪽으로 달려 올라가는 현상의 경우

② 앞판, 뒤판의 패턴상 놓임의 밸런스가 맞지 않아 엇갈림 현상이 있는 경우

③ 몸판 어깨선 높이가 암홀 쪽이 높을 경우 어깨 끝 지점 처짐 현상의 경우

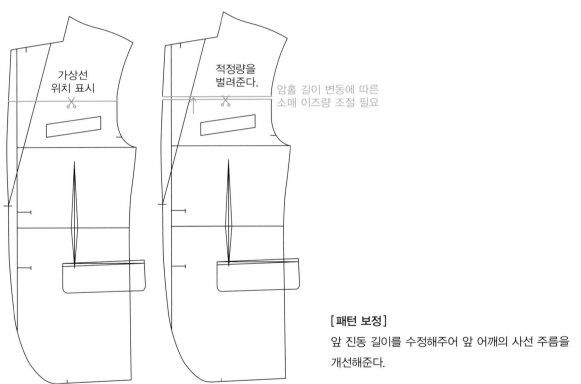

[패턴 보정]

앞 진동 길이를 수정해주어 앞 어깨의 사선 주름을 개선해준다.

❷ 앞 밑단이 들리는 현상(앞 쌓임 현상)

[원인]
① 앞 진동 길이가 짧은 경우
② 앞목 너비가 짧은 경우

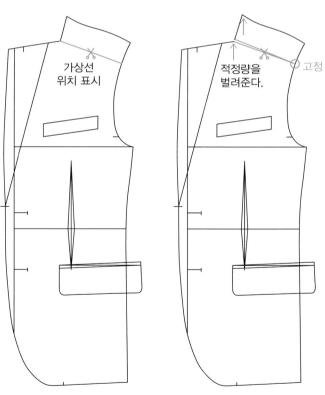

가상선
위치 표시

적정량을
벌려준다.

고정

[패턴 보정]
목선 둘레 변동에 따른 칼라 목선 길이를 조정하여
앞 쌓임 현상을 개선해준다.

❸ 앞소매 현상(소매가 앞으로 돌아가는 현상)

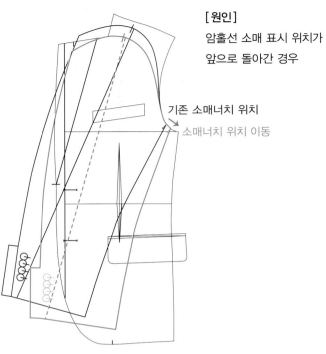

[원인]

암홀선 소매 표시 위치가
앞으로 돌아간 경우

기존 소매너치 위치

소매너치 위치 이동

❹ 뒤소매 현상(소매가 뒤로 돌아가는 현상)

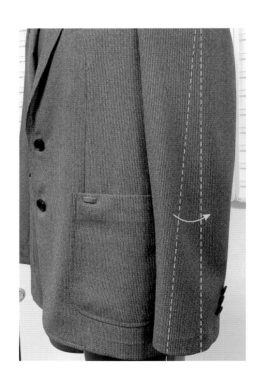

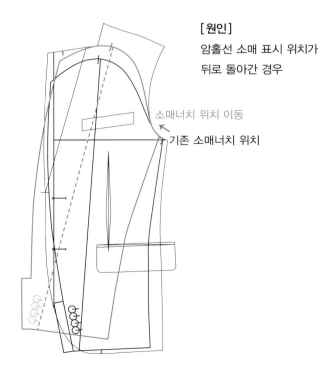

[원인]

암홀선 소매 표시 위치가
뒤로 돌아간 경우

소매너치 위치 이동

기존 소매너치 위치

❺ 뒤 처짐으로 사선 주름이 생기는 현상

[원인]

패턴의 등어깨선
위치가 높게 제작되었을
경우

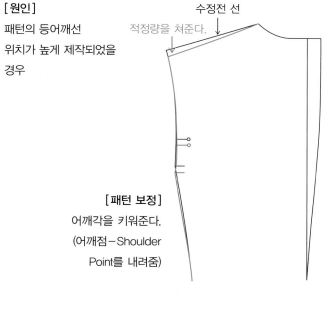

수정전 선

적정량을 쳐준다.

[패턴 보정]

어깨각을 키워준다.
(어깨점－Shoulder
Point를 내려줌)

❻ 뒤가 들리는 현상

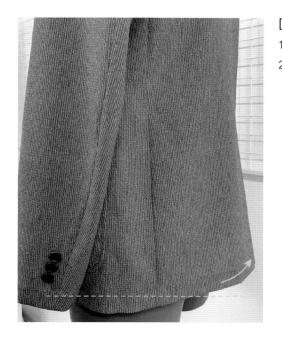

[원인]

1. 등의 진동 길이가 짧을 경우
2. 뒤판의 옆목 높이가 짧을 경우

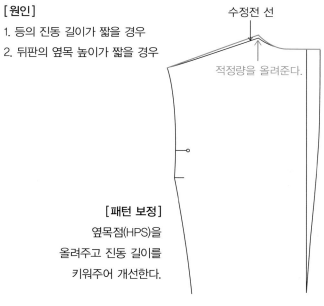

수정전 선

적정량을 올려준다.

[패턴 보정]

옆목점(HPS)을
올려주고 진동 길이를
키워주어 개선한다.

❼ 뒤목 아래가 남는 현상

[원인]

1. 뒤옆목 높이가 짧거나 뒤목 파임이 적을 경우
2. 뒤옆목 너비가 좁을 경우

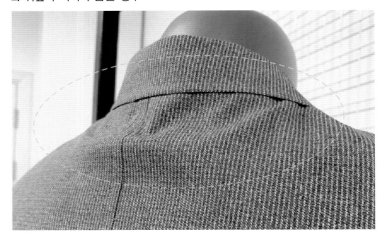

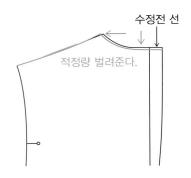

수정전 선

적정량 벌려준다.

[패턴 보정]

뒤목 깊이를 내려주고 옆목점을 파주어
목너비를 키워준다.

❽ 소매산 폭(Cap-width)이 좁아서 당기는 현상

[원인] 패턴상의 소매산 모양이 좁게 표현 되었을 경우

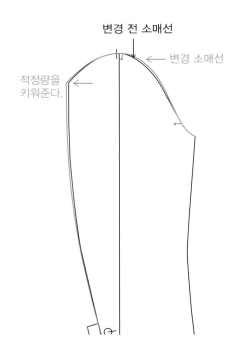

변경 전 소매선

← 변경 소매선

적정량을
키워준다.

❶ 앞밑위(샅부위 가랑이 부분)가 당기는 현상

[원인]

① 앞판 제도 시 앞중심 여밈 여유분이 적은 경우

② 앞 밑위 곡선이 많이 파인 경우

③ 전체 엉덩이둘레가 신체 둘레보다 적을 경우

[패턴 보정]

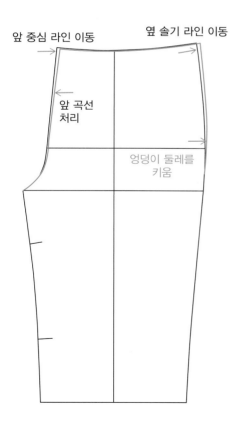

앞 중심 라인 이동

옆 솔기 라인 이동

앞 곡선
처리

엉덩이 둘레를
키움

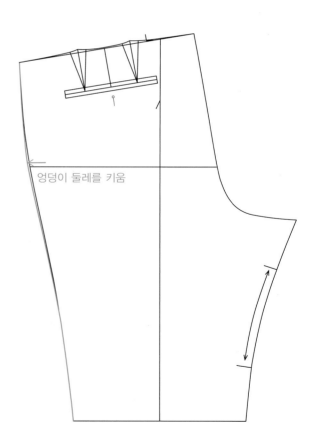

엉덩이 둘레를 키움

❷ 앞 중심 부분에 사선 주름이 생기는 현상

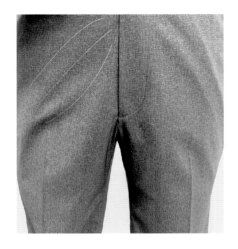

[원인]

① 앞밑위 길이가 짧거나 바지허리를 올려 착장했을 경우

② 앞밑위 곡선 여유가 많이 남는 경우

[패턴 보정]

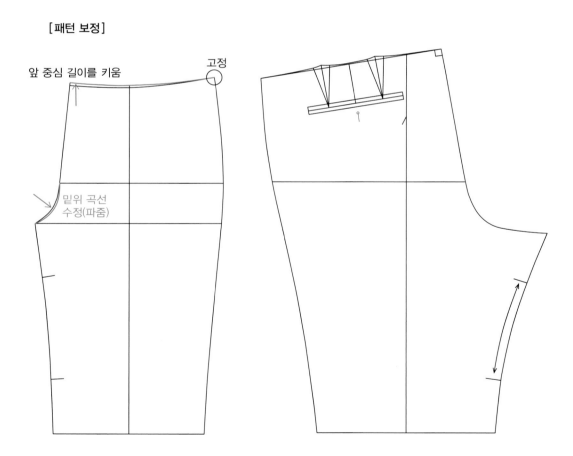

앞 중심 길이를 키움

고정

밑위 곡선
수정(파줌)

❸ 엉덩이 밑위가 당기는 현상

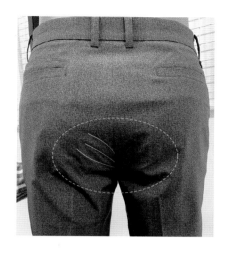

[원인]
① 패턴의 뒤밑위 곡선 각도 여유가 짧은 경우
② 뒤밑위 곡선의 길이가 짧은 경우

[패턴 보정]

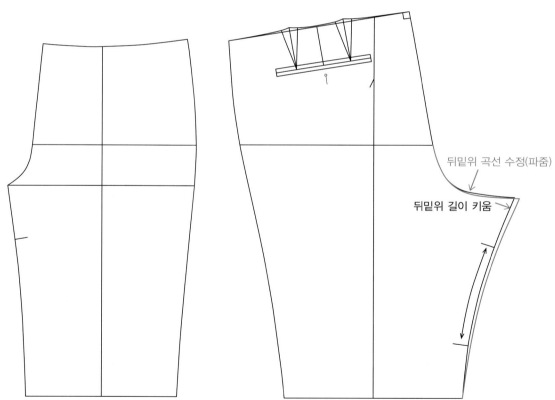

뒤밑위 곡선 수정(파줌)

뒤밑위 길이 키움

❹ 엉덩이 접히는 분량이 생기는 현상

[원인]
① 패턴의 뒤밑위 길이의 여유가 길게 제작된 경우
② 뒤밑위 곡선의 길이가 길게 제작된 경우

[패턴 보정]

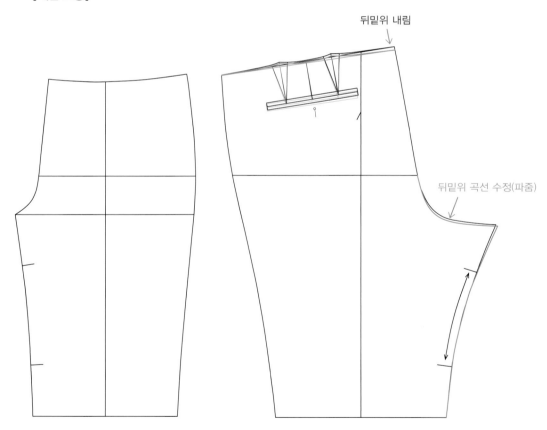

뒤밑위 내림

뒤밑위 곡선 수정(파줌)

SHORTEN THE CROTCH	현상	앞밑위에서 대각선으로 밑으로 우는 얼굴 모양의 드래그 라인이 생기는 현상(Drag lines radiating downwards from front crotch, resembling a frown)
	원인	긴 앞밑위 라인으로 분량이 남는 경우(Crotch too long)
	패턴 보정	앞밑위에서 앞중심 길이를 줄여준다. (Remove width from the inseam to shorten front crotch curve)
LENGTHEN THE CROTCH	현상	앞밑위에서 대각선으로 위로 웃는 얼굴 모양의 드래그 라인이 생기는 현상(Drag lines radiating upwards from front crotch, resembling a smile, feeling tight)
	원인	짧은 앞밑위 라인으로 분량이 부족해서 당기는 경우 (Crotch too short)
	패턴 보정	앞밑위에서 앞중심 길이를 키워준다. (Add width off to inseam to lengthen front crotch curve)
MAKE THE CROTCH SHALLOWER	현상	앞밑위에서 수평으로 주름이 생기는 현상 (Horizontal wrinkles at the front crotch)
	원인	뒤밑위 곡선이 많이 파져서 분량이 부족해서 당기는 경우 (Too deep crotch curve)
	패턴 보정	앞밑위에서 앞중심 각도를 좀더 채워 준다. (Draw in a shallower front crotch curve)
SCOOPING OUT THE CROTCH	현상	앞밑위에서 수직으로 주름이 생기는 현상 (Vertical drag lines around the front crotch seam)
	원인	뒤밑위 곡선이 덜 파져서 분량이 남는 경우 (Too flat crotch curve)
	패턴 보정	앞밑위에서 앞중심 각도를 좀 더 파준다. (Scoop out front crotch curve)

주름의 방향으로 알 수 있는 Sleeve Issue & Solution

WIDENING THE SLEEVE	현상	소매에서 전체적으로 주름이 생기고 소매를 들어 올리면 옷이 전체적으로 딸려 올라가면서 소매를 움직이기 힘든 현상 (No movement in your sleeve. When reaching upwards, the whole garment pulls up)
	원인	소매가 전체적으로 작은 경우(Too tight sleeve)
	패턴 보정	암홀 아래에서부터 소매 너비를 키워준다. (Add width to the bicep of your sleeve)
WIDENING THE SLEEVE CAP	현상	소매 위쪽 부분이 닿이고 수평 주름이 생기는 현상(바디의 가슴 쪽에서도 당김) (Horizontal wrinkles at the sleeve cap and bodice also pulls across the front)
	원인	소매산 너비가 작은 경우(Too tight sleeve cap)
	패턴 보정	움직이기 편한 만큼 소매산의 너비를 키워준다. (Add width of the sleeve cap)
LENGTHEN THE CAP HEIGHT	현상	소매가 어깨 쪽에서부터 전체적으로 위로 당겨 올라가는 현상 (Sleeve pulls up from the top of the sleeve cap)
	원인	소매산의 높이가 짧은 경우(Too short sleeve cap height)
	패턴 보정	소매산의 높이를 키워준다. (Lengthen the cap height of the sleeve)
SHORTEN THE CAP HEIGHT	현상	소매에서 길이로 남아서 접히는 분량이 생기는 현상 (There is excess fabric at the sleeve)
	원인	소매산의 길이가 긴 경우(Too long sleeve cap height)
	패턴 보정	소매산의 높이를 줄여준다. (Shorten the cap height of the sleeve)

주름의 방향으로 알 수 있는 핏 이슈(Fit Issue)

주름의 방향	당기는 주름(Draglines)	접히는 주름(Folds)
수평 Horizontal	폭으로 양이 부족한 경우	길이로 양이 많은 경우
수직 Vertical	길이로 양이 부족한 경우	폭으로 양이 많은 경우
대각선 Angled or Radiating	폭과 길이로 양이 부족한 경우	폭과 길이로 양이 많은 경우

Long cap height → Narrow cap width

소매산이 높아질수록 소매산의 너비가 작아지면서 팔을 들기 어렵고 타이트해져서 팔을 들기 어려워진다.

차렷 자세에서는 드래그 라인이 거의 없고 깔끔하게 떨어진다.

Short cap height → Wide cap width

소매산이 낮아질수록 소매산의 너비가 넓어지면서 편안하고 팔을 들기도 쉬워서 활동성이 높아진다.

차렷 자세에서는 활동분이 언더암에 남아서 드래그 라인이 생길 수 있다.

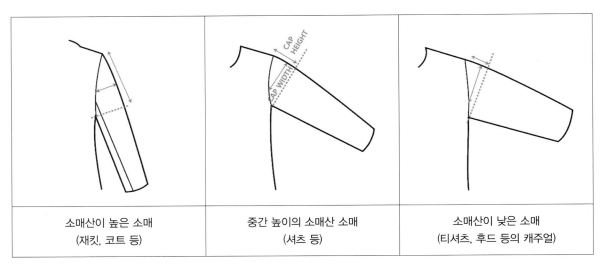

소매산이 높은 소매 (재킷, 코트 등)	중간 높이의 소매산 소매 (셔츠 등)	소매산이 낮은 소매 (티셔츠, 후드 등의 캐주얼)

그림 **4-19** 소매산의 높이와 너비에 따른 소매의 형태

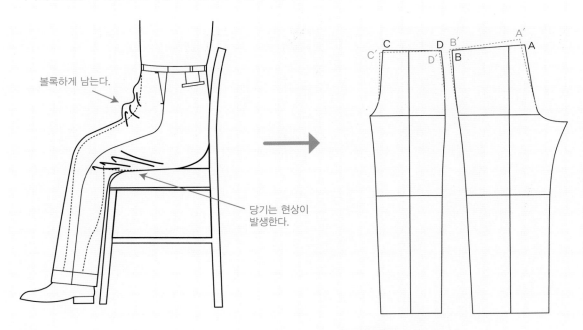

볼록하게 남는다.

당기는 현상이
발생한다.

[원인]
패턴 제작 시 뒤밑위 각도가 너무 세워지면서
뒤밑위 길이가 부족해지고 앞밑위 각도가 너무
누워지면서 앞밑위 길이가 길어짐

[패턴 보정]
① 앞판 C−D를 C'−D'처럼 이동하여 앞밑위
　 각도를 세워준다.
② 뒤판 A−B를 A'−B'처럼 이동하여 뒤밑위
　 각도를 눕혀준다.

패턴이 잘못되었을 때 어떤 현상이 생길까

① **앞진동이 짧을 경우:** 밑단 안쪽이 들리는 현상, 앞판 겨드랑이에서 옆목점 쪽으로 주름이 생기는 현상
② **뒤진동이 짧을 경우:** 밑단 뜨는 (뒤들리는) 현상, 뒤판 겨드랑이에서 옆목점 쪽으로 주름이 생기는 현상
③ **암홀(겨드랑이점)이 낮을 경우:** 팔을 들기 불편한 현상
④ **옆목에서 앞중심 너비가 짧을 경우:** 앞단추를 열었을 때 앞단이 벌어지는 현상
⑤ **옆목에서 앞중심 너비가 클 경우:** 앞단추를 열었을 때 앞단이 겹치는 현상
⑥ **소매 달림 표시(Notch)가 정위치가 아닐 경우:** 소매단이 앞 또는 뒤쪽으로 들리는 현상
⑦ **패턴의 여유량이 부족하거나 많이 들어갔을 경우:** 부위별 놓임 상태가 불안정하며 부족할 때 당기는 현상이 생기고 많이
　 들어갔을 경우 남아서 접히는 현상

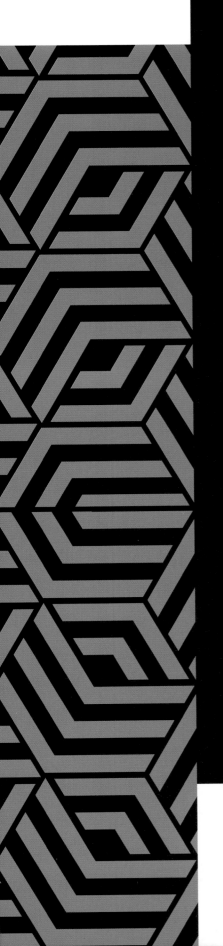

5

현장 용어

TERMINOLOGY

1 봉제 용어

1 | STITCH, SEAM, PRODUCTION 용어

* N = NEEDLE   *S = SINGLE

* TH = THREAD   * W/ = WITH   *W/O = WITHOUT

분류	용어		영어	설명
S T I T C H	조시		thread tension	실의 장력, 실이 당겨지는 힘
	땀수		stitch width	일정 길이 안에 들어가는 바늘땀의 개수
	본봉		lock stitch(S / N stitch)	가장 흔히 쓰이는 기계식 박음질 스티치
	가자리		baste stitch	본봉을 박기 전에 원단을 고정시키기 위해 박는 홈질
	지누이		stay stitch	초벌박음 / 속박음, 본봉 전에 자리잡음을 위해서 큰 땀수로 놓는 스티치
	가이롭빠	가이롭빠	top & bottom coverstitch	다이마루의 봉제선에 지그재그 스티치가 겉으로 보이게 박는 장식 스티치
		1/8" 가이롭빠	2 / N 4TH top & bottom coverstitch W/ 1/8" gauge	1/8" 간격 가이롭빠
		1/4" 가이롭빠	3 / N 5TH top & bottom coverstitch W/ 1/4"gauge	1/4" 간격 가이롭빠
	삼봉	삼봉	bottom coverstitch	겉에서는 본봉선이, 안에서는 지그재그 선이 나오는 심처리. 심라인에 신축성을 줌
		1/8" 삼봉	2 / N bottom coverstitch W/ 1/8" gauge	1/8" 간격 삼봉
		1/4" 삼봉	2 / N bottom coverstitch W/ 1/4" gauge	1/4" 간격 삼봉
		갈라삼봉	3 / N bottom coverstitch	1/4" 삼봉을 seam에서 1/8" 좌우 걸치게 스티치
	체인 스티치	체인본봉	S / N chain stitch	신축성이 필요한 단처리에 쓰이며 1올의 바늘 실로 루프를 연속시키는 스티치
		환봉	chain stitch	루프를 연속시키는 재봉 방법의 통칭 cf. 체인본봉, 다꼬
		다꼬	multi – needle chainstitch	2개 이상의 바늘실을 이용하며 연결되지 않고 독립된 두 줄 이상의 체인 본봉을 형성
	오드람뿌		4 / N flatlock stitch	지그재그 스티치가 겉으로 보이는 장식스티치, 가이롭빠와 다르게 시접 없이 납작
	니혼오버		2 / N 4TH overlock stitch	니트 / 오바와 한번에 SEAM 처리
	오버로크(감치기)		overlock / 2 / N 3TH overlock stitch	원단의 끝단에 올풀림을 방지하기 위해 감쳐주는 것
	오토시미싱		blind stitch	양쪽 시접 사이로 박거나 숨겨박음(스크이와 같은 원리)

(계속)

분류	용어		영어	설명
S T I T C H	인타록(감쳐박기)		interlock / 5TH safety stitch	Woven 끝단처리와 본봉을 한번에 수행, 즉 오버록과 seam을 한번에 수행하는 봉제
	팔짜뜨기		padding stitch	canvas와 라펠 원단을 손바느질로 연결하는 것
	숨은 스티치		stitch-in-the-ditch	스티치 선이 인접솔기 윗부분에 박음질을 해서 밖에서 잘 보이지 않음
	메로우 스티치 (펄 스티치와 유사)		merrow edge finish	메로우 = 재봉기 회사명. 가늘은 지그재그 스티치로 시폰, 실크 / 데님 끝단 처리 방법
	펄 스티치 (메로우 스티치와 유사)		purl stitch	스웨터의 끝단 처리 방법. 메로우 스티치와 유사
	블랭킷 스티치		blanket stitch	모포(블랭킷)의 가장자리 뜨기에서 사용. 아플리켓의 가장자리를 정돈하거나 하는 장식
	밑단 스티치		hem stitch	끝단을 정리하기 위해 박는 스티치. 감침질, 삼봉 등 다양한 종류 있음
	말아박기(미쓰마끼)		rolled hem	끝단이 박음질 선 안으로 들어가도록 말아 박는 스티치
	베이비 헴		baby hem	스티치 선과 완성선의 간격이 1 / 8"인 말아박기 스티치
	감침질		hemming stitch	용수철 모양으로 옷의 단을 처리하는 스티치
	새발뜨기		catch stitch	끝단을 접어서 고정시킬 때 쓰이며 겉에서는 보이지 않고 안에서는 ㅅ모양이 형성되는 스티치
	공그르기(스쿠이)		blind hem stitch	속 밑단 감침 스티치
	단추구멍	나나인찌	(straight) buttonhole	블라우스 등에 쓰는 일자 단추구멍
		큐큐	key hole buttonhole / eyelet buttonhole	코트, 재킷 등에 쓰이며, 구멍의 앞부분에 작은 홀이 달린 단추구멍
	실기둥		thread shank	단추를 달 때 앞단 두께만큼 단추와 원단 사이에 말아 감아 세운 실
	실쿠사리		chain thread loop	체인스티치를 연결한 실고리
	가시바리(도매)		reverse stitch	봉제 끝 부분의 틀어지기 쉬운 부분을 2~3회 반복하여 되돌아박기하여 단단하게 고정
	지그재그(지도리)		zigzag stitch	삼각형을 이루면서 박히는 스티치(새발뜨기)
	간도매		bar tack	마무리(끝부분) 부분이 풀리지 않게 외관상 깨끗하게 처리하는 것
	속스티치 (시도미싱, 지누이)		basting stitch	속 스티치(시접을 한쪽으로 뉘어서 박음질 밖으로 까짐 방지)
	솔기		seam	봉제선. 옷의 두 폿을 맞대고 꿰맨 선
	어깨솔(가다누이메)		shoulder seam	앞판과 뒤판의 어깨선을 이어 꿰맨 솔기

(계속)

분류	용어		영어	설명
S E A M		가름솔	open seam	봉제한 후 시접을 각 패널을 향하도록 접어 다리는 솔기 처리 방법
		겹침시접	superimposed seam	직물이 서로 겹쳐져 생기는 것으로 직물의 끝부분에 스티치를 해서 만들어 지는 솔기
		깨끼박음질(곱솔)	double stitching	솔기를 한 번 꺾고, 다시 한 번 접어서 박는 솔기 처리 방법
		시접(누이시로)	seam allowance	박힘질된 곳에서부터 안으로 접혀 들어간 부분까지의 길이
		쌈솔	flat felled seam	데님 등을 봉제할 때 쓰이는 봉제 방법이며, 세 번의 봉제로 튼튼하고, 각 패널의 시접이 서로를 감싸는 형식으로 납작함
		통솔	french seam	두 번 뒤집어 박아 재단선이 봉제선 속으로 들어가는 솔기 처리 방법
		헤리심	bound seam	시접 가장자리를 바이어스 재단된 원단이나 테이프로 감싸서 처리하는 솔기 처리 방법
		심실링(솔기막기)	seam sealing	방수원단 제품의 방수성을 더하기 위해 얇은 막으로 된 테이프를 열과 압력을 이용하여 봉제선에 접착시키는 작업
P R O D U C T I O N	연 단	검단	fabric inspection	원단의 폭과 길이 및 색상의 차 등 불량 여부를 검사하는 공정
		검단기	fabric inspection machine	원단 검단을 하는 데 사용하는 기계
		연단(나라시)	spreading	원단 재단을 하기 위해 원단을 연단대 위에 평평하고 가지런하게 펴서 겹쳐 놓는 작업
		연단대	fabric spread table	원단을 펼쳐 놓는 대를 말하며 재단대라고도 함
		재단기	cutter	천을 잘라 내는 기계
		연단기	fabric spread machine	원단을 펼치는 기계
		축임질(스펀징)	sponging	양복을 만들기 전에 수축되기 쉬운 울 등 원단에 습기를 가하는 과정. 특히 기계를 이용하는 것을 말함
	재 단	옷본(가다)	pattern	패턴. 옷을 만들기 위해서 치수와 디자인에 맞게 종이로 만든 본
		고다찌	individual cut adjustment	패턴보다 크게 초벌 재단 후, 수축(아이롱 등), 무늬 맞춤 등을 하고 패턴에 맞추어 다시 재단
		기래빠시		잔단, 재단 후 쓸모 없게 된 작은 원단 조각
		너치(나찌)	notch	두 개 이상의 재단물을 봉제할 때 서로 맞추어 작업할 수 있도록 가윗밥 표시
		데끼패턴	net pattern W / O seam allowance	시접 없이 완성선에 따라 재단된 패턴
		시접패턴	pattern W / seam allowance	완성선 밖 시접선에 따라 재단된 패턴
		표시(시루시)	marks	원단에 표시(주머니, 단추, 다트 등 위치 표시)
		쇼티지	shortage	원단의 양 혹은 재단, 봉제 기타의 잘못으로 계획된 수량보다 부족해진 것

(계속)

분류		용어	영어	설명
P R O D U C T I O N	재단	아소트	assort	색상별·치수별로 구색을 맞춤
		아와시	bundle	재단 후 재단물을 치수별·색상별로 묶어주는 공정
		재단마카 (본그리기)	marking, marker	옷본을 효과적으로 늘어놓아 원단의 낭비를 최소화하는 마름질 선을 그리는 것
		초크(자고)	chalk	초크. 재단, 봉제 전 밑그림을 그리기 위한 도구
		재단	knifing, cutting	천, 종이 등을 형에 맞춰 잘라내는 작업
	봉제	다이(작업대)	working table	선반, 작업대, 보조대 등 물건을 올려 놓거나 작업을 하기 위한 테이블
		식서(다데)	grain line	옷감의 날실
		가봉	basting	본봉을 박기 전에 원단을 고정시키기 위해 홈질하는 것
		가위밥(기리코미)	clipping	곡선솔기나 각진 곳의 시접을 꺾을 때 평평하게 되도록 시접을 박은 선 직전까지 베어 놓는 것
		밀어넣기(고로시)	seam setting	봉제가 끝나고 시접을 가르고 뒤집고 다듬는 작업
		말아박기 (미쓰마키)	double folded hem	밑단의 끝을 말아 접으면서 박는 공정
		도메	bartacking	시작과 끝 주머니 등 힘을 받는 부분을 단단하게 고정함
		쪽가위	trimmer	제사처리에 사용되는 작은 가위
		뒤집기	fabric tube turning	벨트 고리, 제원단 벨트 등 가늘고 긴 부분을 봉제할 때 안에서 박아 뒤집는 것
		랍빠	binding	다이마루 끝단을 랍빠 노루발을 이용해서 제원단 또는 별도의 원단으로 감싸 박는 단처리
		해리	binding	우븐 원단의 시접을 제원단 바이어스 또는 별도 원단 바이어스로 감싸 박는 단처리
		파이핑	piping	변화를 주는 솔기 처리 방법으로 빳빳한 끈을 천으로 싸서 좁게 박은 것
		보강천 박기	seam reinforcing	힘을 받는 심이나 입술 주머니 등에 별도의 천을 대는 것
		이즈	ease	여유분
		짜깁기	darning	원단의 구멍이나 홈을 자투리 원단과 식서, 푸서 방향의 봉제선으로 메우는 것
		찌까데(쿠사리)	piece fabric between outshell and lining	겉감과 안감을 움직이지 않게 고정시키는 천
		핫 멜트	hot melt	열가소성 수지만을 사용, 고온에서 액상으로 피착제에 도포, 압착 후 수초 내에 냉각고화 되면서 접착력을 발휘하는 열용융 접착제
		웰딩	welding	원단과 원단을 바늘과 실을 이용하는 봉제를 접착제나 열처리나 다른 기타 무엇으로 가공해서 붙이는 방식. 무봉제

(계속)

분류	용어	영어	설명
P R O D U C T I O N			
봉제	다운 주입기	down filling machine	다운을 주입하는 기계
	사시(누비기)	quilting	패딩을 넣을 때 겉감과 안감을 함께 누비지 않고 패딩의 가장자리를 손으로 살짝 떠서 고정시키는 것
	사각 누비기	box quilting	사각형으로 누비는 작업
	시접봉제	seam line sewing	그리지 않고 시접에 맞춰 봉제함
	다이아몬드 퀼팅	diamond quilting	마름모꼴 누비기. 누빈 형태가 마름모 모양으로 된 것
	턴 백 헴	turned back hem	끝부분을 접어서 만든 일반적인 시접 끝 처리 방법으로 가장자리 끝단을 안쪽으로 뒤집어 접는 방법
	페이스 헴	faced hem	어슷한 천이나 바느질감의 올 방향과 같은 방향의 천으로 단을 댄 것
	지퍼달이	zipper insertion	지퍼를 다는 것. 외노루발, 컨실지퍼 노루발 등 지퍼달이 노루발을 이용
	단추달이	button sewing	단추를 다는 것
	다트(쿠세)	dart	체형을 입체적으로 표현하기 위해 접어 박음
	끝손질	finishing	옷을 완성한 후 실밥 따위를 자르는 등 정리하고 끝내는 공정
	당김(노바시)	pulling	다리미의 열을 이용하여 원단을 늘림
	다림질(시아게)	ironing	다림질
완성	다림질판 (아이롱대)	iron table	다림질 할 때 밑에 까는 광목 등 비교적 내열성이 강한 물질로 만든 깔판
	우마	sleeve iron board	다림질판에 부착된 보드
	자리잡음 (쿠세도리)	setting, forming	굴곡진 체형에 맞게 다리미로 옷 형태를 잡음
	불량(나오시)	badness	완성된 옷을 수선하는 작업(불량제품)
	번들거림 (히카리)	shine	다림질 시 온도를 너무 높게 하거나 과도하게 누름으로써 원단 표면이 손상되면서 번들거림이나 눌림자국이 보이는 것
	바지중심선 (레직기)	crease	바지자락의 앞뒤 중심선을 빳빳하게 잡는 것
	마도매	finishing	봉제작업 후 손으로 하는 모든 마감처리

분류	용어		영어	설명
유형별	방수 재킷		waterproof jacket	방수 기능성 원단으로 제작되는 재킷
	방풍 재킷		windbreaker jacket	통상 후드와 앞 지퍼 등으로 구성되고, 일반 재킷보다 얇은 합성 섬유로 제작되며, 바람과 가벼운 빗방울을 막아줌
	라운드 넥	크루 넥	crew neck	앞목점을 지나는 라운드 네크라인, 목둘레에 딱 맞음
		스쿱 넥	scoop neck	앞목점에서 조금 더 내려온 점을 지나는 라운드 네크라인
	브이넥		v-neck	앞목점으로부터 수직으로 내려온 점에서 V자 모양으로 한 번 꺾이는 네크라인
	헨리 넥		henley neck	칼라 없이 라운드 된 네크라인에서 2~5개의 단추가 달린 약 10센티미터의 플라켓이 내려오는 풀오버 형식의 네크라인
	셋인 소매		set-in sleeve	정장, 코트, 셔츠 등에 쓰이는 제 어깨 소매
	라글란 소매		raglan sleeve	스웻셔츠, 저지, 스포츠웨어 등에 쓰이며 암홀에서 네크라인 까지 소매 절개라인이 있음
가먼트 부위	어깨선		shoulder seam	어깨선
	와끼(옆솔기)		side seam	옆솔기
	옆선(사이바)		side body panel(princess panel)	옆몸판
	허리	고시	waist	허리
		고시센	waist line	허리선
		고시우라	waist lining	허리단 안에 대는 안감(남성용 바지)
	밑단		hem	옷의 밑부분의 가장자리
	트임(아게)		slit / vent	손기의 아래 부분을 터 놓은 것
	소매(소데)		sleeve	소매를 뜻하는 일본어
	무		godget, gusset	다이아몬드, 삼각형 또는 페이퍼링된 의복의 조각으로 이루 어져 진동이나 크로치 부분에 운동감을 주는 부분
	커프스		cuffs	소매부리
	목둘레(에리구리)		neck circumference	목둘레
	칼라	에리	collar	옷깃
		에리고시	collar band	받침깃. 깃의 모양을 유지하기 위해 더해주는 천
		칼라 간격	collar spread	단추가 끝까지 여며졌을 때 양쪽 칼라 포인트의 간격
		칼라 포인트	collar point	옷깃에서 가슴을 향하는 뾰족한 끝점
		칼라 앞중심 간격	tie space	단추가 끝까지 여며졌을 때 칼라의 앞중심 간의 간격

(계속)

분류	용어		영어	설명
가먼트부위	후드	후드	hood	모자
		후드챙	hood brim	모자 챙
	플라켓	우아마이 (앞섶)	front placket	바깥쪽 몸판, 겉섶
		시다마이 (안섶)	Inside placket / under placket	안섶 중 안쪽에 있는 섶
	포켓	후꾸로	pocket	주머니를 뜻하는 일본어
		후다	pocket flap	주머니 뚜껑
	바지	오비	waist band	허리단
		시리	rise	바지 크러치점에서 허리선까지의 길이
		뎅고	fly opening	바지 앞 지퍼 여밈 부분
		벨트	belt	허리를 쪼이기 위한 기능성 옷의 장식물로 천이나 가죽 등 각종 소재로 만듦. 허리띠
		벨트고리	belt loop	벨트가 흘러내려 가지 않도록 걸려 있게 하는 허리 부위의 고리
부위별 디자인	칼라	반달밴드	Half-moon band	앞중심까지 달리지 않고 옆목에서 끊기는 목밴드
		포인트 칼라	point collar(shirts collar)	뾰족한 칼라
		버튼다운 칼라	button down collar	칼라 포인트에 단추가 달려 제자리에 놓이도록 한 칼라
		오픈 칼라	open collar	앞목점 부분에 단추가 없이 편안히 뉘이도록 한 칼라
		윙 칼라	wing collar	칼라 포인트 없이 동그랗게 굴려진 칼라
	후드	바람막이 이중 후드	storm hood	바람막이의 목적으로 이중으로 되어 있는 후드
		스토우 후드	stow hood	내장형 후드
	건 패치		gun patch	총을 어깨에 매는 데서 붙여져 오른쪽 가슴에 댄 것은 건 패치
	어깨 견장		epaulette	무겁고 금속적인 어깨장식
	어깨 탭		shoulder tab	별도의 원단에 스냅이나 버튼이 달린 어깨장식
	placket	프렌치 플라켓	french placket	접어 넘기어 단추 옆 사이드 심 방향에 따로 솔기 선이 없는 플라켓
		웰트 플라켓	welt placket	플라켓 감을 별도로 절개하여 단추 양쪽에 솔기 선이 있는 것
		히든 플라켓 (히요꼬)	hidden(covered) placket	단추나 벨크로가 안 보이도록 이중으로 숨겨져 있는 플라켓
	pocket	사이드 포켓	side pocket	옆 주머니

(계속)

분류	용어		영어	설명
부위별 디자인	pocket	슬래시 포켓	slash pocket	하의에 비스듬하게 달린 주머니
		슬랜트 포켓	slant pocket	상의에 비스듬하게 달린 주머니
		심포켓	(on-)seam pocket	심라인을 터서 만든 주머니
		안포켓	inside pocket	옷의 안쪽에 달린 주머니
		엉덩이 포켓	hip pocket	엉덩이 주머니
		캥거루 포켓	kangaroo pocket	스웻셔츠, 저지, 스포츠웨어 등에서 상의 배 부분에 달린 주머니
		파이핑 포켓	piping pocket	주머니 뚜껑이나 입술에 파이핑이 된 주머니
		패치 & 플랩 포켓	patch and flap pocket	별도의 주머니 감을 겉에서 봉제하여 박고, 뚜껑도 달린 주머니
		패치 포켓	patch pocket	별도의 주머니 감을 겉에서 봉제하여 박는 방식의 주머니
		플랩 포켓	flap pocket	뚜껑이 달린 주머니
		학꼬	single welt pocket	입술이 하나 달린 입술 포켓
		구찌	double welt pocket	입술 두 개 달린 입술 포켓. 주머니를 만들 때 옷의 천을 뜯어서 입술 모양으로 만든 주머니 입구. 주로 안주머니에 많음
	sleeve	견보루	sleeve placket	소매부리 트임 덧댐 천
		스톰 커프	storm cuff	소매 안쪽에 바람막이 커프
		카부라	turn up cuff	접힌 모양으로 고정되어 있는 밑단
	마루		curve corner	주로 포켓 코너에 둥글게 굴리는 모양
	러플		ruffle	옷 가장자리나 솔기 부분에 레이스나 천을 개더하거나 플리츠하여 넣거나 박는 것 cf. 프릴(frill); 작은 러플
	셔링		shirring	천에 적당한 간격을 두고 재봉틀로 여러 단을 박아 밑실을 당겨 줄이는 방법, 개더가 조밀하게 모여진 상태
	스모킹		smocking	신축성 있는 봉사를 이용하여 잔주름을 잡는 방법
	핀턱		pin tuck	주름 접어 연속 박기
	주름		pleats	옷의 폭을 줄여 접어 줄이 지게 한 것

분류	용어		영어	설명
원단	게이지		gauge	1inch 내에 꽂혀 있는 바늘의 수. 게이지가 높을수록 밀도가 높음
	위사(요꼬)		weft / horizontal grain / cross grain	원단의 푸서 방향, 가로 방향
	경사(다대)		warp / vertical grain	원단의 식서 방향, 세로 방향
	바이어스 방향		bias grain	식서와 푸서에 45도 각도 방향
	겉감(오무데)		right side	원단의 표면, 옷을 만들었을 때 겉면이 되는 면
	우라		wrong side	원단의 이면, 옷을 만들었을 때 안쪽이 되는 면
	안감(우라)		lining	옷의 안쪽에 들어가는 옷감
	안단(밑가시)		facing	안단. 옷의 트기나 주머니 부리 등의 자른 선을 처리하기 위해서 대는 천
	무까데		pocket facing	마중감, 바지 주머니에 주머니감이 밖에서 보이지 않도록 입구 쪽에 제원단으로 대는 안단
	텐타기		tenter	직물의 가장자리, 즉 셀비지를 핀으로 고정시키는 기계, 텐터 구멍들을 만듦
	게심		canvas(floating canvas)	천연 소재인 울과 말총을 혼방하여 직조된 심지를 말함. 슈트 재킷라펠 부분에 사용
	다운 프루프		down proof	다운이 새어 나오지 않도록 가공한 천의 명칭
	생지		greige	처리가 되거나 염색이 되지 않은 상업용 직물
	방수 원단		water-resistant fabric	방수가 되는 원단
	통풍 원단		ventilation fabric	통풍이 되는 원단
	윈드 스토퍼 원단		wind stopper fabric	야외 활동을 할 때 보온과 방풍 기능을 동시에 충족시킬 수 있도록 개발한 기능성 원단. 고어에서 개발한 원단이 방풍원단의 대명사가 되었음(Windbreaker-방풍재킷)
	기모		raising	천에 털을 일으키는 것. 가공법의 일종
부자재	interlining	심지	interlining	의복의 실루엣을 바로잡고, 겉천을 매끄럽게 하면서 옷의 형태가 무너지지 않게 하기 위해 안쪽에 부착하는 별도의 천
		접착 심지	fusible interlining	다림질로 원단의 이면에 부착시키는 심지
		비접착 심지	non fusible interlining	봉제로 원단과 연결하는 심지
	다운		down	충전재로 들어가는 오리, 거의 등의 털
	다운 주머니		down bag	옷의 안감으로 들어가는 타이벡 혹은 바풀 등을 부위별로 주머니처럼 만들어 다운을 넣도록 한 것
	thread	봉사	thread	봉사
		고무사	elastic thread	샤링 잡을 시 밑실로 사용

(계속)

분류	용어		영어	설명
부자재	훅 앤 아이		hook & eye	콘실지퍼의 보조로 쓰이는 작은 훅
	훅 앤 바		button snap fasteners, trouser hook & bar	마이깡, 허리밴드에 쓰이는 큰 훅
	걸고리		snap hook	스프링이 달린 오프닝으로 여닫을 수 있는 고리모양 훅
	button	단추	button	옷을 여미기 위한 옷의 부속물
		생크 버튼	shank button	단추의 이면에 작은 고리가 용접되어 붙어 있는 단추
		택 버튼	tack button	데님 진의 오비 등에 쓰이며 통상 금속으로 만들어져 원단에 구멍을 뚫은 후 나사를 조여 고정시킴
	스위벌		swivel	회전고리
	앞고리		purse turn	스프링이 달린 오프닝을 수직으로 돌리면 열리는 오프닝 장식
	토클		toggle	떡볶이 단추
	zipper	닫혀 있는 지퍼	close end	지퍼 끝이 닫힌 채로 고정되어 있는 지퍼, 주머니 등에 쓰임
		방수 지퍼	water proof zipper	지퍼 테이프와 이빨이 모두 방수인 지퍼
		방수 지퍼	invisible water proof zipper	겉면에서 이빨이 안 보이는 형태로 방수되는 지퍼
		방풍지퍼	reverse zipper	겉면에서 지퍼 이빨이 보이지 않는 지퍼
		비슬론 지퍼	vislon zipper	플라스틱 지퍼
		양면 사용 슬라이더	reversible slider	손잡이가 로테이션레일을 따라서 앞뒤 쪽으로 이동 가능한 슬라이더로 양쪽에서 모두 잠김 기능이 있는 슬라이더
		양면지퍼	L-TYPE / double sided zipper	바지 앞 뎅고에 사용
		양쪽 오픈형 지퍼	two-way zipper separator	1. 슬라이더가 위아래로 두 개 달려 양쪽으로 이용할 수 있는 지퍼 2. 풀러가 안겉으로 달려 양면으로 이용할 수 있는 지퍼
		오픈 되는 지퍼	open end	지퍼 끝을 열 수 있는 지퍼, 점퍼 오프닝 등에 쓰임
		지퍼 슬라이더	zipper slider	지퍼에서 지퍼 이빨을 지나가는 부분
		지퍼 이빨	zipper teeth	지퍼 끝의 이빨 부분
		지퍼 테이프	zipper tape	지퍼 이빨이 달려 있고 원단과 연결되는 천 부분
		지퍼 풀러	zipper puller	지퍼 슬라이더에 달려 당길 수 있도록 나와 있는 부분
		자꾸	zipper	지퍼를 뜻하는 일본어
		컨실 지퍼 (콘솔)	concealed zipper	혼솔 지퍼; 지퍼를 잠궜을 때 심 속으로 완벽히 접혀 들어가 겉에서 보이지 않음
		나일론 지퍼	nylon zipper	나일론으로 만들어진 지퍼

(계속)

분류	용어		영어	설명
부 자 재	snap	스냅(돗또)	snap	똑딱이 단추
		링 스냅	ring snap	겉에서 보았을 때 링만 노출되는 똑딱이 단추
		스프링 스냅	spring snap	일반적인 똑딱이 단추로, 겉면에 캡을 씌움
		똑딱이 스냅	sew-on snap	실로 꿰매는 작은 똑딱이 단추
		진주 스냅	pearl snap	링스냅의 빈 공간에 진주처럼 생긴 장식이 들어가는 똑딱이 단추
		싸개 스냅	fabric covered top metal snap	제원단으로 싼 똑딱이 단추
		가시 스냅	ring prong snap	가시 스냅
		스냅 와샤 (스냅받이)	snap washer	스냅을 칠 때 스냅과 원단 사이에 끼우는 비닐로 된 둥근 모양의 것
	벨크로		Velcro[hook(male) / pile(female)]	찍찍이. 파일(부드러운 면), 후크(거친 면)로 구분되며 옷의 앞섶, 주머니, 운동화 등에 사용하는 테이프
	eyelet	빵빵이 아일렛 (실)	thread eyelet	원단을 뚫은 자리를 실로 바택 치듯이 마감하는 것
		아일렛	eyelet	원단을 뚫은 자리에 달리는 동그란 링 장식, grommet이라고도 함
	그로멧		grommet	금속 / 플라스틱 등으로 만들어 끈이 나오는 구멍을 마무리해 주는 끝장식 부자재, eyelet이라고도 함
	ring	D-링	D-ring	D모양의 링
		O-링	O-ring	O모양의 링
		네모-링	square-ring	ㅁ모양의 링
	파이핑 코드		piping cord	파이핑을 하는 데 쓰이는 가늘고 빳빳한 끈
	스트링		string, cord	모자, 허리, 옷의 밑단 등에 들어가는 각종의 끈
	스토퍼		cord stopper	스트링을 일정 길이로 고정하는 장치
	팁		tib	끈의 양 끝에 비닐로 덮여 씌워진 부분
	비죠		tab	조끼 등의 뒤쪽 가운데 허리부분 또는 소매단에 다는 조름단
	어깨패드(마꾸라찌)		sleeve heading	어깨 패드에 덧대는 심
	깡		buckle	벨트 등에 쓰이며 구멍에 고정되는 끝장식
	리벳		rivet	주로 켄톤과 함께 쓰이는 작은 장식, 주머니나 두꺼운 솔기선에 주로 쓰임. 아일렛은 원형 장식의 내부가 뚫린 스타일을 칭함
	비드		bead	스트링을 고정하기 위해 스토퍼와 함께 쓰이는 작은 고리
	웨빙 테이프		webbing tape	폴리 등의 합성섬유로 직조된 튼튼한 원단 테이프

(계속)

분류	용어	영어	설명
부자재	모빌론 테이프	moblion tape / clear elastic	니트의 봉제선이 늘어나는 것 방지 쓰임
	고무밴드, 접밴드	elastic band	고무로 된 신축성 있는 밴드로 허리나 소매 부분에 쓰임
	훅단추(마이깡)	hook & eyes	블라우스, 스커트에 사용되는 고리형 단추
	아플리켓	applique	원단에 패치를 놓고 같이 봉제
	패치	patch	완장같이 만들어 놓은 것을 붙임
	와펜	wappen	옷에 붙이는 방패 모양의 장식
	자수	embroidery	수를 놓아 만든 장식
	옷걸이 끈 (행거 루프)	hanger loop	옷걸이에서 옷이 떨어지지 않도록 옷에 부착하는 별도의 스트링
	행거 체인	hanger chain	코트 따위의 쇠사슬로 된 옷걸이
	행택	hang tag	상표나 품질표시 등의 설명서를 부착하는 라벨(label)
	라벨	label	옷에 붙이는 상품 표시
	습자지	tissue paper	제품의 보관 상태를 좋게 하기 위하여 끼워 넣는 얇은 종이

4 | KNIT 용어

분류	용어	영어	설명
KNIT	가마(침상)	needle-bed	바늘이 꽂혀 있는 판
	사시연결(봉합)	linking	니트된 패널들을 링커라는 기계를 이용해 연결하는 것
	겉뜨기 / 가다면(민짜)	plain stitch	두 침상 중 한쪽 침상의 바늘만으로 편직하는 조직
	게이지(봉)	gauge	1인치(＝2.54cm) 내에 꽂혀 있는 바늘의 수(게이지∝밀도)
	고무단(시보리)	rib	손목 및 허리단을 1*1 or 2*1으로 편직하는 것
	곳동(꼬떠넘김)	transfer	앞바늘에서 뒷바늘로 코(loop)가 넘어가는 것(역도동일)
	꽈배기	cable	좌측 바늘의 실과 우측 바늘의 실이 서로 바뀌어 꼬이는 형태의 패턴
	니쥬	full cardigan	한번은 앞침상 바늘 편직, 뒤침상 바늘 터크 다음에는 앞바늘 터크, 뒷바늘이 편직이 조직
	도매	casting	스웨터(sweater)의 밑단에서 코가 풀리지 않도록 편직 시작 시에 특수하게 편직하는 것
	도목	stitch density	스웨터, 양말 등 다이마루 원단의 밀도. 일정한 치수의 정사각형 안에 꼽힌 바늘 수
	랫치 바늘(수염바늘)	latch needle	베라(랫치)가 달려 있는 바늘

(계속)

분류	용어	영어	설명
K N I T	마끼도리	take down(roller)	편직한 원단을 밀어서 당겨주는 장치
	바트	butt	바늘이나 잭에 돌출되어 있는 부분으로 캡에 의해서 바늘이나 잭을 움직이도록 하는 것
	밀라노	milano	후꾸로를 짜고 나서 쇼바리를 짠 조직
	반가다(반밀라노)	half-milano	한번은 쇼바리 다음은 뒤 후꾸로로 짠 조직
	보풀	nap(napping)	벨벳 융 등의 옷감에 보통 한 방향으로 나 있는 털. 보풀
	쇼바리	full needle stitch (interlock)	편직에서 앞뒤판 바늘이 모두 꽂히는 조직(두 침상에 있는 모든 바늘로 편직한 조직)
	스카시 (레이스 / 오베라시 / 포인텔)	ridge and hole stitch	구멍이 많이 뚫린 조직
	스티치 프레셔	stitch pressure	편직한 것이 떠오르지 않게 편직 시에 눌러주는 장치
	쓰리웨이 테크닉	3-way-technique	한 단에서 어떤 바늘을 knit(편직)되고 다른 어떤 바늘들은 tuck(터크)되고 나머지 바늘들은 편직 되지 않는 (miss) 조직
	안뜨기	purl stitch	안뜨기나 가터뜨기
	양두	links & links	앞침상의 바늘에서 편직된 후 코(loop)가 뒤침상으로 넘어가서 (곳동) 다시 뒤침상의 바늘에서 편직 되는 것이 반복적인 패턴
	양두 바늘	double ended latch needle	양쪽에 hook이 있는 바늘
	우수	yarn carrier	편직을 하기 위하여 실을 끌고 다니는 장치
	인타샤	intarsia	민자로 편직하면서 편직포에 컬러로 무늬가 나타나는 패턴
	인타샤 자카드	intarsia jacquard	인타샤처럼 편직된 어느 부분에 양면 color jacquard로 편직된 부분이 있는 패턴
	싱글 자카드	single (plain) jacquard	앞침상의 바늘만으로 편직한 jacquard로 편직포 뒷면에 floating(실이 건너뜀)이 됨
	후꾸로	tubular	앞뒷면 사이에 주머니처럼 공간이 생기는 조직(편직 도매 후 끝단 처리할 때에도 사용)
	후꾸로 자카드	tublar jacquard	color jacquard 편직 시에 각 color가 경계면만 양면이고 나머지 부분은 tubular로 되는 패턴
	빨래판조직	miss stitch, welt	반가다의 변형으로 양면과 싱글로 편직되는 조직
	2가지 컬러 자카드	2-color jacquard	편직포에서 한 줄에 두 컬러(color)가 나타나는 양면 패턴
	3가지 컬러 자카드	3(4)-color jacquard	편직포에서 한 줄에 서너 컬러(color)가 나타나는 양면 패턴
	잭	jack	침상에 바늘의 아래쪽에 꽂혀 있는 바늘을 밀어 주는 것
	캐리지(구라)	carriage	가마 위를 이동하는 장치로 캠과 두수들을 돌려줌
	풀패션	fully fashioned seam line (shape, forma)	스웨터(sweater)를 만들 때 커팅(cutting)하지 않도록 스웨터 모양 형태로 양쪽에 widening(코늘임)과 narrowing(코줄임)을 하는 편직 방법

(계속)

분류	용어	영어	설명
K N I T	코늘림(후야시)	widening	바늘침 수를 늘려 나가는 것
	코줄임(헤라시)	narrowing	바늘침 수를 줄여 나가는 것으로 무늬를 형성하여 끝처리가 매끄러움
	터크	tuck	편직이 되지 않게 바늘의 후크에 실이 1~3회 계속 축적되어 있다가 코(loop)를 형성하는 것
	테리(파일 / 플러시)	terry	타올같은 조직
	편폭	knitting width	bed의 바늘 시작부터 마지막까지의 폭
	하게솔	brush	헤라(latch)를 열리게 함
	핫찌	half-cardigan	한번은 앞뒤침상 모두 편직하고 다음에는 앞 바늘편직과 동시에 뒷바늘 터크인 조직
	환편기(다이마루)	circular knitting machine	바늘이 원형으로 배열되어 회전하면 편직하는 기계
	횡편기(요꼬)	flat knitting machine	바늘이 직선상으로 배열되어 실이 좌우로 왕래하면서 편직하는 기계
	후리	racking, needle-bend shifting	침상이 좌 또는 우측으로 몇 바늘씩 이동하는 것

5 | FIT 용어

분류	용어	영어	설명
핏 관 련 용 어	제직 불량	weaving defects	제직 시 생기는 불량
	편직 불량	knitting defects	편직 시 생기는 불량
	직물 결함	fabric flaws	직물에서 발견되는 결함
	오염	stained	먼지, 기름 등이 제품에 묻어 더럽혀진 상태
	이색	color difference, dye spot, dye mark	염색이 일정하게 되지 않은 것. 색이 서로 다름
	올풀림(덴싱)	broken yarn	올 풀림. 원단의 조직 중 한 가닥이 끊겨 풀린 상태
	스큐잉	skewing(torquing)	바지통 등이 돌아가는 현상(washing 후 많이 생김) / 원단 결이 돌아가는 현상. 대충 잡아놓고 만들면 소비자가 입고 세탁기로 돌렸을 때 다시 돌아감
	꼬임	twisting	봉제사가 꼬인 채 봉제되어 꼬인 실이 보이는 것
	바늘구멍	needle hole	봉제선이 뜯긴 후 천에 바늘구멍이 남는 것
	박음새 불균일	loose stitch	박힘상태가 불균일하게 뜨는 현상
	봉비	floating	뜬땀. 박힘 상태가 좋지 못하여 몇 땀이 뜨는 현상이 일어나는 것

(계속)

분류	용어	영어	설명
핏 관 련 용 어	봉사 건너뜀	skipped stitch	윗실과 밑실이 제대로 걸리지 않아 땀을 건너뛰는 것
	봉사 사절	thread breakage	봉제선상에서 실이 끊어지는 것
	봉사강력부족	seam strength shortage	봉제가 튼튼히 되지 않아 끊어지는 것
	봉사 끝처리 불량	defective trimming	실꼬리가 깔끔하게 정리되지 않은 것
	봉탈	stitch broken, slip out	두 겹 이상을 합복할 경우 한 겹 이상이 봉제선에서 빠지는 경우 박힘 상태가 좋지 못하여 몇 땀 터지는 현상
	잡사 끼임	flying yarn	잡다한 실이 정리 되지 않고 봉제선에 끼이는 것
	장식 스티치 불량	defective top stitch defection	장식 스티치상의 불량
	심 굽음	crooked seam	봉제선이 직선이 아니게 굽는 것
	심 수축	seam shrinkage	심이 수축되는 것
	심 빠짐	seam slippage	심이 빠지는 것
	아다리	inlay	시접 자국
	다운 삼출현상	leaking feather	다운이 새어 나오는 현상
	비리	drag line	꼬이는 현상
	시와	crease	구김 / 주름
	겹침분 풀림	defective lapping	겹쳐 박은 자리가 완전히 겹쳐지지 않아 풀리는 것
	찐빠	unbalance, uneven	비대칭. 짝짝이
	퍼커링	puckering	실장력이 맞지 않아 재봉선에 주름이 가는 현상
	몰짝 / 외짝	error part	외짝. 소매 등이 있어 좌, 우가 바뀌어 달리거나 짝이 맞지 않게 달린 것
	아이롱 불량	poor iron	다림질 불량
	가봉(가라누이)	fitting	재단된 옷을 몸에 맞는지 확인하고 정확한 치수에 맞추기 위하여 완성하기 전에 대강 봉제선에 맞추어 보는 것
	풀오버	pullover	머리로부터 뒤집어 써서 입는 형식으로 된 옷
	드롭숄더	drop shoulder	전체로 둥글게 어깨선이 소매쪽으로 내려오는 형식의 옷

2 무역 용어

약자	해당 용어(원어)	설명
C / O	Country of Origin	제품이 생산되는 국가
CM	Cut & Making Charge	봉제 공임(각 C / O에서 진행하는 본작업 봉제 공임)
ETD	Estimated Time of Departure	원·부자재나 완성 제품을 운반하는 컨테이너나 비행기의 출발(출항) 예정 시간
ETA	Estimated Time of Arrival	원·부자재나 완성 제품을 운반하는 컨테이너나 비행기의 도착 예정 시간
Ex-Factory		각 C / O에서 제품이 출고되는 것을 의미(Ex-Factory date는 공장 출고 날짜를 의미)
B / L	Bill of Landing	해상 운송 계약의 증거 서류로 운송인이 화물을 인수 또는 선적했음을 증명하는 서류
On Board B / L	On Board Bill of Landing	적재 선화 증권, 화물이 실제로 선적된 것을 나타내는 선화증권
Forwarder		운송 주선 업자, 운송 의뢰자를 위하여 화물 운송을 취급하는 사람
FCR	Forwarder's Cargo Receipt	해상 화물 주선업자가 발행하는 화물 인수증
L / C	Letter of Credit	• 국제적 무역거래에 있어서 대금결제의 원활을 기하기 위하여 운송서류(Transport Documents)를 첨부하여 제시하면 환어음의 지급 또는 어음 매입 은행 및 선의의 어음 소지인에게 지급 보증하는 약속 증서 • C13신용장은 현재 국제무역에서 가장 중요한 결제 수단의 하나임
O / A	Open Account	• 서로 거래가 많은 회사끼리 매 선적 시마다 대금 결제를 하려면 복잡하고 비용이 많이 들게 되므로 수출업자는 계속해서 상품을 선적하고 일정 기간에 한번씩 누적된 대금을 결제하는 일종의 외상거래 • 예를 들어 상품 선적 후 45일 / 60일 이후에 입금을 시키는 방식
INCOTERMS	International Commerce Terms	물품매매계약에서 가장 중요한 문제인 매도인과 매수인 간의 무역거래 시 물품 운송의 위험과 비용부담에 대한 책임한계를 최소한의 해석 기준으로 제공하는 국제 규칙
FOB	Free On Board	본선인도가격: 수출자는 출항하는 항구까지 들어가는 비용까지만 부담하고 나머지는 수입자(Buyer)가 부담
CIF	Cost Insurance and Freight	운임 보험료 포함 가격: 수출자는 수입자(Buyer)가 지정한 수입국 도착항까지 운임 및 보험료를 모두 다 부담
CFR	Cost and Freight	운임 포함 가격: 수출자는 수입자(Buyer)가 지정한 수입국 도착항까지의 운임만 부담하고, 보험료는 수입자가 부담하는 조건
DDU	Delivered Duty Unpaid	수출자는 수입자(Buyer)가 지정한 수입국의 특정 장소까지 운임과 보험료를 부담하고, 관세(Duty)는 지급하지 않는 조건
DDP	Delivered Duty Paid	수출자는 수입자(Buyer)가 지정한 수입국의 특정 장소까지 운임, 보험료, 관세 모두 부담

(계속)

약자	해당 용어(원어)	설명
T / P	Tech Pack	개별 스타일에 해당하는 Sketch, SPEC, Construction Detail, Grading Spec, BOM(원·부자재 정보)
POM	Point Of Measurement	제품 치수를 재는 부위
BOM	Bill Of Material	원·부자재 리스트
Trim		원단을 제외한 부자재 ㈜ Thread, Button, Zipper, Label, Carton Box, Hang Tag 등
PO	Purchase Order	영문으로 된 '구매 주문서'
TBD	To Be Decided	세부 내용이 미정이어서 차후에 결정하겠다는 의미
T&A	Time & Action	Order 관련한 전체 스케줄 관리로써 정해진 기간에 업무 처리가 완료 되어야 함을 의미
YY / 요척	Yield Yardage	생산하고자 하는 제품 1pcs에 소요되는 원·부자재의 소요량
B / T	Beaker Test	Lab-Dip이라고도 함. 원단 생산 전에 디자이너가 원하는 색상 가능 여부를 판단하기 위한 테스트
S / off	Strike off	원단에 나염(print)을 찍는 것
DTM	Dye to Match	염색하여 같은 컬러로 맞추는 것
Mock-Up		짧은 시간 내에 변경이나 확인이 필요한 디테일만 샘플링
SPOT	Spot Order	예정에 없이 갑작스럽게 기획되어 진행되는 오더
C / N no.	Carton number	박스번호

3 패턴 용어

약자	해당 용어(원어)	설명
B	BUST	가슴둘레
B.L	BUST LINE	가슴둘레선
B.P	BUST POINT	유두점
W	WAIST	허리둘레
W.L	WAIST LINE	허리둘레선
H	HIP	엉덩이둘레
H.L	HIP LINE	엉덩이둘레선
SH	SHOULDER	어깨선
S.P	SHOULDER POINT	어깨점
N.L	NECK LINE	목둘레선
H.P.S	HIGH POINT SHOULDER	옆목점
F.N.P	FRONT NECK POINT	앞목점
B.N.P	BACK NECK POINT	뒤목점
B.L	BACK LENGTH	등길이
C.B	CENTER BACK	뒤중심
C.F	CENTER FRONT	앞중심
A.H	ARM HOLE	진동
T.L	TOTAL LENGTH	총 길이
Ac.F	ACROSS FRONT	앞품
Ac.B	ACROSS BACK	뒤품
Kn.L	KNEE LINE	무릎선
E.L	ELBOW LINE	팔꿈치선
S.L	SLEEVE LENGTH	소매길이
S / A	SEAM ALLOWANCES	시접

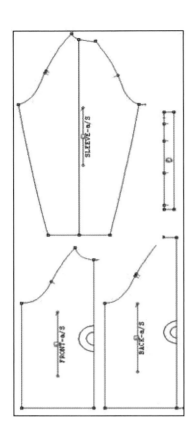

NET 패턴
시접이 없는 패턴
(데끼 패턴, 알 패턴)
(pattern w.o S/A)

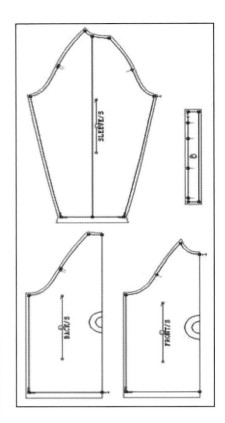

시접 패턴
작업을 위해 시접을 넣은 패턴
(작업 패턴)
(pattern with S/A)

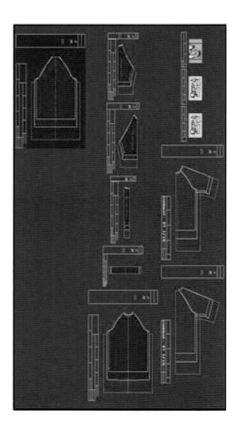

NEST 패턴
그레이딩 된 전체 사이즈의 패턴
을 하나로 모아서 출력된 패턴

부록

HOW TO
MEASURE & POM

HOW TO MEASURE

DESCRIPTION	IMAGE	ABBREVIATION
Front Length From High Point Shoulder (앞총장: 옆목점에서) Lay garment flat and measure length straight from the high point shoulder to bottom edge 평평하게 놓은 상태로 옆목점에서 밑단까지 수직으로 측정		FL
Center Front Length (앞중심 기장) Lay garment flat and measure length straight along center front from the front neck drop to bottom edge 평평하게 놓은 상태로 앞목점에서 밑단까지 수직으로 측정		CFL
Back Length From High Point Shoulder (뒤총장: 옆목점에서) Lay garment flat and measure the back length straight from the high point shoulder to the bottom edge 평평하게 놓은 상태로 옆목점에서 밑단까지 수직으로 측정		BL
Center Back Length (뒷기장) Lay garment flat and measure the length straight along center back from the back neck drop to the bottom edge 평평하게 놓은 상태로 뒷목점에서 밑단까지 수직으로 측정		CBL
Across Shoulder (어깨 너비) Lay garment flat and measure straight across the shoulder from seam to seam 평평하게 놓은 상태로 어깨점에서 어깨점까지 수평으로 측정		ASH

(계속)

DESCRIPTION	IMAGE	ABBREVIATION
Across Front Chest (앞가슴 너비) Lay garment flat and measure the given distance down from high point shoulder. From that distance, measure straight across the chest from seam to seam 평평하게 놓은 상태로 옆목점에서 주어진 spec만큼 내려온 위치에서 수평으로 측정		AFC
Across Back Chest (등 너비) Lay garment flat and measure the given distance down from high point shoulder. From that distance, measure straight across the back from seam to seam 평평하게 놓은 상태로 옆목점에서 주어진 spec만큼 내려온 위치에서 수평으로 측정		ABC
Chest Circumference (가슴 둘레) Lay garment flat and measure along side seam / folds from armhole seam. (or given size from armhole) From that distance, measure straight across the chest from edge to edge. Double measurement for circumference 평평하게 놓은 상태로 겨드랑이점(또는 주어진 위치)에서 수평으로 측정(×2 둘레측정)		CH
Waist Circumference (허리 둘레) Lay garment flat and measure the given distance down from high point shoulder. From that distance, measure straight across the waist from edge to edge. Double measurement for circumference 평평하게 놓은 상태로 주어진 위치에서 수평으로 측정(×2 둘레측정)		WS
Bottom Opening Circumference Straight (밑단 둘레) Lay garment flat and measure straight across bottom opening from edge to edge. Double measurement for circumference 평평하게 놓은 상태로 주어진 위치에서 수평으로 측정(×2 둘레측정)		BTMW

(계속)

DESCRIPTION	IMAGE	ABBREVIATION
Armhole Length - Straight (암홀 길이) Lay garment flat and measure straight from underarm to shoulder seam / fold 평평하게 놓은 상태로 어깨점에서 겨등랑이 아래부분까지 직선으로 측정		AHL
Armhole Depth FM HPS (암홀 깊이) Lay garment flat and measure straight from underarm to HPS 평평하게 놓은 상태로 HPS에서 겨드랑이 아래부분까지 수직으로 측정		AHD
Muscle Circumference (소매통 둘레) Lay garment flat and measure underarm seam (or given size from underarm seam) straight across sleeve from edge to edge, keeping perpendicular (90 angle) to top fold of sleeve 평평하게 놓은 상태로 겨드랑이점에서 (또는 암핏에서 주어진 사이즈만큼 내려와서) 소매 중심선과 90도를 유지하면서 측정(×2 둘레측정)		MSL
Sleeve Cap Height (소매산) Lay garment flat and measure armhole length—straight cap to imaginary line, which runs perpendicular(90 angle) to folded edge of sleeve and through armhole / underarm intersection 평평하게 놓은 상태로 겨드랑이점에서 소매중심선까지 소매중심선과 90도로 유지되는 가이드라인을 만들어 어깨점에서 가이드라인까지 측정		SLVCPH

(계속)

DESCRIPTION	IMAGE	ABBREVIATION
Sleeve Length From Center Back (화장) Lay garment flat and measure straight from bottom edge of sleeve to top of armhole cap. Then add that measurement to half of the shoulder width 평평하게 놓은 상태로 뒤중심선(1 / 2 어깨넓이)에서 어깨점, 어깨점에서 소매끝까지 측정		SLVL@CB
Sleeve Length From Shoulder Seam (소매 길이) Lay garment flat and measure straight from bottom edge of sleeve to top of armhole cap 평평하게 놓은 상태로 어깨점에서 소매부리 끝까지 측정		SLVL@SH
Elbow Width (팔꿈치 너비) Lay garment flat and measure the given distance down from shoulder seam. From that distance measure straight across sleeve from edge to edge, keeping perpendicular (90 angle) to fold of sleeve 평평하게 놓은 상태로 어깨점에서 주어진 만큼 내려온 위치에서 소매중심선과 90도를 유지하면서 측정		ELBW
Forearm Width (팔뚝 너비) Lay garment flat and measure given spec up from bottom edge sleeve. From that distance, measure stright across from edge to edge, keeping perpendicular (90 angle) to top fold of sleeve 평평하게 놓은 상태로 소매부리에서 주어진 만큼 올라온 위치에서 소매중심선과 90도를 유지하면서 측정		FORMW

(계속)

DESCRIPTION	IMAGE	ABBREVIATION
Sleeve Opening Circumference_Long Sleeve (소매부리 둘레_긴팔) Lay garment with sleeve flat and measure across opening of sleeve from edge to edge 평평하게 놓은 상태로 소매부리 끝에서 끝까지 측정(×2 둘레측정)		SLVOPN_LS
Sleeve Opening Circumference_Short Sleeve (소매부리 둘레_반팔) Lay garment with sleeve flat and measure across opening of sleeve from edge to edge 평평하게 놓은 상태로 소매부리 끝에서 끝까지 측정(×2 둘레측정)		SLVOPN_SS
Sleeve Opening Circumference_Relaxed (소매부리 둘레_편안한 상태) Lay garment flat and keeping elastic / fabric relaxed, measure straight across the sleeve opening from edge to edge 평평하게 놓은 상태로 Elastic / Fabric을 편한 상태로 유지하면서 소매부리 끝에서 끝까지 측정(×2 둘레측정)		SLVOPN_RLX
Sleeve Opening Circumference_Stretched (소매부리 둘레_당긴 상태) Lay garment flat and keeping elastic / fabric as stretched as possible, measure straight across the sleeve opening from edge to edge 평평하게 놓은 상태로 Elastic / Fabric을 최대한 당긴 상태로 소매부리 끝에서 끝까지 측정(×2 둘레측정)		SLVOPN_EXT
Sleeve Cuff Opening Circumference_Closed (커프 오프닝 너비) Lay garment with sleeve flat and cuff buttoned (if applicable) Measure across opening of sleeve from edge to edge 평평하게 단추를 잠근 상태로 소매 커프의 끝에서 끝까지 측정		CUFOPN

(계속)

DESCRIPTION	IMAGE	ABBREVIATION
Sleeve Cuff Height (커프 높이) Lay garment with sleeve flat and cuff height of cuff straight from seam to edge 평평하게 단추를 잠근 상태로 소매부리에서 커프의 높이 측정		CUFH
Sleeve Placket Length (플라켓 길이) Lay sleeve flat. Measure sleeve placket length from cuff seam to outermost points of placket 평평하게 놓은 상태로 커프 끝에서 플라켓의 가장 끝 포인트까지의 길이 측정		CUFPLKL
Sleeve Placket Width (플라켓 너비) Lay sleeve flat. Measure the width of the sleeve placket edge to edge 평평하게 놓은 상태로 플라켓의 끝에서 끝까지 너비 측정		CUFPLKW
Shirt Tail Height (밑단 테일 높이) Lay garment flat and measure the length from the imaginary line, drawn through the bottommost edges of the side seams, to the bottommost edge of the shirt tail 평평하게 놓은 상태로 뒤 밑단에서 옆선의 끝나는 점까지의 가이드라인까지 높이 측정		SHTLH
Shirt Tail Height at Front (앞밑단 테일 높이) Lay garment flat and measure the length from the imaginary line, drawn through the side seams, to the bottommost edge of front hem 평평하게 놓은 상태로 앞밑단에서 옆선의 끝나는 점까지의 가이드라인까지 높이 측정		SHTLFH

(계속)

DESCRIPTION	IMAGE	ABBREVIATION
Back Neck Width (뒷목 너비) Lay garment flat and measure, lifting collar if necessary, measure straight across between high points shoulder, from seam to seam 평평하게 놓은 상태에서 옆목점에서 옆목점까지 수평으로 측정		BNW 1 / 4″ (0.6cm)
Back Neck Drop (뒷목 깊이) Lay garment flat and lifting collar if necessary measure straight along center back from the imaginary line, drawn through high points shoulder, to neck seam 평평하게 놓은 상태로 옆목점에서 뒤목점까지 수직으로 측정(필요 시 칼라를 올려 flat한 상태로)		BND
Front Neck Drop (앞목 깊이) Lay garment flat and measure straight along center front from the imaginary line, drawn through high points shoulder, to the base of front neck (bottom of collar band) 평평하게 놓은 상태로 옆목점에서 앞목점까지 (칼라밴드 아래) 수직으로 측정(칼라밴드가 있을 때는 그 아래까지 측정)		FND
Shoulder Slope From High Point Shoulder (어깨 경사) Lay garment flat and measure straight from the imaginary line of high point shoulder to point where shoulder meets armhole seam 평평하게 놓은 상태로 옆목점에서 어깨점까지 수직으로 측정		SHSLP
Shoulder Seam Forward (어깨선 앞넘김) Lay garment flat and, keeping perpendicular to shoulder seam fold, measure straight from high point shoulder to shoulder seam at neck 평평하게 놓은 상태로 어깨선을 접어 90도로 유지한 상태에서 옆목점에서 앞넘김 선까지 측정		SHSMFW

(계속)

DESCRIPTION	IMAGE	ABBREVIATION
Collar Length – Out Edge (겉칼라 길이) Lay garment with collar open and flat. Measure by along the outline seam 칼라를 평평하게 놓은 상태로 겉칼라의 라인을 따라 측정		CLROUTL
Collar / Neck Band Length (칼라 넥밴드 길이) Lay garment with collar open and flat. Measure by walking tape across collar / neck band from center of button to center of button hole 칼라를 평평하게 놓은 상태로 단추의 중심에서 단추구멍의 중심까지 측정		CLRNBL
Collar Neck Band Height at Center Back (칼라 넥밴드 높이) Lay garment with collar open and flat. Measure collar / neck band at center back straight from base to top 칼라를 평평하게 놓은 상태로 뒷중심에서 넥밴드의 높이 측정		CLRNBH
Collar Back Height (칼라 높이) Lay garment with collar open and flat. Measure collar at center back straight from top of band to collar back edge 칼라를 평평하게 놓은 상태로 뒷중심에서 칼라밴드 위에서 칼라 위쪽 끝까지의 높이 측정		CLRBH
Collar Point (칼라 포인트) Lay garment with collar open and flat. Measure straight along collar edge from where collar meets collar band / neck seam to collar point 칼라를 평평하게 놓은 상태로 칼라 끝선을 따라 넥밴드와 만나는 부분까지의 길이 측정		CLRPL

(계속)

DESCRIPTION	IMAGE	ABBREVIATION
Collar Opening Edge Circumference (칼라오프닝 둘레) Lay garment flat and measure the width of collar from edge to edge. Double measurement for circumference 평평하게 놓은 상태로 칼라 오프닝의 끝에서 끝까지 측정(×2 둘레측정)		CLROUTL
Back Neck Width (뒷목 너비) Lay garment flat and measure, lifting collar if necessary, measure straight across between high points shoulder, from seam to seam 평평하게 놓은 상태로 옆목점에서 옆목점까지 수평으로 측정		BNW
Back Neck Drop (뒷목 깊이) Lay garment flat, measure straight along center back from the imaginary line, drawn through high points shoulder to neck seam 평평하게 놓은 상태로 옆목점에서 뒤목점까지 수직으로 측정		BND
Front Neck Drop (앞목 깊이) Lay garment flat and measure straight along center front from the imaginary line, drawn through high points shoulder, to the base of front neck 평평하게 놓은 상태로 옆목점에서 앞목점까지 수직으로 측정		FND
Front Neck Chin Height (앞넥 높이) Lay garment flat, measure front neck chin height straight along center front from front drop to top 평평하게 놓은 상태로 앞목점에서 칼라 끝까지의 높이 측정		FNCNH

(계속)

DESCRIPTION	IMAGE	ABBREVIATION
Front Hood Length – Straight (모자 앞길이) Lay garment with hood folded flat on the half. Measure the front hood length straight front top edge to neck seam 모자를 반으로 접어 평평하게 놓은 상태로 모자 앞의 끝에서 앞목점까지 길이 측정		HDFL
Hood Height At Hight Point Shoulder (모자 높이 – 옆목점에서) Lay garment with hood folded flat on the half. Measure the hood height straight from high point shoulder to top of hood 모자를 반으로 접어 평평하게 놓은 상태로 모자 중심의 끝에서 옆목점까지 높이 측정	HPS	HDH
Hood Width (모자 너비) Lay garment flat with hood folded flat on the half. Measure hood width straight across at widest point from front edge to seam / folded edge 모자를 반으로 접어 평평하게 놓은 상태로 모자 끝에서부터 주어진 위치만큼 내려와서 수평으로 너비 측정	_cm	HDW
Center Hood Panel Width (모자 중앙패널 너비) Lay garment flat and measure the center panel width straight across from edge / seam to edge / seam 모자를 평평하게 놓은 상태로 중앙패널의 심에서 심까지의 너비 측정		HDCPW
Hood Chin Height at Center Front (모자 앞넥 높이) Lay garment with hood flat and measure the hood chin height straight along center front from neck drop to hood opening edge 모자를 평평하게 놓은 상태로 앞목점에서 모자 오프닝 끝까지의 높이 측정		HDCNH

(계속)

DESCRIPTION	IMAGE	ABBREVIATION
Lapel Width from Roll Line (라펠 너비) Lay garment flat and measure the widest point from the natural roll edge to lapel point edge. This measurement is perpendicular to natural roll edge of lapel 평평하게 놓은 상태로 라펠의 칼라 꺾임선에서 90도를 유지하면서 라펠 포인트까지의 너비 측정	Lapel Point	LPW
Notched Collar Point (너치칼라 포인트) Lay garment flat and measure from collar point to lapel seam / corner 평평하게 놓은 상태로 칼라 포인트에서 라펠까지의 길이 측정	Collar Point	NCLRPL
Lapel Notch (라펠 너치) Lay garment flat and measure from lapel point to corner of notch / collar seam 평평하게 놓은 상태로 라펠 포인트에서 칼라까지의 길이 측정	Lapel Point	LPNC
Distance between Collar Point and Lapel Point (칼라 포인트와 라펠 포인트의 거리) Lay garment flat and measure distance from collar point to lapel point 평평하게 놓은 상태로 칼라포인트와 라펠포인트까지의 직선 거리 측정	Collar Point Lapel Point	
1st button Placement from HPS (첫번째 버튼위치) Lay garment flat and measure from HPS to center of the 1st button 평평하게 놓은 상태로 옆목점에서 첫번째 버튼 중앙까지의 직선 거리 측정		

(계속)

DESCRIPTION	IMAGE	ABBREVIATION
Waist Circumference (허리 둘레_편안한 상태) Lay garment flat and measure across the top of the waistband from edge to edge. Double measurement for circumference 평평하게 놓은 상태로 허리 밴드 위 심에서 심까지 수평으로 측정(×2 둘레측정)		WS (WS RLX)
Waist Circumference_Stretched (허리 둘레_당긴 상태) Lay garment flat and keeping elastic / fabric as stretched as possible, measure across the top of the waistband from edge to edge. Double measurement for circumference 평평하게 놓은 상태로 허리 고무밴드를 최대한 당겨서 허리밴드 위 심에서 심까지 수평으로 측정(×2 둘레측정)		WS EXT
Middle Hip Circumference (중힙 둘레) Lay garment flat and measure "given size" down from below the top of the waistband along center front and along side edges. From that distance, measure across the hip from side edge, to center seam, to side edge. Double measurement for circumference 평평하게 놓은 상태로 옆선과 앞중심에서 제시사이즈 위치만큼 허리밴드 끝에서 내려와서 "V"로 측정(×2 둘레측정)		MDLHIP
Hip Circumference (엉덩이 둘레) Lay garment flat and measure "given size" down from below the top of the waistband along center front and along side edges. From that distance, measure across the hip from side edge, to center seam, to side edge. Double measurement for circumference 평평하게 놓은 상태로 옆선과 앞중심에서 제시사이즈 위치만큼 허리밴드 끝에서 내려와서 "V"로 측정(×2 둘레측정)		HIP
Seat Circumference (밑위 둘레) Lay garment flat and measure "given size" up from front crotch. Keeping the same distance from below waistband at center front at the side edges, measure across the seat from side edge, to center seam, to side edge. Double measurement for circumference 평평하게 놓은 상태로 옆선과 앞중심에서 제시사이즈 위치만큼 크러치점에서 올라와서 "V"로 측정(×2 둘레측정)		SEAT (or HIP)

(계속)

DESCRIPTION	IMAGE	ABBREVIATION
Front Rise (앞 밑위) Measure the front rise by walking the tape along the seam from the top of the waistband to the inner seam(crotch) 허리 밴드 위부터 안쪽 심(크러치점)까지 SEAM 라인을 따라 측정		FR
Back Rise (뒤 밑위) Measure the back rise by walking the tape along the seam from the top of the back waistband to the inner seam(crotch) 뒤 허리 밴드 위부터 안쪽 심(크러치점)까지 SEAM 라인을 따라 측정		BR
Crotch Insert – Total Length (무 길이) Lay garment with crotch insert flat and measure the length of the crotch insert along center from front seam to back seam 크러치 아래에서 앞 밑위 심과 뒤 밑위 심 사이의 무 삽입 분량의 길이 측정		GZT
Thigh Circumference (허벅지 둘레) Lay garment flat and measure along inseam 2.5cm from below crotch. From that distance, measure straight across the thigh from edge to edge. Double measurement for circumference 평평하게 놓은 상태로 크러치점에서 2.5cm 내려와서 아웃심에서 인심까지 수평으로 측정 (×2 둘레측정)		TH
Knee Circumference (무릎 둘레) Lay garment flat and measure along inseam "given size"cm from below crotch. From that distance, measure straight across the knee from edge to edge. Double measurement for circumference 평평하게 놓은 상태로 크러치점에서 제시사이즈만큼 내려와서 심에서 심까지 수평으로 측정 (×2 둘레측정)		KN

(계속)

DESCRIPTION	IMAGE	ABBREVIATION
Outseam Length (아웃심 길이 / 총기장) Lay garment flat and measure along side seam from top of waistband to bottom edge 평평하게 놓은 상태로 허리 밴드 위에서 밑단 부리까지 길이 측정		OUTSML
Inseam Length (인심 길이) Lay garment flat and measure along the inner leg seam from crotch seam to bottom edge 평평하게 놓은 상태로 크러치점에서 밑단 부리까지 길이 측정		INSML
Leg Opening Circumference (바지부리 둘레) Lay garment flat and measure straight across the leg opening from edge to edge. Double measurement for circumference 평평하게 놓은 상태로 바지부리 끝에서 끝까지 측정(×2 둘레측정)		LGOPN
Leg Opening Circumference_Relaxed (바지부리둘레_편안한 상태) Lay garment flat and, keeping elastic / fabric relaxed, measure straight across the leg opening from edge to edge. Double measurement for circumference 평평하게 놓은 상태로 elastic / fabric을 편한 상태로 유지하면서 바지부리 끝에서 끝까지 측정 (×2 둘레측정)		LGOPN RLX
Leg Opening Circumference_Stretched (바지부리둘레_당긴 상태) Lay garment flat and, keeping elastic / fabric as stretched as possible, measure straight across the leg opening from edge to edge. Double measurement for circumference 평평하게 놓은 상태로 elastic / fabric을 최대한 당긴 상태로 바지부리 끝에서 끝까지 측정(×2 둘레측정)		LGOPN EXT

(계속)

DESCRIPTION	IMAGE	ABBREVIATION
Fly(or J-Stitch) Width (앞판 FLY/J 스티치 너비) Lay garment flat and measure the J-stitch width from the fly edge to outermost stitch (if double needle) 평평하게 놓은 상태로 앞판 FLY/J 스티치 너비 측정(두 줄 스티치일 경우 바깥쪽 스티치까지 측정)		FLYW
Fly(or J-Stitch) Length (앞판 FLY/J 스티치 길이) Lay garment flat and measure the J-stitch length straight from the under waistband to outermost stitch (if double needle) 평평하게 놓은 상태로 앞판 FLY/J 스티치 길이 측정(두 줄 스티치일 경우 바깥쪽 스티치까지 측정)		FLWL
Waistband Height (허리 밴드 높이) Lay garment flat and measure the waistband height straight from the top edge to seam 평평하게 놓은 상태로 허리 밴드의 높이 측정		WSBNH
Hip Circumference (엉덩이 둘레) Lay garment flat and measure "given size" down from below the waistband along side edges. From that distance, measure across the hip from side edge, to side edge. Double measurement for circumference 평평하게 놓은 상태로 제시사이즈 위치만큼 옆선 허리 밴드 끝에서 내려와서 수평으로 측정(×2 둘레측정)		HIP
Waistband Height (허리 밴드 높이) Lay garment flat and measure the waistband height straight from the top edge to seam 평평하게 놓은 상태로 허리 밴드의 높이 측정		WSBNH

(계속)

DESCRIPTION	IMAGE	ABBREVIATION
Skirt Length At Center Back From Top Edge (뒷중심 길이 / 총장) Lay skirt flat and measure the length straight along center back from top edge to bottommost edge 평평하게 놓은 상태로 허리 밴드 끝 위에서 밑단까지 수직으로 측정		CBL
Short Skirt Length At Along Side Seam Line (아웃심 길이 / 총장) Lay skirt flat and measure along side seam from top edge to bottommost edge 평평하게 놓은 상태로 허리 밴드 끝 위에서 옆선을 따라 밑단까지 길이 측정		OUTSML
Skirt Length At Center Front From Top Edge (앞중심 길이) Lay skirt flat and measure the length straight along center front from top edge to bottommost edge 평평하게 놓은 상태로 허리 밴드 끝 위에서 앞밑단까지 수직으로 길이 측정		CFL
Bottom Opening Circumference_Straight (밑단 둘레_직선) Lay garment flat and measure straight across bottom edge opening from edge to edge. Dobule measurement for circumference 평평하게 놓은 상태로 옆선 끝에서 끝까지 수평으로 측정(×2 둘레측정)		BTMW
Bottom Opening Circumference_Sweep (밑단 둘레_곡선) Lay garment flat and measure the sweep by walking the tape along the edge of the bottom opening from edge to edge. Double measurement for circumference 평평하게 놓은 상태로 밑단 라인을 따라 측정(×2 둘레측정)		SWP

POINT OF MEASUREMENT

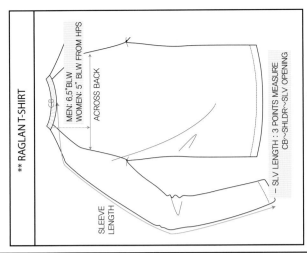

** RAGLAN T-SHIRT

MEN: 6.5"BLW
WOMEN: 5" BLW FROM HPS

ACROSS BACK

SLEEVE LENGTH

– SLV LENGTH : 3 POINTS MEASURE
CB~SHLDR~SLV OPENING

POM : T-SHIRT(CREW-NECK)

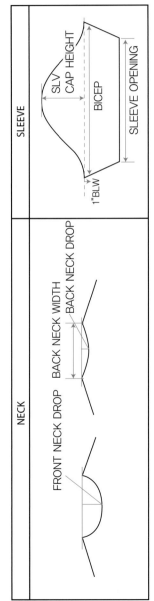

NECK	SLEEVE
FRONT NECK DROP BACK NECK WIDTH BACK NECK DROP	SLV CAP HEIGHT BICEP 1"BLW SLEEVE OPENING

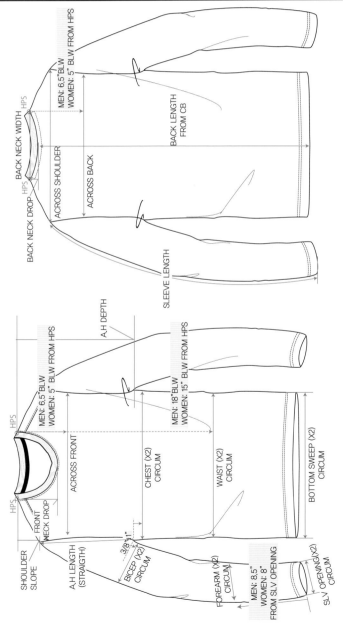

BACK NECK WIDTH
HPS
BACK NECK DROP HPS
ACROSS SHOULDER

MEN: 6.5"BLW
WOMEN: 5" BLW FROM HPS

BACK LENGTH FROM CB

ACROSS BACK

SLEEVE LENGTH

A.H DEPTH

HPS
MEN: 6.5"BLW
WOMEN: 5" BLW FROM HPS

MEN: 18"BLW
WOMEN: 15" BLW FROM HPS

ACROSS FRONT

CHEST (X2) CIRCUM

WAIST (X2) CIRCUM

BOTTOM SWEEP (X2) CIRCUM

HPS
FRONT NECK DROP

SHOULDER SLOPE

A.H LENGTH (STRAIGTH)

3/8" 1"

BICEP (X2) CIRCUM

FOREARM (X2) CIRCUM

MEN: 8.5"
WOMEN: 8"
FROM SLV OPENING

SLV OPENING(X2) CIRCUM

POM : SHIRTS

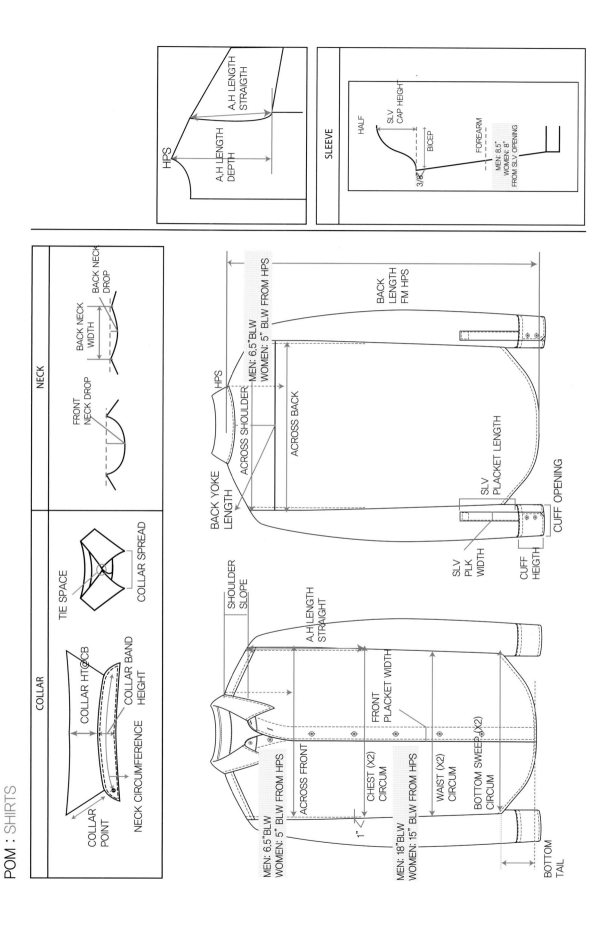

COLLAR

COLLAR POINT
NECK CIRCUMFERENCE
COLLAR BAND HEIGHT
COLLAR HT@CB
TIE SPACE
COLLAR SPREAD

NECK

FRONT NECK DROP
BACK NECK WIDTH
BACK NECK DROP

A.H LENGTH STRAIGTH
A.H LENGTH DEPTH
HPS

SLEEVE

HALF
SLV CAP HEIGHT
BICEP
FOREARM
3/8"
MEN: 8.5"
WOMEN: 8"
FROM SLV OPENING

BACK LENGTH FM HPS
MEN: 6.5"BLW
WOMEN: 5" BLW FROM HPS
HPS
ACROSS SHOULDER
ACROSS BACK
BACK YOKE LENGTH
SLV PLACKET LENGTH
SLV PLK WIDTH
CUFF OPENING
CUFF HEIGHT

SHOULDER SLOPE
A.H LENGTH STRAIGHT
FRONT PLACKET WIDTH
MEN: 6.5"BLW
WOMEN: 5" BLW FROM HPS
ACROSS FRONT
1"
CHEST (X2) CIRCUM
MEN: 18"BLW
WOMEN: 15" BLW FROM HPS
WAIST (X2) CIRCUM
BOTTOM SWEEP (X2) CIRCUM
BOTTOM TAIL

POM : JACKET

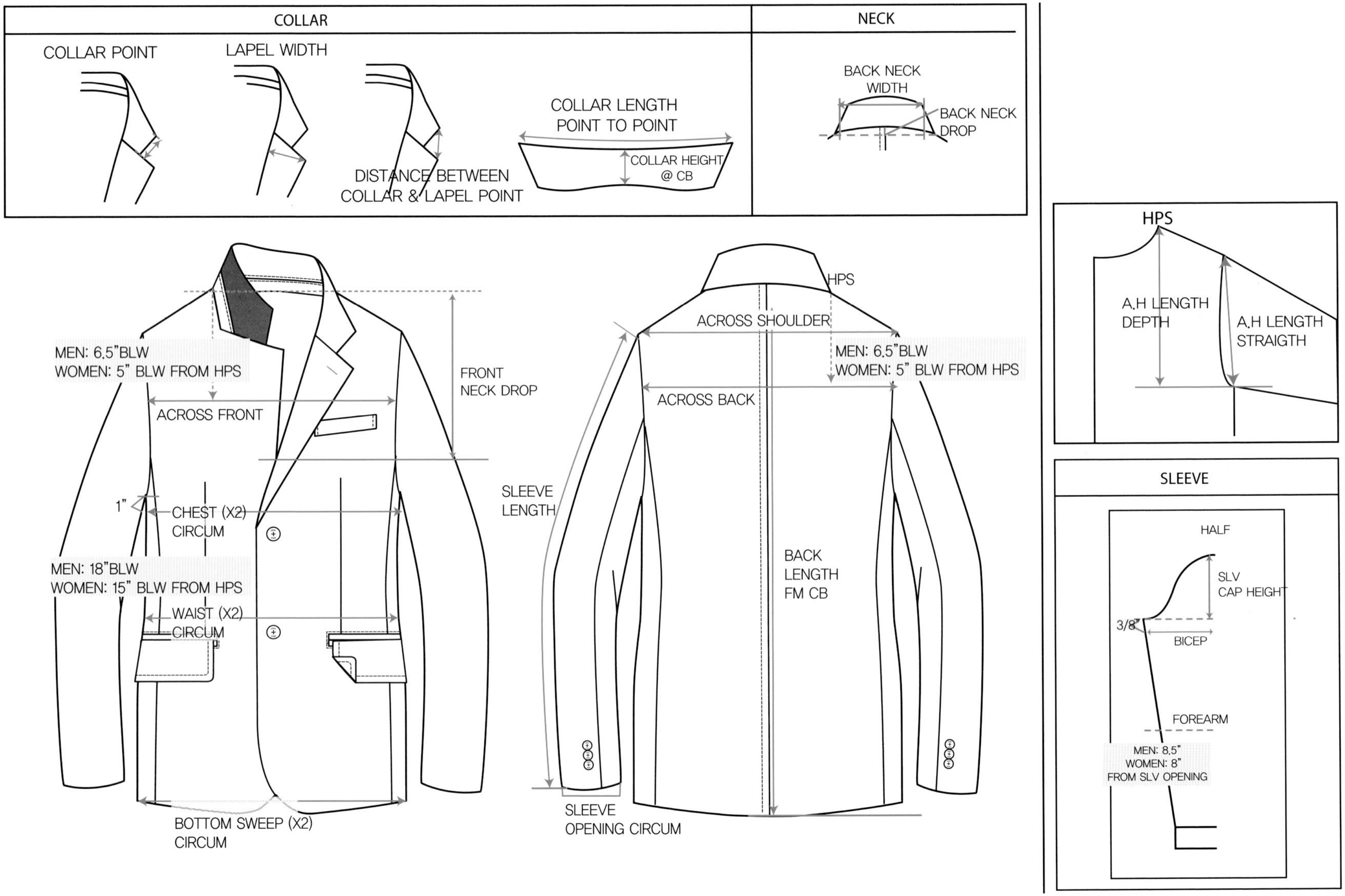

HPS

A.H LENGTH STRAIGTH

A.H LENGTH DEPTH

SLEEVE

HALF

SLV CAP HEIGHT

BICEP

FOREARM

3/8"

MEN: 8.5"
WOMEN: 8"
FROM SLV OPENING

NECK

BACK NECK WIDTH

BACK NECK DROP

COLLAR

COLLAR POINT

LAPEL WIDTH

DISTANCE BETWEEN COLLAR & LAPEL POINT

COLLAR LENGTH POINT TO POINT

COLLAR HEIGHT @ CB

HPS

ACROSS SHOULDER

ACROSS BACK

MEN: 6.5"BLW
WOMEN: 5" BLW FROM HPS

BACK LENGTH FM CB

SLEEVE OPENING CIRCUM

SLEEVE LENGTH

FRONT NECK DROP

ACROSS FRONT

MEN: 6.5"BLW
WOMEN: 5" BLW FROM HPS

1"

CHEST (X2) CIRCUM

MEN: 18"BLW
WOMEN: 15" BLW FROM HPS

WAIST (X2) CIRCUM

BOTTOM SWEEP (X2) CIRCUM

POM : SKIRT

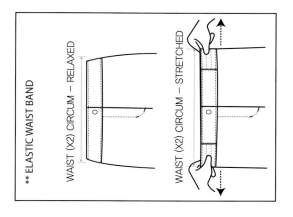

** ELASTIC WAIST BAND

WAIST (X2) CIRCUM – RELAXED

WAIST (X2) CIRCUM – STRETCHED

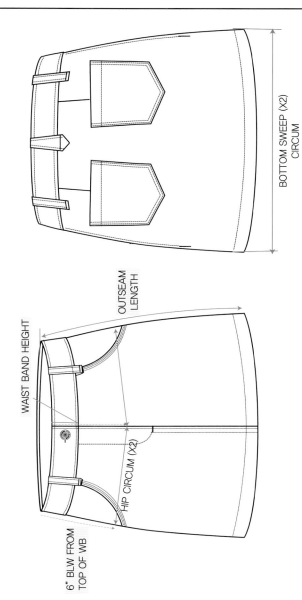

BOTTOM SWEEP (X2) CIRCUM

OUTSEAM LENGTH

WAIST BAND HEIGHT

HIP CIRCUM (X2)

6" BLW FROM TOP OF WB

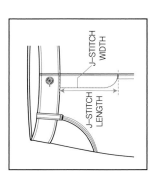

J–STITCH WIDTH

J–STITCH LENGTH

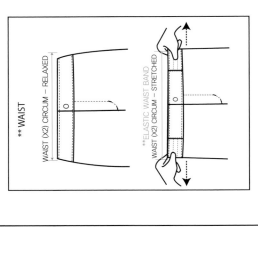

** WAIST

WAIST (X2) CIRCUM – RELAXED

**ELASTIC WAIST BAND
WAIST (X2) CIRCUM – STRETCHED

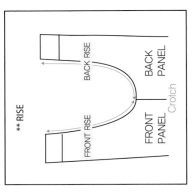

** RISE

BACK RISE

FRONT RISE

FRONT PANEL

BACK PANEL

Crotch

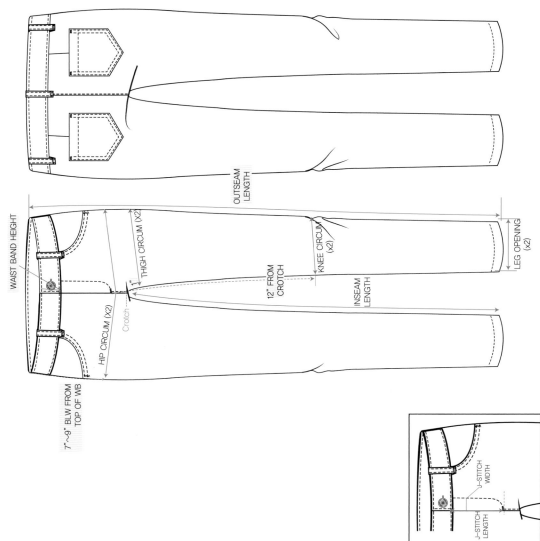

POM : PANTS

OUTSEAM LENGTH

WAIST BAND HEIGHT

THIGH CIRCUM (X2)

KNEE CIRCUM (x2)

LEG OPENING (x2)

12" FROM CROTCH

INSEAM LENGTH

HIP CIRCUM (X2)

Crotch

1"

7"~9" BLW FROM TOP OF WB

J-STITCH WIDTH

J-STITCH LENGTH

POM : DRESS

NECK

FRONT NECK DROP

BACK NECK WIDTH

BACK NECK DROP

BACK NECK DROP

SLEEVE

SLV CAP HEIGHT

BICEP

1" BLW

SLEEVE OPENING

HPS
BACK NECK WIDTH HPS
ACROSS SHOULDER
ACROSS BACK
BACK LENGTH FROM CB
5" BLW FROM HPS

HPS
SHOULDER SLOPE
5" BLW FROM HPS
ACROSS FRONT
CHEST (X2) CIRCUM
WAIST (X2) CIRCUM
15" BLW FROM HPS
24" BLW FROM HPS
HIP (X2) CIRCUM
BOTTOM SWEEP (X2) CIRCUM
HPS
A.H DEPTH
UNDERARM
1"

REFERENCE
참고문헌

강애자·윤미경(2008), 감성과 기술을 겸비한 패션 스페셜리스트: 테크니컬 디자이너. 패션정보와 기술, 5, 22-26.

김안지(2010), 테크니컬 디자이너의 업무 특성에 관한 연구 - 의류수출업체를 중심으로-. 동덕여자대학교 패션전문대학원 패션학과 석사학위논문.

김지현(2016), 모델리스트의 직무 특성과 직무 환경이 직무 만족 및 조직 몰입에 미치는 영향, 한국디자인포럼, 51, 41-50.

대우봉제연구, 셔츠공정정리.

박진아(2006), 글로벌 아웃소싱 의류 업체의 제품개발 및 품질관리 현황 분석: 해외 의류업체 국내 지사의 사례를 중심으로. 한복문화. 9(1): 65-75.

안광호·황선진·정찬진(2010), 패션마케팅(개정3판), 수학사.

육심현(2001), 기업 특성과 파트너쉽이 해외 소싱 성과에 미치는 영향 연구, 연세대학교 대학원 석사학위 논문.

이유진(2007), 패션 바잉오피스의 머천다이징 업무 프로세스 분석, 연세대학교 생활환경대학원 석사학위논문.

이은영·최혜선·도월희(2013), 테크니컬 디자이너의 업무 및 교육 실태에 한 연구 - 벤더(Vendor)와 에이전트(Agent) 테크니컬 디자이너를 대상으로-. 한국의류학회지, 37(3), 292-305.

이재일·조은주(2012), 의류디자이너를 위한 테크니컬디자인 지침서, 시그마프레스.

이현아·천종숙(2007), 국내 의류업체의 해외 생산 현황에 대한 연구, 복식문화연구, 15(3): 461-471.

조수경·이은영(2012), 국내 테크니컬 디자이너의 업무와 Fit issue 대처방안. 패션정보와 기술, 9, 73-83.

테크니컬디자이너협회(2016), 테크니컬디자이너 자격증 검정시험 예상문제집, 교학연구사.

原慧 하라사토시(2000), 想像의 設計(Style & Cutting).

INDEX
찾아보기

저자 소개

전상록

모델리스트 콘테스트 심사위원 역임
서울지방기능경기대회 섬유의복부문 심사위원 역임
(주)삼성물산 패턴 실장 근무
현재, (주)LF 패턴 수석 근무

강수경

FIT Newyork 패션디자인, 테크니컬디자인학과 학사
연세대학교 생활환경대학원 석사
서울대학교 의류학과 박사 과정 재학 중
Michael Kors, Newyork 테크니컬디자이너 근무
(주)LF 테크니컬디자이너 근무
현재, 한국뉴욕주립대학교(SUNY Korea) 겸임교수
현재, (사)한국의상디자인학회 이사

실무자가 알려주는
남성복 패턴 & 테크니컬 디자인

2020년 1월 6일 초판 인쇄 | 2020년 1월 13일 초판 발행

지은이 전상록·강수경 | **펴낸이** 류원식 | **펴낸곳 교문사**

편집부장 모은영 | **책임진행** 이유나 | **본문 디자인** 황순하 | **표지 디자인** 베이퍼 | **본문편집** 벽호미디어
제작 김선형 | **홍보** 이솔아 | **영업** 정용섭·송기윤·진경민 | **출력·인쇄** 영피앤피 | **제본** 한진제본

주소 (10881) 경기도 파주시 문발로 116 | **전화** 031-955-6111 | **팩스** 031-955-0955
홈페이지 www.gyomoon.com | **E-mail** genie@gyomoon.com
등록 1960. 10. 28. 제406-2006-000035호
ISBN 978-89-363-1885-7(93590) | **값** 23,000원